U0287627

城市太阳辐射传输

模型构建与遥感应用

曹诗颂　杜明义　著

图书在版编目（CIP）数据

城市太阳辐射传输：模型构建与遥感应用/曹诗颂，杜明义著. —北京：商务印书馆，2021
ISBN 978-7-100-19627-7

Ⅰ. ①城… Ⅱ. ①曹… ②杜… Ⅲ. ① 太阳辐射—传输—研究 Ⅳ. ①P422.1

中国版本图书馆 CIP 数据核字（2021）第 036568 号

权利保留，侵权必究。

城市太阳辐射传输：模型构建与遥感应用

曹诗颂 杜明义 著

商 务 印 书 馆 出 版
（北京王府井大街 36 号邮政编码 100710）
商 务 印 书 馆 发 行
北京艺辉伊航图文有限公司印刷
ISBN 978-7-100-19627-7

2021 年 6 月第 1 版　　开本 787×1092 1/16
2021 年 6 月北京第 1 次印刷　　印张 13 3/4

定价：85.00 元

本书得到以下项目支持和资助

“十三五”重点研发计划任务：

典型资源环境要素提取精度验证（2016YFB0501404-6）；

未来城市设计高精尖创新中心专项：城市空间发展决策支撑系统关键技术研究——以北京市中心城六区为例（UDC2018030611）。

目　录

前　言

城市化过程一方面造就了城市文明和物质繁荣，给人们带来了极大的生活便利；另一方面，城市化导致下垫面土地覆盖状况发生了较大变化。原有的自然地表覆盖被密集的建筑物和街道取代，对区域微气候产生了显著的影响，并由此引发了区域能量平衡的改变。地表短波辐射收支是分析城市气候特征及其形成物理机制的基础，一直受到研究者的高度重视。进行城市短波辐射传输影响机理的分析，可为中国城市气候特征及其形成物理机制分析提供支持，进而为中国快速城市化情势下的应对策略提出建设性意见。

随着经济和社会的发展，人们对于三维空间信息的需求越来越迫切，尤其是数字城市、智慧城市建设，都要求建立城市三维模型。各种三维建模技术和软件已得到了较多的应用，尤其是 LiDAR、无人机遥感、倾斜摄影等为城市三维建模提供了全新的技术手段。这些城市三维信息获取技术既是提升城市管理与服务水平的有效途径，也给城市太阳短波辐射传输影响机理分析与建模带来了新的机遇。

城市在垂直方向上的增长（例如，高大的建筑物）带来的复杂三维形态特征不可避免地造成了城市太阳短波辐射传输过程的复杂性。城市建筑物的三维形态及其储能特征，是影响城市辐射能量收支项的主要因子之一。研究人员和城市管理者迫切需要了解城市三维形态特征对上/下行短波辐射的影响机理，在此背景下本书应运而生。

本书主要聚焦于城市三维形态特征对短波辐射传输机理分析、模型构建与应用的影响，全面梳理了当前城市短波辐射传输模型构建与遥感应用的前沿领域。本书具有以下三个特点：

（1）应用领域的前沿性。本书涵盖了近期城市太阳短波辐射传输建模与城市下垫面三维信息获取与变化监测的前沿方向，包括：城市地表短波辐射传输模型的构建、利用高分辨率多角度立体像对影像进行城市下垫面参量的提取、机载 LiDAR 遥感影像进行城市多尺度建筑物三维信息探测和变化监测以及融合中分辨率 Landsat 数据和高分辨率 ZY-3 影像的城市太阳短波辐射收支分量估算。

（2）理论方法与技术应用的全面性。本书既有对城市太阳短波辐射传输和三维信息获取基本理论的归纳，也包含了作者多年从事该方向研究的应用案例分析。侧重理论方法的章节包含实际的应用案例。处理应用的章节也强调理论背景的归纳、总结与讨论。

（3）遥感数据的多元性。本书主要应用遥感的技术手段分析城市太阳短波辐射传输过程影响机理。书中包括多种遥感数据类型的处理范式和方法。案例使用的遥感数据具有多获取方式、多平台、多光谱、多时相、多角度以及多分辨率的特点。获取方式上既包括主动 LiDAR 点云数据，也包含被动光学影像；传感器平台类型从星载、航空到地面实测；分辨率尺度囊括了中分辨率的陆地卫星系列数据和高分辨率的资源三号遥感影像。

全书共分 8 章，第 1 章为导论。介绍了本书的研究背景和意义，综述了国内外研究进展，总结了当前研究存在的问题和本书的重点。

第 2 章介绍了城市三维形态特征对太阳上/下行辐射的影响机制，分析和探讨了城市复杂下垫面三维形态特征对短波辐射收支的影响，着重探讨了以下四方面：（1）城市三维结构对太阳直接辐射的影响；（2）城市三维结构对天空漫辐射的影响；（3）城市建筑物侧面的反射辐射；（4）城市墙地多次反射的解耦。

第 3 章构建了城市地表短波辐射传输模型（Urban Surface Solar Radiative Transfer Model, USSR）。以天空视域因子为核心，考虑了周围建筑物对城市地表直接辐射的遮挡、周围建筑物对地表的反射辐射及其对地表大气漫辐射的影响，并量化墙地多次反射的储能特征。该模型有效地“放大”了地表参量对辐射收支的影响，并且完成了像素尺度的城市太阳辐射收支过程模拟，能够直接应用于城市地表下垫面参量遥感反演。

第 4 章探讨了利用高分辨率多视角立体像对点云和多光谱信息生成大面积城市数字地表模型的方法。首先利用 ZY-3 卫星同轨以及异轨两种模式，分别构建不同视角立体像对和高程模型，通过图像匹配处理，生成了多个像对的高程点云数据，然后分析和对比不同情境下的点云融合效果，构建 ZY-3 卫星多视角图像点云融合的优化途径；然后利用 ZY-3 卫星多光谱数据提取土地覆被类型以及城市建筑物范围，并选择光学点云数值的多个指标，在高精度机载 LiDAR 点云数据辅助下，构建城市建筑物高度拟合模型，从而确定城市复杂下垫面的建筑物高度，最后，利用多视角点云融合数据和建筑物高度数据，组合生成城市数字地表模型。

第 5 章依据上一章融合 ZY-3 多视角点云数据以及多光谱数据生成的增强型 DSM（enhanced Digital Surface Model, eDSM）进行城市大面积天空视域因子的方法研究。本章生成的天空视域因子（Sky View Factor, SVF）分为两个尺度：（1）利用 DSM 提取区域尺度的 SVF，包括利用 Lidar-DSM 以及 ZY3-eDSM；（2）利用外业收集的鱼眼相片进行站点尺度的 SVF 提取。将这三套不同数据源的 SVF 数据形成精度相互控制的参数优化与评估方案，为大面积提取城市 SVF 提供了精度保障。为了全面评估 ZY3-eDSM 反演的 SVF 产品精度，本章设计了两组对照实验。以北京市奥林匹克公园周边地区为例，（1）将 ZY3-eDSM 生成的 SVF 同 Lidar-DSM 生成的 SVF 进行精度对比；（2）将 ZY3-eDSM 生成的区域尺度 SVF 同鱼眼相机法获得的单点尺度 fisheye-SVF 进行精度对比和参数优化（包括 SVF 生成的搜索半径和搜索方向），在最优生成搜索半径和搜索方向确定的条件下，最终生成了北京市主城市大面积 SVF。

第 6 章基于单一的 LiDAR 点云数据开发了面向城市区域的多尺度建筑物三维信息的提取方法，并以美国纽约市布鲁克林北部区域为例完成了算法的测试。从而完成了面向对象级的建筑物精准标记、格网尺度的建筑物二三维形态参量提取，并设计了一套面向城市街区尺度的建筑物三维景观指数，进一步设计了一套面向对象尺度、格网尺度以及街区尺度的建筑物二三维信息提取结果的评估方法。

第 7 章基于机载 LiDAR 数据，提出了一套适用于大城市场景下城市多层次建筑物二三维一体化的变化监测模型，利用提出的“双临界值”方法，能够实现五种建筑物变化类型的精确识别，在格网尺度上实现了建筑物二三维形态参数的变化监测以及在城市街区尺度上实现了建筑物二维景观格局指数的变化监测，并在美国的纽约市布鲁克林北部进行了该方法模型的应用。

第 8 章依托第 3 章构建的 USSR 模型，将其应用于城市 Landsat 8 OLI 遥感数据的地表反射率反演与卫星过境时刻瞬时地表辐射收支估算。依据第 4、5 章提取的 DSM 和 SVF 下垫面三维特征参量分别针对太阳直接辐射，天空漫辐射以及周围地物的反射进行了中分辨率（30m）像素的尺度修正。在此基础上，估算了太阳直接辐射、天空漫辐射以及周围地物的反射辐射，结合 Landsat 8 OLI 卫星观测辐射亮度数据，进行城市地表的反射率反演。在地表反射率反演的基础上，进一步针对地表太阳短波辐射收支进行了估算。

本书可为地学、环境科学、城市地理学、空间信息等地球系统科学领域管理人员、技术人员和师生提供参考。本书是在“十三五”重点研发计划任务：典型资源环境要素提取精度验证（2016YFB0501404-6），未来城市设计高精尖创新中心专项：城市空间发展决策支撑系统关键技术研究——以北京市中心城六区为例（UDC2018030611）的支撑下完成的。感谢北京建筑大学地理信息科学科研团队的支持。

由于作者水平有限，书中难免存在疏漏与不妥，恳请读者批评指正。

作　者

2020 年 7 月 29 日

1 导 论

1.1 概 述

过去40多年来，城市化与工业化成为全球的现象（United Nations, 2012）。尤其是在中国，城镇化与工业化的速度空前，并引起全世界的关注（Liu *et al.*, 2014; Cao *et al.*, 2018a, 2018b）。城市化导致下垫面土地覆盖状况发生了较大变化。原有的自然地表覆盖被密集的建筑物和街道取代，对区域气候产生了显著的影响（Zhao *et al.*, 2014; Rezaul *et al.*, 2013）。早在1818年，霍华德（Howard）通过伦敦城市和郊区气温的对比，发现城市比郊区的气温要高，提出了“城市热岛”的概念。在中国，周淑贞（1998）利用卫星资料及多种统计方法，提出了上海城市热岛、干岛、湿岛、雨岛、混沌岛的“五岛效应”。卡尔奈与蔡明（音译）（Kalnay and Cai，2003）分析美国大陆地区气温日较差时指出，在过去50年里，气温日较差的减少，一半要归因于城市化和土地覆盖方式的改变。

地表短波辐射收支是分析城市气候特征及其形成物理机制的基础，一直受到研究者的高度重视（Loridan and Grimmond, 2013）。目前，宏观尺度的城市短波辐射收支参数化方案常采用与自然地表类似的“Slab-Surface-Scheme”参数化方案，即把城市看作一个平坦的水泥面。该参数化方案对于城市尺度的辐射能量收支研究具有诸多不足。城市下垫面建筑物的三维形态及其储能特征，使得城市太阳辐射传输过程变得非常复杂，迫切需要对该参数化方案进行改进和提升，以更好地应用于城市高异质性地表（Paris *et al.*, 2014）。近十几年来，欧洲、北美许多学者都进行过这方面研究，以期加深对城市地表短波辐射收支的科学认识（Wang and Liang, 2009）。

中国城市化进程向前推进速度非常快，据国家统计局资料显示，2000 年中国大陆的城镇化率为 36.2%，2012 年城镇化率已经达到 52.57%，截至 2020 年城镇化率已超过 60%。最近，中国城市化政策突出和强调“新型城镇化”理念，旨在推进中国城市化的健康、快速发展。“和谐”“宜居”“生态”等新型城镇建设思路的提出，需要加大城市化及其相关影响的更深层次科学研究。开展城市短波辐射收支参数化研究，可为中国城市气候特征及其物理形成机制分析提供支撑，进而为中国快速城市化情势下的应对策略提出建设性意见。

1.2 研究现状

1.2.1 太阳短波辐射收支

短波辐射（0.3～3μm，也称为太阳辐射）是地球生物活动能量最为重要的来源，其显著地影响着地球的能量平衡和水循环（Bilbao and Miguel, 2007; Wang *et al.*, 2017）。在短波波长（0.3～3μm）范围内——包含可见光波段（0.3～0.76μm）以及部分红外波段（0.76～3μm）——物体也有少量的发射能量，但是以太阳的反射能量为主，热辐射部分往往可以忽略不计。通常短波辐射收支可以利用气象仪器观测结果对其参数化，但该法只能得到站点尺度的结果；而区域尺度地表短波辐射收支参数化，常用方法可归纳为以下三类（Hu, *et al.*, 2017）：

1.2.1.1 经验模型法

经验模型法主要利用构建地表辐射与常规气象要素之间的经验模型，利用气象数据估算（Bilbao and Miguel, 2007; Lhomme *et al.*, 2007; Wang and Liang, 2009）。该方法需要大量地面观测数据支撑，所建关系模型与研究区域依赖度高。通常情况下，更换研究区需要重建模型。

1.2.1.2 辐射传输模型法

辐射传输法主要利用辐射传输模型分项计算下行短波辐射、上行短波辐射等。其优点在于能够较细致地考虑大气中的辐射传输过程，同时也考虑了分子散射、气溶胶散射、云吸收和散射等作用。但它需要云和气溶胶等大量输入参数的支持。这给计算带来了一定的困难。在气象站点分布比较密集的地区，该方法的应用效果较好。

1.2.1.3 卫星遥感估算法

传统气象仪器观测结果可以对其进行参数化，但是通常只能提供稀疏的空间覆盖。卫星遥感可以提供区域尺度上地表能量较详细的空间分布信息，解决了稀疏地面站点资料难以推广到较大区域上的问题（Zhang, 2015）。

自 20 世纪 70 年代以来，相关研究人员开展了一系列全球辐射收支参数化的工作。比如：第一次地球辐射收支实验（Earth Radiation Budget Experiment, ERBE; Barkstrom and Smith, 1986）、云和地球辐射能系统（Clouds and the Earth's Radiant Energy System, CERES; Wielicki *et al.*, 1998）以及大气红外发声器（Atmospheric Infrared Sounder, AIRS; Sun *et al.*, 2010）。来自上述工作的辐射收支产品以及目前可用的全球辐射收支数据集，例如：国际卫星云气候学项目（International Satellite Cloud Climatology Project, ISCP）的辐射产品（Zhang *et al.*, 2004）和全球能源和水循环实验（Global Energy and Water Cycle Experiment, GEWEX; Pinker *et al.*, 2003），长期以来都提供了重要的基础地面能源预算和全球变化领域的数据。尽管如此，上述产品空间尺度通常过于粗糙，无法在大多数应用和城市局地场景中使用。而且，它们的可靠性和物理一致性尚未得到充分评估（Wang *et al.*, 2017）。

目前为止，基于遥感估算的许多方法被用来推导短波辐射成分，包括短波下行辐射、短波净辐射、太阳直接辐射等。整体上说，这些遥感估算辐射收支的方法可以被分为四类：

（1）经验模型法

经验模型法通常直接建立大气顶部（Top of the Atmosphere, TOA）辐射亮度数据、地表参量等因素之间和地表短波净辐射（或各个分量）之间的回归关系（Klink and Dollhopf, 2010）。这些方法很简单，但结果是应用于特定区域或特定数据的，不易推广到其他区域。

（2）物理模型法

物理模型法通常是基于地表辐射平衡原理的遥感反演方法。该方法利用卫星观测到的辐射亮度数据反演地表反照率，计算地表短波辐射方程各分量，例如短波下行辐射，短波上行辐射以及短波净辐射（Diak *et al.*, 2004）。利用该方法反演地表辐射收支的精度受地表参量反演精度、大气条件参数等制约，提升地表参量遥感反演精度有利于地表净辐射精度的提高（Mira *et al.*, 2016）。

（3）参数化法

参数化方法通过开发出参数化的公式，使用关键大气参量，比如水蒸气、气溶胶等来进行地表短波辐射通量的估算（Bisht and Bras, 2010）。虽然与物理模型法相比，它们能够计算出较为有效的地表短波辐射收支结果，但是仍然需要相关的大气参量，并且需要仔细考虑这些参数化公式在全球不同区域的适用性。

（4）物理模拟—经验估算混合方法

物理模拟—经验估算混合方法通常构建相关的辐射传输模拟，给出适当的大气和地表参量，进而利用统计回归建模、机器学习或基于模拟数据库的查找表法（Kim and Liang, 2010; Zhang *et al.*, 2014）。这种方法的缺点主要是需要构建大量的模拟训练样本数据，同时模拟样本训练数据的不合适容易造成模型的过度拟合。

值得注意的是，尽管存在大量的遥感辐射收支估算算法（Chen *et al.*, 2012, Zhang *et al.*, 2014）以及相当数量的辐射收支产品，但是它们均假设地表是平坦的，而忽略了地表的三维形态特征对地表辐射传输过程的影响。那么，这种假设在城市还能够适用吗？

1.2.2 城市地表对短波辐射传输的影响

1.2.2.1 城市下垫面性质的改变对短波辐射收支的影响

城市化导致下垫面土地覆盖状况发生了较大变化。原有的自然地表覆盖被密集的建筑物、街道和其他人工地物取代，对区域气候产生显著影响。早在 1997 年，塔哈（Taha，1997）就开展了城市地表辐射收支观测实验，结果表明城市地表辐射收支各分量与乡村存在较大差异。城市化带来的城市地表下垫面改变以及城市上空大气组分的变化，直接影响城市辐射能量收支状况。首先，受城市上空大气的影响，城市被大气削弱的太阳辐射量要比乡村大，造成城市获得的太阳辐射量比乡村少（Robaa, 2009）；其次，城市化伴随的土地覆盖改变以及不透水地表的增加直接导致地表反照率的变化，且变化一般是减少的。城市的反照率多在 0.10～0.30，平均约为 0.15（苗世光等，2012）。已有学者研究表明：城市对短波净辐射具有截获作用，城市扩展过程通常也伴随短波净辐射能量收入的增加（崔耀平，2012）。

1.2.2.2 城市形态结构特征对短波辐射收支的影响

城市化扩张不仅改变了地表下垫面的性质，其在垂直方向上的增长（例如：高大的建筑物）带来的复杂三维形态特征也造成了城市太阳短波辐射传输过程的复杂性（Rita, 2018; Zhu *et al.*, 2013; Yang *et al.*, 2013）。城市建筑物的三维形态及其储能特征，是影响城市辐射能量收支项的主要因子之一（Masson, 2000）。

在一个城市场景下，地表接收的太阳辐照度通常是由三部分组成：（1）太阳直接辐射；（2）天空漫辐射；（3）建筑物侧面的反射辐射。它们三者的相对贡献以及重要性则根据城市场景的三维结构、地理位置、季节和环境参数的不同而变化 （Matthew *et al.*, 2016）。不论是太阳直接辐射、天空漫辐射，还是建筑物侧面的反射辐射均受到城市局地尺度三维形态和空间结构的影响（Terjung and Rourke, 1980）。这种影响主要体现在以下几个方面，首先，城市高大建筑物将不可避免的造成地表的阴影遮挡效应（Matzarakis *et al.*, 2007），这将直接影响城市地表接收的直接辐射分量；其次，城市地表接收的天空漫辐射则受到局地尺度的天空视域因子影响（Yang and Li, 2013）；最后，在典型的城市环境情境下，尤其是在城市峡谷场景中，墙面的反射辐射成为一个重要组成部分，而这部分辐射能量的量化较为困难（Erell and Williamson, 2006）。

此外，值得注意的是，城市地表的反射机制不同于平坦地表。复杂的城市三维形态和空间结构导致了墙地多次反射耦合问题（Matthew *et al.*, 2016）。不管是到达地表太阳辐射的反射过程，还是地表自身热辐射、大气下行辐射过程等，它们均受到城市三维形态和空间结构的影响，在城市内部形成墙地之间的多次反射辐射。这部分辐射能量的量化需要进行墙地多次反射解耦。这不仅涉及到城市局地尺度的三维形态特征，还要考虑墙面反射率以及地表反射率等诸多地表参量，其解耦过程较为复杂（Erell and Williamson, 2006）。

卫星遥感技术具有空间范围广、分辨率高的优势，是城市辐射和能量平衡研究的较佳技术途径，利用遥感技术，可以反演得到城市的地表反射率、发射率等，并在此基础上得到城市辐射收支通量及其空间分布特征（Hu *et al.*, 2017; Rasul, 2015）；但是，上面的分析表明，城市下垫面的高异质性以及三维空间结构的复杂性使得遥感技术进行城市辐射收支研究仍然有较大的局限性。这主要体现在以下两个方面：（1）高异质性城市下垫面，不可避免地造成城市地表反射和发射的强方向性，这是当前遥感反演遇到的瓶颈问题；（2）遥感反演结果得到的是城市下垫面的综合效应，它对城市内部墙地之间多次辐射的耦合过程无法解释。

那么，上述的讨论引发了以下两个问题：

（1）如何来描述城市太阳辐射传输过程？

（2）城市太阳辐射传输过程又如何与遥感数据/技术进行有效地衔接？

1.2.3 城市太阳辐射传输模型

描述城市太阳辐射传输过程关键在于构建合理的城市太阳辐射传输模型。众所周知，光学遥感建模系统一般由场景设定、场景辐射传输模型、大气辐射传输模型、导航模型、传感器系统、制图和面元划分等几个子系统组成（Milman, 1999）。这几个建模子系统是遥感建模系统的主要组成部分。它们将地表参量（地表反照率、叶面积指数、辐射收支各分量等）与遥感数据进行有效的衔接。图 1-1 展示了城市光学遥感模型框架。其中城市光学遥感建模系统中对应的场景辐射传输模型即城市太阳辐射传输模型。从图 1-1 中可以清楚地看到，构建合理的、针对城市高异质性下垫面及其复杂地表三维形态的遥感场景辐射传输模型是准确反演地表参量（地表反照率，短波辐射各分量）的前提和基础。它也是城市遥感应用于城市辐射收支和能量平衡研究中需要解决的首要问题。

常用的场景辐射传输模型一般分为三种：几何光学模型、辐射传输模型以及计算机模拟模型。其中，几何光学模型主要是假设地物的冠层和背景具有一定形状、大小和光学特性的几何体（例如：球体、圆柱体、圆锥体、椭球等）并以一定规则（例如：随机的和规则的）分布于背景地表 （Li and Strahler, 1985; Li and Strahler, 1992; Chopping *et al.*, 2006）；辐射传输模型将地表要素看成具有给定光学特性的小的吸收和散射微粒，并且具有一定方向的随机分布在场景内（Rautiainen and Stenberg, 2005; Pinty *et al.*, 2004）；计算机模拟模型则由计算机模型计算出场景要素的排列和取向。其辐射特性则是依托于辐射度和蒙特卡洛光线追踪法进行确定（Disney *et al.*, 2006; Kobayashi *et al.*, 2007）。但是，上述遥感场景模型基本聚焦于植被冠层辐射传输过程的刻画；目前对于城市太阳辐射传输过程的揭示以及遥感数据与城市陆面模型的结合研究仍然远远不够。

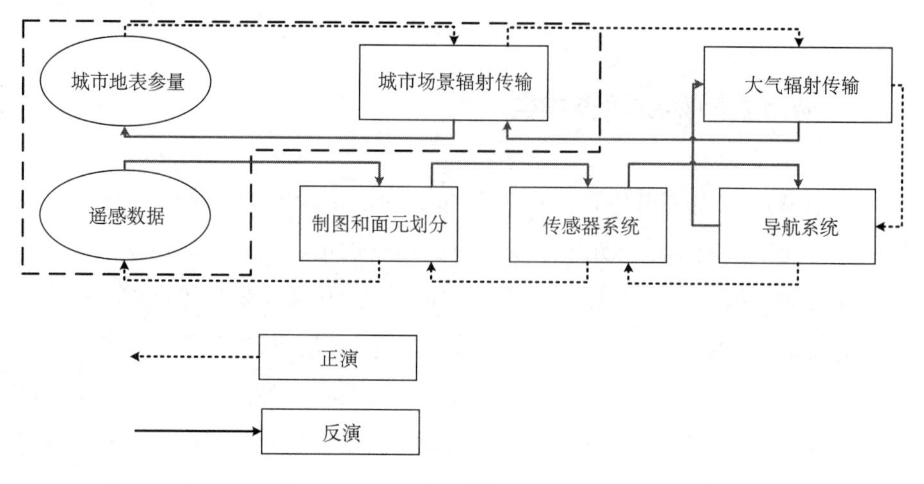

图 1-1 城市光学遥感模型框架

资料来源： Liang, 2003。

除上述三种场景辐射传输模型外，随着新的观测手段（高分辨率卫星及激光雷达）发展，非均质地表场景辐射传输模型引起了定量遥感领域的高度关注（柳钦火等, 2016）。非均质地表场景辐射传输模型基本思路是：充分利用高分辨率数据提取的下垫面结构参数（例如：组分比例、三维结构以及空间格局等）作为先验知识，描述中低分辨率像素内部在亚像素级的异质性分布，最终支持中低分辨率影像的地表参量反演 （Zeng *et al.*,2016; Wang *et al.*, 2017）。这种像素非均质的假设十分适合城市下垫面的高异质性情况。但是，需要注意的是，完全的异质性处理又会使得辐射传输模型异常复杂和臃肿，降低模型的可用性，所以实际的建模过程中又会有针对性的进行一定的同质化处理（Myneni *et al.*, 1990）。因而，比较折中的理想办法是，在重点考虑某一因素对辐射传输过程的影响时（例如：建筑物或者植被的三维结构），同质化处理其他因素（例如：组分和空间分布等），从而凸显地物的三维结构对太阳辐射传输过程的影响。

上世纪 80 年代开始，城市太阳辐射传输模型的研究逐步开展开来。为了准确计算城市短波辐射收支，过往学者常常对城市冠层内各表面，包括：建筑物屋顶、墙壁、路面等不同表面类型进行辐射收支处理，求解其表面辐射收支，从而计算各表面对大气的辐射输送 （Johnarnfield, *et al.*, 1982; Masson,

2000; Grimmond *et al.*, 2010; Best and Grimmond, 2013）。这些研究依赖于模型场景的三维结构，他们大多设定城市的形态特征为两边无限延长的街谷、十字街区并且街道两边建筑物高度相等；同时为简化模型模拟，还假定太阳入射方向与街道走向垂直以及城市峡谷各表面假定是朗伯面等。

上述研究使我们认识到：城市地表三维形态特征的刻画及其简化模型是太阳辐射传输模型构建的重要手段和基础，而选择合适的地表参量来表征城市三维形态特征可能是连接陆面模型以及遥感技术的关键。那么，如何表征城市地表三维特征？

1.2.4 城市形态结构特征参数化

已有学者对城市形态特征和城市气候之间的关系开展了相关的研究。用于描述城市地表形态特征的常用参数主要包括：建筑物高度、建筑物密度、迎风面积指数、平面面积指数、街道高宽比以及天空视域因子（Sky View Factor, SVF）等（Wang and Akbari, 2014; Zhu *et al.*, 2013）。

有关城市三维形态特征参数化研究中 SVF 被讨论的最多（Achour-Younsi and Kharrat, 2016; Martinelli and Matzarakis, 2017; Chen *et al.*, 2016; Yang *et al.*, 2015）。相较传统的、二维空间的街道高宽比（H/W）而言，SVF 更能反映复杂的城市下垫面形态特征。SVF 定义由奥凯（Oke, 1988）提出，它定义为地表上的任何点向天空开放的程度。近藤（Kondo *et al.*, 2001）通过场景建模方式，布设了一个由规则建筑物组成的三维下垫面。通过简化建模，分析了反照率和 SVF 之间的关系，定量描述了反照率和建筑物覆盖特征之间的联系。在城市下垫面参数化中，也有学者将 SVF 应用于城市区域有效反射率的求解。在分析建筑物间多次反射问题的理论基础上，将城市有效反射率问题转换到与城市空间结构相关联的几何参数问题上，得出了考虑城市空间几何结构后的有效反射率。案例分析结果显示，考虑了多次反射后的有效反射率有大幅度降低的趋势（Chimklai *et al.*, 2004）。

从现有的研究可以看出，由于 SVF 更能反映复杂的城市形态特征；并且它和城市地表短波辐射收支呈现出较强的关联性，因此城市辐射传输模型的构建则可以考虑使用 SVF 作为关键驱动因子。

1.2.4.1 天空视域因子

SVF 的参数化方法基本可以划分为三类：（1）三维城市模型法（Gál and Unger, 2014）；（2）全球定位系统（Global Positioning System, GPS）估算法（Chapman and Thornes, 2004）；（3）鱼眼相片法 （Brown, *et al.*, 2001）。

三维城市模型法可以用来估算大面积的区域尺度 SVF。有学者开发了一些基于 3D 城市模型法计算 SVF 的工具。这些工具可以是独立的或者是集成在 GIS 软件里的插件。例如，ArcView 中包含有利用建筑物形状信息来估计 SVF 的插件 （Unger and Janos, 2009）。同时，由马扎拉基斯与马图舍克（Matzarakis and Matuschek，2011）和马图舍克（Matuschek，2010）等开发的 SkyHelios 工具也可以使用数字表面模型（Digital Surface Model, DSM）生成连续的 SVF 图；另外，一些城市气候软件包也能够执行 SVF 计算。贝鲁（Behroo *et al.*, 2013）开发的综合城市环境评估工具中太阳和长波环境辐照度几何模型 （Solar and LongWave Environmental Irradiance Geometry, SOLWEIG）是城市多尺度环境预测器（Urban Multi-scale Environmental Predictor, UMEP） 的一个组成部分，可以进行 SVF 计算以及辐射传输建模。其他还有一些微气候软件也具有 SVF 计算功能，例如：ENVI-met 和 HURES（Park and Tuller, 2014）。上述方法共同的不足是除了建筑物之外的植被和其他城市景观很少包含在城市三维模型数据库中。然而，在实际城市环境中，其他城市景观尤其是植被也会影响 SVF 估计（Nouri *et al.*, 2018）。但是，高精度的城市三维模型可以克服这种限制。例如，最近开发的 SVFEngine（Liang *et al.*, 2017a）软件中的 SVF 计算工具能够使用倾斜摄影测量获得高精度的 3D 城市模型用以准确估计 SVF，可以准确地揭示当前城市的树冠情况与植被分布。总体而言，3D 城市模型法计算区域尺度的 SVF 相当有效，但是如何获取能够准确描述城市地表三维模型数据是其限制因素。

GPS 估算法通过多变量回归或人工神经网络模型估算 SVF。该模型通常将 SVF 与现场卫星能见度和信号强度数据联系起来（Chapman and Thornes, 2004）。这种方法能够实现实时估计，但是其在城市地区估算结果较好（r 约为 0.65～0.67），而在农村地区估算精度下降（r 约为 0.46～0.51）。这可能是由于受树木的影响（Zeng *et al.*, 2018）。

还有许多研究使用鱼眼相片法（Brown, *et al.*, 2001）来估算 SVF。鱼眼相片通过在地表用圆形鱼眼镜头向上拍摄天顶来获得。结合鱼眼相片，利用图像处理软件可以描绘出天空区域和被城市景观遮挡的区域。微尺度模型 Rayman 软件（Matzarakis, 2012）能够估算 SVF、日照时间、阴影和热指数。它使用三维建筑物和植物模型或鱼眼照片计算 SVF。但是，鱼眼相片法很难实现鱼眼照片的无人工干预的自动批量处理（Matzarakis, 2012）。该方法应用主要有三个局限：（1）求取的 SVF 是站点尺度的 SVF，难以推广到区域 SVF；（2）非常耗时的人工图像处理以及有限的观测数据；（3）理想的阴天条件，以确保天空识别精度（Chen *et al.*, 2012）。

除上述三种方法外，随着街景大数据应用的发展，也有学者使用街景照片进行城市 SVF 的提取（Zeng *et al.*, 2018）。该方法表现出与鱼眼相片法相当的精度，但是其求取的 SVF 仍然是站点尺度的 SVF，难以进一步完成由点及面的 SVF 推广应用。

整体上说，基于三维城市模型法是区域尺度 SVF 参数化较佳的技术手段，但是其 SVF 的提取精度依赖于城市本底三维建模或者 DSM 的准确性，因而，提取区域尺度的天空视域因子首先需要构建城市三维模型（如：DSM）。

1.2.4.2　城市数字表面模型

城市 DSM 是反映城市信息的重要载体之一，因为它提供了城市包括建筑物、树木等在内的多种地物高程信息（Rottensteiner *et al.*, 2014）。以合理成本准确提取城市的 DSM 能够有效地完成 SVF 的参数化研究。

DSM 可以由现有数字地形图生成，或者利用航空照片、光学卫星影像立体像对提取，也可以使用激光雷达（Light Detection and Ranging，LiDAR）提取（Baltsavias, 1999）。航空照片和机载激光扫描数据可以生成高密度的、高精度的三维点云，并最终获取高精度的 DSM 结果，但是航空数据采集的缺点是覆盖面积较小，还有一些人为约束比如空域限制，并且成本较高。利用星载立体像对数据生成 DSM 也是重要手段之一，虽然其 DSM 空间分辨率相对稍低，但是它可以以合理的成本快速获取数据。随着高分辨率光学卫星成像技术快速发展，分析这些 DSM 的潜力以提供诸如建筑物高度等特征逐渐成为研究的热点（Deilami and Hashim, 2011）。

大量学者开展了星载光学卫星影像立体像对提取城市 DSM 的研究，已经证明了高精度立体像对应用于城市三维建模的潜力（Poli *et al.*, 2015; Garouani *et al.*, 2014）。当前应用于城市 DSM 提取的都是 VHR（Very High Resolution, <=1m）卫星立体像对，例如，WorldView, Quickbird, IKONOS。城市立体像对的分辨率会直接影响城市 DSM 的精度，因为同名点的匹配是基于图像特征的，对于像 ZY-3 这种 2～6m 分辨率的星载光学卫星立体像对提取城市 DSM 就需要引入新的方法。倪文俭等（Ni *et al.*, 2015；Ni *et al.*, 2014b）曾经利用 ZY-3 以及 ALOS/PRISM 同轨立体像对生成了不同视角的点云数据进行融合，发现了多视角融合点云数据用于提取植被冠层高度的潜力。但是，城市高度异质的下垫面特性不同于植被地表，因此 2～6m 分辨率的多视角光学立体像对数据至今没能很好地应用于城市 DSM 提取。

部分卫星传感器具有同轨以及异轨两种立体成像模式（Deilami and Hashim, 2011）。对于同轨模式，一些三线阵传感器常常是对应着三个不同的光学系统，例如，正视、前视和后视。它们之间相互组合，可以形成一系列立体像对。而对于异轨模式，常常是通过卫星的侧摆，以形成不同的异轨立体像对。事实上，这些不同视角的光学影像蕴含了不同的信息。例如，前视视角影像可以看见建筑物北边的特征，后视视角影像可以看见建筑物南边的特征，不同轨道的正视视角影像则蕴含着建筑物东西方向的特征，那么将同轨与异轨像对产生的点云进行融合则能够提升点云的密度，进而能够更好地表征城市下垫面高异质性的复杂结构。

此外，ZY-3 卫星同轨立体测图模式已经得到广泛应用，然而，对于 ZY-3 异轨模式的应用研究少见报导。出于对卫星仪器的保护，ZY-3 卫星侧摆角严格限制在±15°之间。而且，当卫星侧摆角大于±5°的时候，多光谱以及前后视相机关闭，只保留正视相机。但是，这并不是说 ZY-3 异轨模式不能形成有效的视差用于立体测图。相反，在城市，尤其是对于建筑物区域，ZY-3 卫星小的侧摆角度设计使得 ZY-3 异轨模式能形成更好的城市光学点云数量和质量。原因如下：

（1）埃克特和奥朗（Eckert and Hollands，2010）不推荐在城市使用较大的基高比。在城市，较大的基高比虽然有助于形成有效的视差，但是较大的视差也会造成建筑物区立体像对密集点匹配困难以及错配率升高，因而，ZY-3 卫星小的侧摆角度就能形成较小的基高比，那么 ZY-3 异轨正视立体像对就有可能获得更多的匹配点。

（2）ZY-3 正视影像分辨率（2.1m）高于前后视影像（3.5m），较高的分辨率也有助于同名特征点的匹配。

（3）胡芬等（Hu *et al.*, 2016）研究发现 ZY-3 异轨模式在基高比 0.36 非理想状态下，加入少量控制点，其影像平差定向和几何定位精度均较为理想。其中，平面误差均值与高程误差均值分别为 2.4m 与 1.7m，中误差分别为 1.4m 与 4.0m。那么，融入少量控制点的 ZY-3 异轨正视立体像对将更加有利于城市 DSM 的生成。

卫星光学立体像对生成的原始 DSM 在城市里存在克里斯托夫效应，即看起来像一个柔软的纺织品覆盖在城市上空 （Dial, 2000）。因而，原始的 DSM 数据不能直接代表城市真实的三维形态。通常，这些缺陷通过人工三维建筑物重建得到改善。前人已经证明高分辨率卫星遥感影像通过光谱信息能够很好地进行建筑物的分类提取（Du, *et al.*, 2015）。同时，现有卫星立体像对提取建筑物目标高度都是以图像像素为单位进行的（Xu, *et al.*, 2015; Zeng, *et al.*, 2014）。DSM 大多是通过点云利用插值算法生成。当一个建筑物区内的光学点云数量得不到保证的时候，插值生成的 DSM 高度无疑是不准确的。如果能够从建筑物的光学点云做起，找出一种从建筑物光学点云直接获得建筑物高度的方法，无疑会提升建筑物高度的提取精度。

综上所述，随着星载高分辨率卫星技术的快速发展，可以集成高分辨率卫星同轨和异轨多视点云数据以及多光谱数据提升城市 DSM 的精度，进而完成城市高分辨率复杂下垫面三维表面模型的构建。

1.3 研究重点与目标

本书聚焦于城市太阳辐射传输建模与遥感应用，运用场景建模与遥感反演的方法，提升遥感地表参量的反演精度，进一步多尺度（场景尺度以及像素尺度）地揭示城市下垫面三维形态特征对短波辐射收支的影响。以期初步阐明城市太阳短波辐射传输过程及其城市三维形态特征的影响机制。

研究目标如下：（1）构建从高分辨率遥感影像/LiDAR 数据提取城市三维形态特征参量的框架；（2）构建城市局地尺度太阳短波辐射传输模型；（3）改进现有城市地表反射率遥感反演以及短波辐射收支方案；（4）揭示城市下垫面建筑物形态结构特征对短波辐射收支的影响。

参考文献

Achour-Younsi, S., F. Kharrat, 2016. Outdoor thermal comfort: impact of the geometry of an urban street canyon in a mediterranean subtropical climate—case study tunis, Tunisia. *Procedia-Social and Behavioral Sciences*, 216.

Baltsavias, E. P. 1999. A comparison between photogrammetry and laser scanning. *ISPRS Journal of Photogrammetry and Remote Sensing*, 54(2～3).

Barkstrom, B. R., G. L. Smith, 1986. The earth radiation budget experiment: science and implementation. *Reviews of Geophysics*, 24(2).

Behroo, M., A. Banazadeh and A. R. Golkhandan, 2013. Design methodology and preliminary sizing of an unmanned mars exploration plane (umep). *Applied Mechanics and Materials*, 332.

Best, M. J., C. S. B. Grimmond, 2013. Analysis of the seasonal cycle within the first international urban land-surface model comparison. *Boundary-Layer Meteorology*, 146(3).

Bilbao, J., A. H. D. Miguel, 2007. Estimation of daylight downward longwave atmospheric irradiance under clear-sky and all-sky conditions. *Journal of Applied Meteorology and Climatology*, 46(6).

Bisht, G., R. L. Bras, 2010. Estimation of net radiation from the modis data under all sky conditions: southern great plains case study. *Remote Sensing of Environment*, 114(7).

Brown, M. J., S. Grimmond and C. Ratti, 2001. Comparison of methodologies for computing sky view factor in urban environments. Proceedings of the 2001 International Symposium on Environmental Hydraulics, 6.

Cao, S., W. Zhao, H. Guan *et al.*, 2018a. Comparison of remotely sensed PM2.5 concentrations between developed and developing countries: Results from the US, Europe, China, and India. *Journal of Cleaner Production*, 182.

Cao, S., D. Hu, Z. Hu *et al.*, 2018b. An integrated soft and hard classification approach for evaluating urban expansion from multisource remote sensing data: a case study of the Beijing-Tianjin-Tangshan metropolitan region, China. *International Journal of Remote Sensing*, 39(11).

Chapman, L., J. E. Thornes, 2004. Real-time sky-view factor calculation and approximation. *Journal of Atmospheric and Oceanic Technology*, 21(5).

Chen, L., B. Yu and F. Yang *et al.*, 2016. Intra-urban differences of mean radiant temperature in different urban settings in Shanghai and implications for heat stress under heat waves: a gis-based approach. *Energy and Buildings*, 130.

Chen, L., E. Ng, X. An *et al.*, 2012. Sky view factor analysis of street canyons and its implications for daytime intra-urban air temperature differentials in high-rise, high-density urban areas of Hong Kong: a gis-based simulation approach. *International Journal of Climatology*, 32(1).

Chimklai, P., A. Hagishima and J. Tanimoto, 2004. A computer system to support albedo calculation in urban areas. *Building and Environment*, 39(10).

Chopping, M. J., L. Su, A. Laliberte *et al.*, 2006. Mapping woody plant cover in desert grasslands using canopy reflectance modeling and misr data. *Geophysical Research Letters*, 33(17).

Deilami, K., M. Hashim, 2011. Very high-resolution optical satellites for DEM generation: a review. *European Journal of Scientific Research*, 49(4).

Diak, G. R., J. R. Mecikalski, M. C. Anderson, *et al.* 2004. Estimating land surface energy budgets from space: review and current efforts at the university of Wisconsin-Madison and usda-ars. *Bulletin of the American Meteorological Society*, 85(1).

Dial, G., 2000. IKONOS satellite mapping accuracy. *Ecotoxicology*,15.

Disney, M. I., L. Posthuma and M. Gevrey *et al.*, 2006. 3d modelling of forest canopy structure for remote sensing simulations in the optical and microwave domains. *Remote Sensing of Environment*, 100(1).

Du, S., F. Zhang and X. Zhang, 2015. Semantic classification of urban buildings combining

VHR image and GIS data: an improved random forest approach. *ISPRS Journal of Photogrammetry and Remote Sensing*, 105.

Eckert, S., T. Hollands, 2010. Comparison of automatic DSM generation modules by processing IKONOS stereo data of an urban area. *IEEE Journal of Selected Topics in Applied Earth Observations and Remote Sensing*, 3(2).

Erell, E., T. Williamson, 2006. Simulating air temperature in an urban street canyon in all weather conditions using measured data at a reference meteorological station. *International Journal of Climatology*, 26(12).

Gál, T., J. Unger, 2014. A new software tool for SVF calculations using building and tree-crown databases. *Urban Climate*, 10.

Garouani, A. E., A. Alobeid and S. E. Garouani, 2014. Digital surface model based on aerial image stereo pairs for 3D building. *International Journal of Sustainable Built Environment*, 3(1).

Grimmond, C. S. B., M. Blackett and M. J. Best *et al.*,2010. The international urban energy balance models comparison project: first results from phase 1. *Journal of Applied Meteorology and Climatology*, 49(6).

Hu, D., S. Cao, S. Chen *et al.*, 2017. Monitoring spatial patterns and changes of surface net radiation in urban and suburban areas using satellite remote-sensing data. *International Journal of Remote Sensing*, 38(4).

Hu, F., B. Yang, X. M. Tang *et al.*, 2016. Geo-positioning Accuracy Analysis of ZY-3 Cross-track Stereo-images. *Spacecraft Recovery and Remote Sensing*, 37(1).

Johnarnfield, A., 1982. An approach to the estimation of the surface radiative properties and radiation budgets of cities. *Physical Geography*, 3(2).

Kalnay, E., M. Cai, 2003. Impact of urbanization and land-use change on climate. *Nature (London)*, 423(6939).

Kim, H. Y., S. Liang, 2010. Development of a hybrid method for estimating land surface shortwave net radiation from modis data. *Remote Sensing of Environment*, 114(11).

Klink, J. C., K. J. Dollhopf, 2010. An evaluation of satellite-based insolation estimates for ohio. *Journal of Applied Meteorology*, 25(11).

Kobayashi, H., R. Suzuki and S. Kobayashi, 2007. Reflectance seasonality and its relation to the canopy leaf area index in an eastern siberian larch forest: multi-satellite data and radiative transfer analyses. *Remote Sensing of Environment*, 106(2).

Kondo, A., 2001. The influence of urban canopy configuration on urban albedo. *Boundary-Layer Meteorology*, 100.

Lhomme, J. P., J. J. Vacher and A. Rocheteau, 2007. Estimating downward long-wave radiation on the andean altiplano. *Agricultural and Forest Meteorology*, 145(3～4).

Liang, S., 2003. *Quantitative remote sensing of land surfaces*. USA: Wiley-Interscience.

Liang, J., J. Gong, J. Sun *et al.*, 2017a. A customizable framework for computing sky view factor from large-scale 3d city models . *Energy and Buildings*, 149.

Li, X., A. H. Strahler, 1985. Geometric-optical modeling of a conifer forest canopy. *IEEE Transactions on Geoscience and Remote Sensing*, 23(5).

Li, X., A. H. Strahler, 1992. Geometric-optical bidirectional reflectance modeling of the discrete crown vegetation canopy: effect of crown shape and mutual shadowing. *IEEE Transactions on Geoscience and Remote Sensing*, 30(2).

Liu, X., B. Derudder, and P. Taylor, 2014. Mapping the evolution of hierarchical and regional tendencies in the world city network, 2000～2010. *Computers, environment and urban systems*, 3.

Martinelli, L., A. Matzarakis, 2017. Influence of height/width proportions on the thermal comfort of courtyard typology for italian climate zones. *Sustainable Cities and Society*, 29.

Masson, V, 2000. A physically-based scheme for the urban energy budget in atmospheric models. *Boundary-Layer Meteorology*, 94(3).

Matthew, O., W. Peter, N. B. Brian *et al.*, 2016. A rapid and scalable radiation transfer model for complex urban Domains. *Urban Climate*, 15.

Matuschek, O., A. Matzarakis and D. B. Meteorol, 2010. Estimation of Sky View Factor in Complex Environment as a Tool for Applied Climatological Studies. *Instituts Der Albert-Ludwigs-Universität Freibg*.

Matzarakis, A., 2012. RayMan and SkyHelios model-two tools for urban climatology.

Matzarakis, A., F. Rutz and H. Mayer, 2007. Modelling radiation fluxes in simple and complex environments—application of the rayman model. *International Journal of Biometeorology*, 51(4).

Matzarakis, A., O. Matuschek, 2011. Sky view factor as a parameter in applied climatology—rapid estimation by the skyhelios model. *Meteorologische Zeitschrift*, 20(1).

Milman, A. S., 1999. *Mathematical principles of remote sensing: making inferences from noisy data*. Sleeping Bear Press.

Mira, M., A. Olioso, B. Gallego-Elvira, *et al.*, 2016. Uncertainty assessment of surface net radiation derived from landsat images. *Remote Sensing of Environment*, 175.

Myneni, R., G. Asrar and S. W. Gerstl, 1990. Radiative transfer in three dimensional leaf canopies. *Transport Theory and Statistical Physics*, 19(3～5).

Ni, W., G. Sun and K. J. Ranson *et al.*, 2015. Extraction of ground surface elevation from ZY-3 winter stereo imagery over deciduous forested areas. *Remote Sensing of Environment*, 159.

Ni, W., K. J. Ranson and Z. Zhang *et al.*, 2014 b. Features of point clouds synthesized from multi-view ALOS/PRISM data and comparisons with Lidar data in forested areas. *Remote Sensing of Environment*, 149(12).

Oke, T. R., 1988. Street design and urban canopy layer climate. *Energy and Buildings*, 11(1～3).

Paris, G., P. K. Zibouche, B. Bueno *et al.*, 2014. Improving the capabilities of the Town Energy Balance model with up-to-date building energy simulation algorithms: an application to a set of representative buildings in Paris . *Energy and Buildings*, 76(2).

Park, S., S. E. Tuller, 2014. Advanced view factor analysis method for radiation exchange. *International Journal of Biometeorology*, 58(2).

Pinker, T. R., 2003. Surface radiation budgets in support of the gewex continental-scale international project (gcip) and the gewex americas prediction project (gapp), including the north american land data assimilation system (nldas) project. *Journal of Geophysical Research*, 108(D22).

Pinty, B., N. Gobron and J. L. Widlowski *et al.*, 2004. Synergy between 1d and 3d radiation transfer models to retrieve vegetation canopy properties from remote sensing data. *Journal of Geophysical Research*, 109(D21).

Poli, D., F. Remondino and E. Angiuli *et al.*, 2015. Radiometric and geometric evaluation of geoeye-1, worldview-2 and pléiades-1a stereo images for 3d information extraction. *ISPRS Journal of Photogrammetry and Remote Sensing*, 100(5).

Rasul, A., H. Balzter and C. Smith, 2015. Spatial variation of the daytime surface urban cool island during the dry season in erbil, iraqi kurdistan, from landsat 8. *Urban Climate*, 14.

Rautiainen, M., P. Stenberg, 2005. Application of photon recollision probability in coniferous canopy reflectance simulations. *Remote Sensing of Environment*, 96(1).

Rezaul Mahmood, R. A., S. Pielke, K. G. Hubbard *et al.*, 2013. Land cover changes and their biogeophysical effects on climate . *International Journal of Climatology*, 34(4).

Rita, M., F. A. Paula, M. G. Gomes *et al.*, 2018. The use of 3d gis to analyse the influence of urban context on buildings' solar energy potential. *Energy and Buildings*, 177.

Robaa, S. M., 2009. Urban–rural solar radiation loss in the atmosphere of greater cairo region, egypt. *Energy Conversion and Management*, 50(1).

Rottensteiner, F., G. Sohn and M. Gerke *et al.*, 2014. Results of the ISPRS benchmark on urban object detection and 3d building reconstruction. *ISPRS Journal of Photogrammetry and Remote Sensing*, 93(7).

Sun, F., M. D. Goldberg, X. Liu *et al.*, 2010. Estimation of outgoing longwave radiation from atmospheric infrared sounder radiance measurements. *Journal of Geophysical Research*

Atmospheres, 115(9).

Taha, H., 1997. Urban climates and heat islands: albedo, evapotranspiration, and anthropogenic heat. *Energy and Buildings*, 25(2).

Terjung, W. H., P. A. O'Rourke, 1980. Influences of physical structures on urban energy budgets. *Boundary-Layer Meteorology*, 19(4).

Thomas, L., C.S.B. Grimmond, 2013. Multi-site evaluation of an urban land-surface model: intra-urban heterogeneity, seasonality and parameter complexity requirements. *Quarterly Journal of the Royal Meteorological Society*, 138.

Unger, J., 2009. Connection between urban heat island and sky view factor approximated by a software tool on a 3d urban database. *International Journal of Environment and Pollution*, 36(1/2/3).

United Nations, 2012. Dept. of Economic and Social Information and Policy Analysis. *World urbanization prospects, 3rd ed.* United Nations. Dept. of Economic and Social Information and Policy Analysis: New York.

Wang, K., S. Liang, 2009. Estimation of daytime net radiation from shortwave radiation measurements and meteorological observations. *Journal of Applied Meteorology and Climatology*, 48(3).

Wang, T., G. Yan, X. Mu *et al.*, 2017. Toward operational shortwave radiation modeling and retrieval over rugged terrain. *Remote Sensing of Environment*, 205.

Wang, Y., A. Hashem, 2014. Effect of sky view factor on outdoor temperature and comfort in Montreal. *Environmental Engineering Science*, 31(6).

Wielicki, B. A., B. R. Barkstrom, B. A. Baum *et al.*, 1998. Clouds and the earth's radiant energy system (ceres): algorithm overview. *IEEE Transactions on Geoscience and Remote Sensing*, 36(4).

Xu, Y., P. Ma and E. Ng *et al.*, 2015. Fusion of worldview-2 stereo and multitemporal TerraSAR-X images for building height extraction in urban areas. *IEEE Geoscience and Remote Sensing Letters*, 12(8).

Yang, F., F. Qian, and S. S. Y. Lau, 2013. Urban form and density as indicators for summertime outdoor ventilation potential: a case study on high-rise housing in Shanghai. *Building and Environment*, 70.

Yang, J., M. S. Wong and M. Menenti *et al.*, 2015. Study of the geometry effect on land surface temperature retrieval in urban environment. *Isprs Journal of Photogrammetry and Remote Sensing*.

Yang, X., Y. Li, 2013. Development of a three-dimensional urban energy model for predicting and understanding surface temperature distribution. *Boundary-Layer Meteorology*, 149(2).

Zeng, C., J. Wang and W. Zhan *et al.*, 2014. An elevation difference model for building height extraction from stereo-image-derived DSMs. *International Journal of Remote Sensing*, 35(22).

Zeng, L., J. Lu and W. Li *et al.*, 2018. A fast approach for large-scale sky view factor estimation using street view images. *Building and Environment*, 135.

Zeng Y., J. Li and Q. Liu *et al.*, 2016. A radiative transfer model for heterogeneous agro-forestry scenarios. *IEEE Transactions on Geoscience and Remote Sensing*, 54(8).

Zhang, X., S. Liang, G. Zhou *et al.*, 2014. Generating global land surface satellite incident shortwave radiation and photosynthetically active radiation products from multiple satellite data. *Remote Sensing of Environment*, 152.

Zhang, X., S. Liang, M. Wild *et al.*, 2015. Analysis of surface incident shortwave radiation from four satellite products. *Remote Sensing of Environment*, 165.

Zhang, Y., 2004. Calculation of radiative fluxes from the surface to top of atmosphere based on isccp and other global data sets: refinements of the radiative transfer model and the input data. *Journal of Geophysical Research*, 109(D19).

Zhao, L., X. Lee, R. B. Smith *et al.*, 2014. Strong contributions of local background climate to urban heat islands. *Nature*, 511(7508).

Zhu, S., H. Guan, J. Bennett *et al.*, 2013. Influence of sky temperature distribution on sky view factor and its applications in urban heat island. *International Journal of Climatology*, 33(7).

崔耀平："城市不同下垫面辐射平衡的模拟分析"，《科学通报》，2012 年第 6 期。

柳钦火、曹彪、曾也鲁等："植被遥感辐射传输建模中的异质性研究进展"，《遥感学报》，2016 年。

苗世光、窦军霞、F. Chen 等："北京城市地表能量平衡特征观测分析"，《中国科学:地球科学》，2012 年第 9 期。

周淑贞："上海城市气候中的'五岛'效应"，《中国科学（B 辑）》, 1988 年第 11 期。

2　城市形态对上下行短波辐射的影响

2.1　基 本 概 念

2.1.1　太阳辐射光谱

图 2-1 展示了太阳辐射能量与波长的关系。尽管太阳辐射的波长范围很广，但是，在波长较长或者较短的范围内，能量非常有限。其中，99%的能量集中于 250nm～2 500nm。可见光约占 50%，红外 44%，紫外 5%，峰值位于 480nm。从图 2-1 中可以看出，太阳光在通过大气层时，会受到大气的削弱作用，例如吸收、散射、反射等。

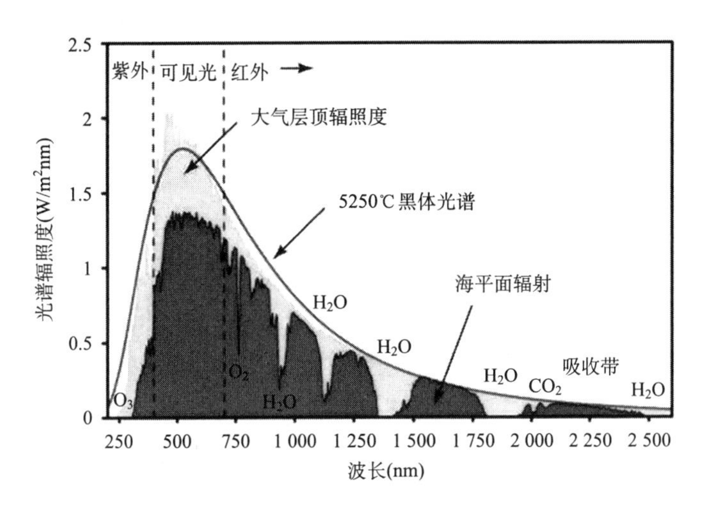

图 2-1　太阳光谱图

资料来源：Vermote，2000。

2.1.2 太阳常数

到达地球大气层顶上界的辐照度随着日地间距离 d 的变化而变化。假设给定日地平均距离处的太阳辐照度为 $\overline{E_0}$，那么一年中任意一天的太阳辐照度可以用下式表示（Duffle and Beckman, 1980; Liang, 2004）：

$$E_0 = \overline{E_0}\left(1 + 0.03\cos(\frac{2\pi d_n}{365})\right) \quad \text{（式 2-1）}$$

式中，d_n 为一年当中的天数，取值范围为[1,365]。更准确的计算公式如下（Liang, 2004;Spencer, 1971）：

$$E_0 = \overline{E_0}\left(1.000\,012\,8\sin\chi + 0.000\,719\cos2\chi + 0.000\,077\sin2\chi\right) \quad \text{（式 2-2）}$$

式中，$\chi = (2\pi d_n - 1)/365$。

太阳常数指的是太阳辐射全波长范围内的辐照度积分，可用下式表示：

$$I_0 = \int_0^{\infty} \overline{E_0}(\lambda)\mathrm{d}\lambda \quad \text{（式 2-3）}$$

上世纪 80 年代，哈尔曼（Harmann *et al.*, 1999）监测到平均太阳常数为 1 369W/m^2±0.25%。安德森（Anderson *et al.*, 1999）根据不同的数据源利用 MODTRAN 4 模型计算了多种大气层顶辐照度数据集。这些数据集对应不同的太阳常数，比如：1 362.12W/m^2、1 368.00W/m^2、1 359.75W/m^2、1 376.23W/m^2。此外，美国国家航空航天局太阳辐射与气候实验室通过辐照度测量和实验表明，2008 年最准确的太阳常数为 1 360.8±0.5 W/m^2（Kopp and Lean, 2011）。

2.1.3 大气对短波辐射的削弱作用

众所周知，地球周围存在大气圈，太阳短波辐射通过大气圈到达地面的过程中存在一定的削弱。这种削弱主要有：（1）大气对太阳短波辐射的吸收；（2）大气对太阳短波辐射的散射；（3）云层等对太阳短波辐射的反射。经过大气削弱作用后，只有部分太阳短波辐射能穿过大气层达到地表面。

2.1.4 下行短波辐射、地表反照率以及短波净辐射

2.1.4.1 下行短波辐射

下行短波辐射通常指的是太阳辐射中 300～3 000nm 这部分能量，达到地表（某一水平面上）的短波辐射由三部分组成，即直接辐射、散射辐射以及由于地表反射所形成的辐射。可用如下公式进行表示：

$$R^{\downarrow}_{g} = R_b \times \cos\theta + R_{as} + R_r \qquad \text{（式 2-4）}$$

式中，$R^{\downarrow}_{g}$ 为到达地表的下行短波辐射；R_b 是太阳辐射正交方向上的地表太阳短波直接辐射；θ 为太阳入射角，即太阳天顶角；R_r 是周围地表的反射辐射。

2.1.4.2 地表反照率

地表反照率（Albedo）是一个广泛应用在全球变化、中长期天气预测以及地表能量平衡的重要参量。它的定义是短波范围内地表所有的反射辐射能量除以入射辐射能量。地表反照率是地表辐射能量平衡的重要驱动因子。它反映了地球表面对太阳短波辐射的反射能力。地表反照率的增加会直接导致净辐射的减少，那么根据能量平衡方程，感热通量和潜热通量就会相应的减少，进而导致大气辐合的上升减弱。降水和云的减少以及土壤的湿度降低，反过来又会增加地表的反照率，形成一个正反馈的过程。如果云量减少，会导致太阳下行辐射的增加，进而导致净辐射增大，形成一个负反馈的过程。在这种正负反馈此消彼长直至稳定的过程中，地表反照率是影响地表能量收支平衡的最关键参量之一。

2.1.4.3 地表短波净辐射

地表短波净辐射指的是地表接收的短波下行辐射扣除地表短波上行辐射的能量，可以用如下公式表示：

$$R_g = R^{\downarrow}{}_g - R^{\uparrow}{}_g = (1-a)R^{\downarrow}{}_g \tag{式 2-5}$$

式中，R_g 为地表净辐射；$R^{\downarrow}{}_g$ 为地表下行短波辐射；$R^{\uparrow}{}_g$ 为地表上行短波辐射；α 为地表反照率。

2.2 城市三维结构对短波上下行辐射的影响

2.2.1 上行辐射

此外，需要注意的是，城市地表的反射机制不同于平坦地表。复杂的城市三维形态和空间结构导致了墙地之间的多次反射耦合问题（Matthew *et al.*, 2016）。不管是到达地表太阳辐射的反射过程，还是地表自身热辐射、大气下行辐射过程等，它们均受到城市三维形态和空间结构的影响，在城市内部形成墙地多次反射辐射。这部分辐射能量的量化需要进行墙地多次反射解耦。这不仅涉及到城市局地尺度的三维形态特征，还要考虑墙面反射率以及地表反射率等诸多地表参量，其解耦过程较为复杂 （Erell and Williamson, 2006; Masson, 2000）。

2.2.2 下行辐射

在一个城市场景下，地表接收的太阳辐射强度通常由三部分组成：（1）太阳直接辐射；（2）天空漫辐射；（3）建筑物侧面的反射辐射。它们三者的相对贡献以及重要性根据城市场景的三维结构、地理位置、季节和环境参数不同而变化（Matthew *et al.*, 2016; Johnarnfield, *et al.*, 1982; Krayenhoff and Voogt, 2007; Asawa, *et al.*, 2008）。不论是太阳直接辐射、天空漫辐射，还是建筑物侧面的反射辐射均受到城市局地尺度三维形态和空间结构的影响（Terjung and Louie; 1974; Terjung and O'Rourke, 1980）。那么，城市地表辐射收支过程的刻画首要问题是要准确模拟太阳直接辐射、天空漫辐射以及建筑物侧面对地表的反射辐射传输过程。

2.2.2.1 城市三维结构对太阳直接辐射的影响

如果将城市地表考虑成是平坦地表，那么它的直接辐射即达到城市冠层的太阳直接辐射。但是现实情况中，由于城市建筑物的遮挡作用，可能会存在阴影区域（图 2-2）。那么准确量化城市地表接收的太阳直接辐射，就需要准确地量化地表的阴影部分，或者说地表像素的阴影占比（Matzarakis *et al.*, 2007; Kanda *et al.*, 2005a）。

如图 2-2 所示，基于地表被建筑物完全遮挡与完全不被遮挡的两种情况，给定点 i 接收到的太阳直接辐射可以用如下公式进行表示：

(a) 完全被遮挡

(b) 完全不被遮挡

图 2-2 城市建筑物对太阳直接辐射的影响过程

$$R_{(\text{dirurban},i)} = \phi R_{(\text{dir},i)} \quad （式 2-6）$$

式中，R_{dir}为城市平坦地表的太阳直接辐射；ϕ为一个二值化的函数，取值 0 或 1，分别对应图 2-2 中的情形（a）和（b）。

2.2.2.2 城市三维结构对天空漫辐射的影响

如果将城市地表考虑成是平坦地表，那么它的漫辐射即达到城市冠层的漫辐射。但是城市中由于建筑物的存在，那么城市的天空可视因子将会改变到达城市地表的天空漫辐射 （Krayenhoff, *et al.*, 2007; Yang and Li, 2013; Kanda *et al.*, 2005b）。图 2-3 中圆点将只能接收到图中天空可视部分（即箭头所在位置）的天空漫辐射。进一步，如果考虑天空视域因子，那么对于给定点 i，它所接收到的天空漫辐射可以近似地用下式表示：

$$R_{(\text{asurban},i)} = V_{(i,\text{sky})} R_{(\text{as},i)} \quad （式 2-7）$$

式中，$R_{(\text{asurban},i)}$为考虑 SVF 影响下的城市地表接收到的天空漫辐射；$V_{(i,\text{sky})}$为点 i 的天空视域系数，$R_{(as,i)}$为平坦地表的天空散射。

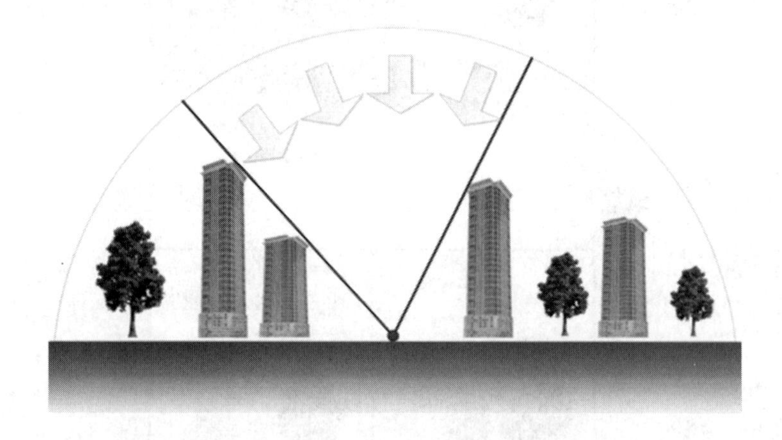

图 2-3 天空视域因子对城市天空漫辐射的影响

2.2.2.3 城市建筑物侧面的反射辐射

城市地表除了太阳直接辐射，天空漫辐射还有来自周围地物的反射辐射

（Erell and Williamson, 2006）。图 2-4 描述了城市周围建筑物对城市地表的反射辐射。这部分反射能量较为复杂，需要利用城市地表三维形态特征参数（例如：天空视域因子）完成这部分的辐射量化。

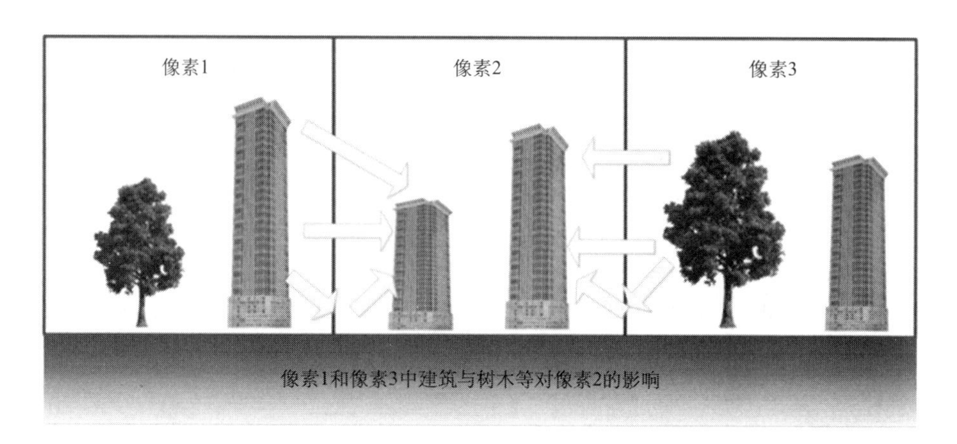

图 2-4　周围地物的反射辐射

2.3　本 章 小 结

本章主要总结了短波辐射基本概念及城市复杂下垫面三维形态特征对短波辐射收支的影响。短波辐射基本概念包括：太阳辐射光谱、太阳常数、大气对太阳的短波辐射削弱作用、下行短波辐射、地表反照率以及短波净辐射。针对城市复杂下垫面三维形态特征对短波辐射收支的影响，本章着重探讨了：（1）城市三维结构对太阳直接辐射的影响；（2）城市三维结构对天空漫辐射的影响；（3）城市建筑物对地表的反射辐射；（4）城市墙地多路反射机制。

参考文献

Anderson, G. P., A. Berk, P. K. Acharya *et al.*, 1999. MODTRAN4: radiative transfer modeling for remote sensing. *Optics in Atmospheric Propagation and Adaptive System III*, 3866.

Asawa, T., A. Hoyano and K. Nakaohkubo, 2008. Thermal design tool for outdoor spaces based on heat balance simulation using a 3d-cad system. *Building and Environment*, 43(12).

Duffle, J. A., W. A. Beckman, 1980. *Solar Engineering of the thermal processes*, John Wiley and Sons.

Erell, E., T. Williamson, 2006. Simulating air temperature in an urban street canyon in all weather conditions using measured data at a reference meteorological station. *International Journal of Climatology*, 26(12).

Harmann, D. L., C. S. Bretherton, T. P. Charlock *et al.*, 1999. Radiation, clouds, water vapor, precipitation, and atmospheric circulation, *in EOS science plan*.

Johnarnfield, A., 1982. An approach to the estimation of the surface radiative properties and radiation budgets of cities. *Physical Geography*, 3(2).

Kanda, M., T. Kawai and K. Nakagawa, 2005a. A simple theoretical radiation scheme for regular building arrays. *Boundary-Layer Meteorology*, 114(1).

Kanda, M., T. Kawai, M. Kanega *et al.*, 2005b. A simple energy balance model for regular building arrays. *Boundary-Layer Meteorology*, 116(3).

Kopp, G., J. L. Lean, 2011. A new, lower value of total solar irradiance: Evidence and climate significance. *Geophysical Research Letter*, 38(1).

Krayenhoff, E. S., J. A. Voogt, 2007. A microscale three-dimensional urban energy balance model for studying surface temperatures. *Boundary-Layer Meteorology*, 123(3).

Liang, S., 2004. *Quantitative remote sensing of land surface*. Hoboken, New Jersey: Wiley.

Masson V., 2000. A physically-based scheme for the urban energy budget in atmospheric models. *Boundary-Layer Meteorology*, 94(3).

Matthew O., W. Peter, N. B. Brian *et al.*, 2016. A rapid and scalable radiation transfer model for complex urban Domains. Urban Climate, 15.

Matzarakis, A., F. Rutz and H. Mayer, 2007. Modelling radiation fluxes in simple and complex environments—application of the rayman model. *International Journal of Biometeorology*, 51(4).

Spencer, J. W., 1971. Fourier series representation of the position of the sun. *Serarch*, 2(5).

Terjung, W. H., S. F. Louie, 1974. A climatic model of urban energy budgets. *Geographical Analysis*, 6(4).

Terjung, W. H., P. A. O'Rourke, 1980. Influences of physical structures on urban energy budgets. *Boundary-Layer Meteorology*, 19(4).

Vermote, 2000. *Atmospheric effect in the solar spectrum*. Maryland: University of Maryland.

Yang, X., Y. Li, 2013. Development of a three-dimensional urban energy model for predicting and understanding surface temperature distribution. *Boundary-Layer Meteorology*, 149(2).

3 城市地表短波辐射传输模型

3.1 模 型 构 建

本章构建了城市地表短波辐射传输模型（Urban Surface Solar Short-Wave Radiative Transfer Model, USSR）。该模型基于天空视域因子的城市辐射传输模型。它分别考虑三部分到达城市地表要素的辐射能量：太阳直接辐射、天空漫辐射以及周围建筑物墙面的反射辐射。在城市地表反射机制上，依据天空视域因子，构建一套全新的、区别于传统平坦地表的墙地多次反射机制。

3.1.1 模型场景生成

非均质辐射传输模型充分利用高分辨率数据提取的下垫面结构参数（例如：组分比例、三维结构以及空间格局等）作为先验知识，来描述中低分辨率像素内部在亚像素级的异质性分布，最终支撑中低分辨率影像的地表参量反演 （柳钦火等, 2016; Zeng *et al.*, 2016; Wang *et al.*, 2017）。这种像素非均质的假设十分适合城市下垫面的高异质性情况。因而，这里假设的场景为低分辨率场景模型（Strahler, 1986），即场景要素（高分辨率地表参量）比遥感像素（中低分辨率地表参量）小。

但是，需要注意的是，完全的异质性处理又会使得辐射传输模型异常复杂和臃肿，降低模型的可用性，所以实际的建模过程中又会有针对性地进行一定的同质化处理/假设（Myneni *et al.*, 1990）。比较折中的理想办法是，在重点考虑某一因素对辐射传输过程的影响时（例如：建筑物或植被的三维结构），同质化处理其他因素（例如：组分和空间分布等），从而凸显地物的三维结构对太阳辐射传输过程的影响。本章重点考察城市复杂的三维结构特征对太阳短波辐射传输过程的影响，并同质化处理中低分辨率像素内的组分和地物空间分布等。

假定城市的场景有两种：（1）平坦地表上矗立规则的建筑物，建筑物的形态是长方体或者正方体；（2）地表和建筑物表面都是朗伯面。图 3-1 展示了 USSR 模型构建的城市场景及其与平坦地表的差异。

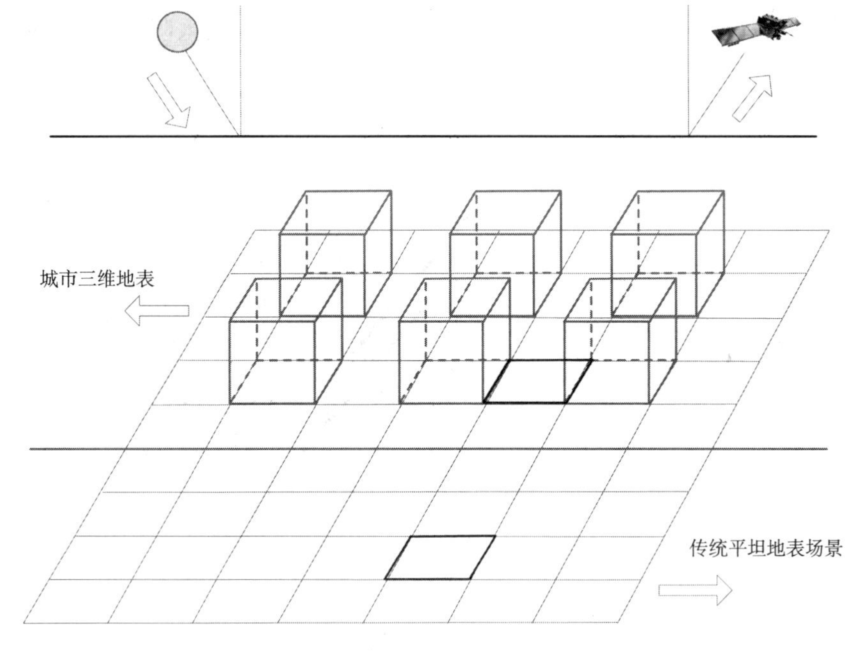

图 3-1 城市三维辐射传输场景构建

在 USSR 模型中，城市地表要素 i 接收到的太阳辐射能量包含三部分：（1）太阳直接辐射；（2）天空漫辐射；（3）周围建筑物的反射辐射。如下公式所示：

$$R_{(\mathrm{S},i)}^{\downarrow} = \underbrace{R_{(\mathrm{dir},i)}}_{\text{太阳直接辐射}} + \underbrace{R_{(\mathrm{as},i)}}_{\text{天空漫辐射}} + \underbrace{R_{(\mathrm{adj},i)}}_{\text{周围建筑物的墙面反射}} \tag{式 3-1}$$

以下三个小节将分别描述太阳直接辐射、天空漫辐射以及周围建筑物墙面的反射辐射建模方法。

3.1.2 地表下行短波辐射建模

3.1.2.1 太阳直接辐射

如果将城市地表考虑成是平坦地表，那么地表要素 i 接收到的直接辐射即达到城市冠层的太阳直接辐射。但是现实情况中，由于城市建筑物的遮挡作用，可能会存在阴影区域。图 3-2 展示了城市要素 i 被太阳直射的两种典型情境。

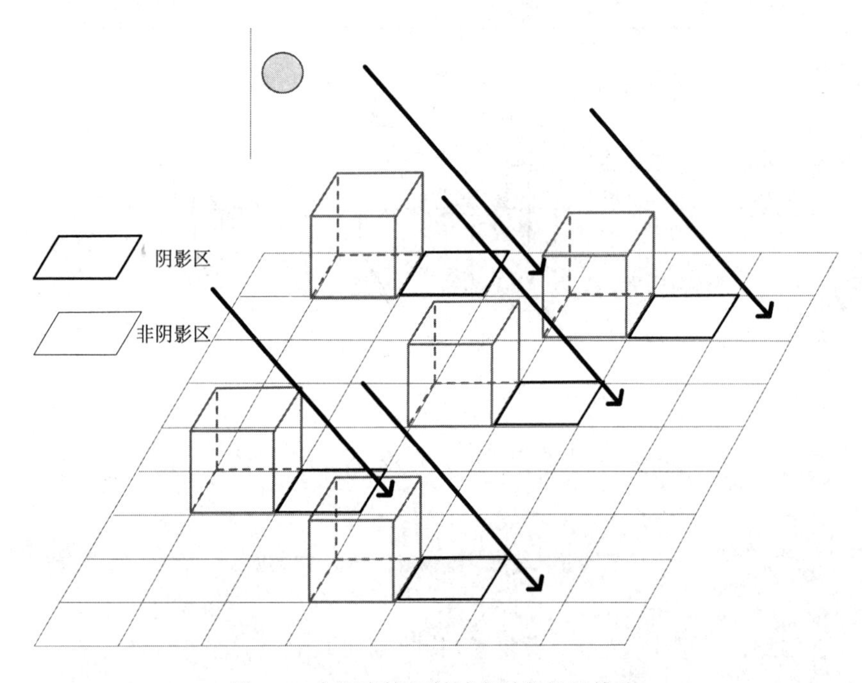

图 3-2 太阳直接辐射城市过程场景构建

情境 1：如图 3-2 中黑色粗边框的情况，要素 i 接收到的太阳直接辐射将被建筑物遮挡，这时它接收到的太阳直接辐射为 0。

情境 2：如图 3-2 中黑色细边框的情况，要素 i 接收到的太阳直接辐射等于平坦地表接收到的太阳辐射。

基于情境 1 和情境 2 中的两种情况，要素 i 接收到的太阳直接辐射可以用如下公式进行表示：

$$R_{(\mathrm{dir},i)} = \Phi \mathrm{E}_0 \cos\theta s \times \mathrm{e}^{-\frac{\tau}{\cos\theta s}} \tag{式 3-2}$$

式中，Φ 为要素 i 建筑物阴影指数，取值 0 或 1，分别对应图 3-2 中的阴影像素与非阴影像素；$R_{(\mathrm{dir},i)}$ 为考虑城市建筑物遮挡作用之后的太阳直接辐射；E_0 为大气层顶的太阳辐射通量；τ 为整体的大气光学厚度；θs 为太阳的天顶角；$\mathrm{e}^{-\frac{\tau}{\cos\theta s}}$ 为下行辐射的消光系数。

3.1.2.2　天空漫辐射

如果将城市地表考虑成是平坦地表，要素 i 接收到的天空漫辐射等于实际的天空漫辐射。但城市中由于建筑物等的存在，那么城市的天空可视因子将会改变到达城市地表的天空漫辐射。如图 3-3 中像素只能接收到图中天空可视部分（即箭头所在部分）的天空漫辐射。如果考虑像素的天空视域因子，那么对于要素 i，它所接收到的天空漫辐射可近似用下式表示：

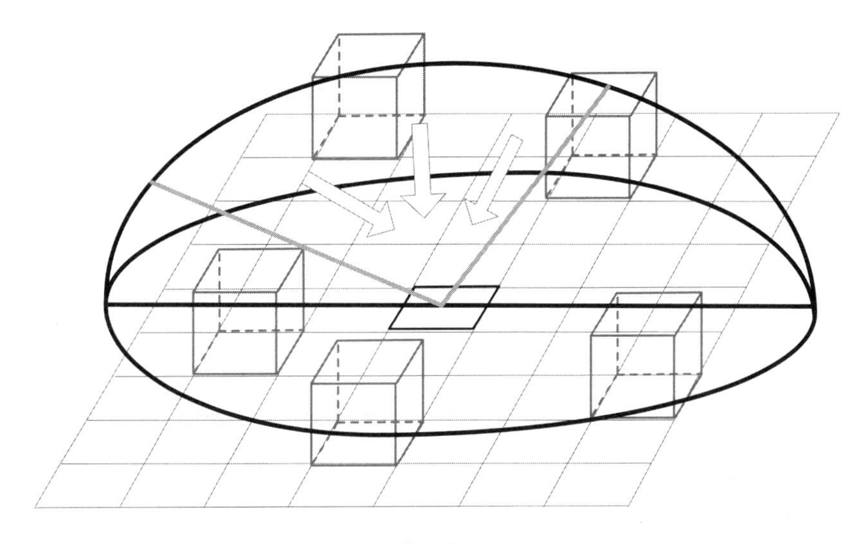

图 3-3　天空视域系数对城市天空漫辐射的影响

$$R_{(\mathrm{as},i)} = \mathrm{V}_{(i,\mathrm{sky})} R_{\mathrm{sky}} \qquad (式 3\text{-}3)$$

式中，$R_{(\mathrm{as},i)}$ 为考虑 SVF 影响下的城市地表接收到的天空漫辐射；$\mathrm{V}_{(i,\mathrm{sky})}$ 为要素 i 对于天空的 SVF，R_{sky} 为天空漫辐射。

3.1.2.3 周围建筑物的反射辐射

城市地表不光会受到天空漫辐射的影响，还会受到周围建筑物的反射影响。这个场景同样可以由天空视域因子进行构建（图 3-4）。周围像素对目标要素 i 的反射用下式表示：

$$R_{(\mathrm{adj},i)} = \left(1 - \mathrm{V}_{(i,\mathrm{sky})}\right) \rho_{\mathrm{e}} \left(\frac{1}{2} E_0 \sin\theta s \mathrm{e}^{-\frac{\tau}{\cos\theta s}} + R_{\mathrm{as}} \right) \qquad (式 3\text{-}4)$$

式中，$R_{(\mathrm{adj},i)}$ 为周围地物的反射辐射。这里假定（$1-\mathrm{V}_{(i,\mathrm{sky})}$）空间内的一半墙面接收到了太阳直接辐射（按照城市峡谷场景的设定，墙面总是 1 个阳面和 1 个阴面相对应），ρ_{e} 为半球空间内墙面的平均反射率。这里需要注意的是，由于墙面总是跟地表相互垂直，太阳的入射角将会发生改变，那么太阳相对于墙面的入射角将转变成为（$\pi/2-\theta s$）。因此周围墙面接收到的太阳直接辐射就可以近似使用 $\frac{1}{2} E_0 \sin\theta s \mathrm{e}^{-\frac{\tau}{\cos\theta s}}$ 表示。

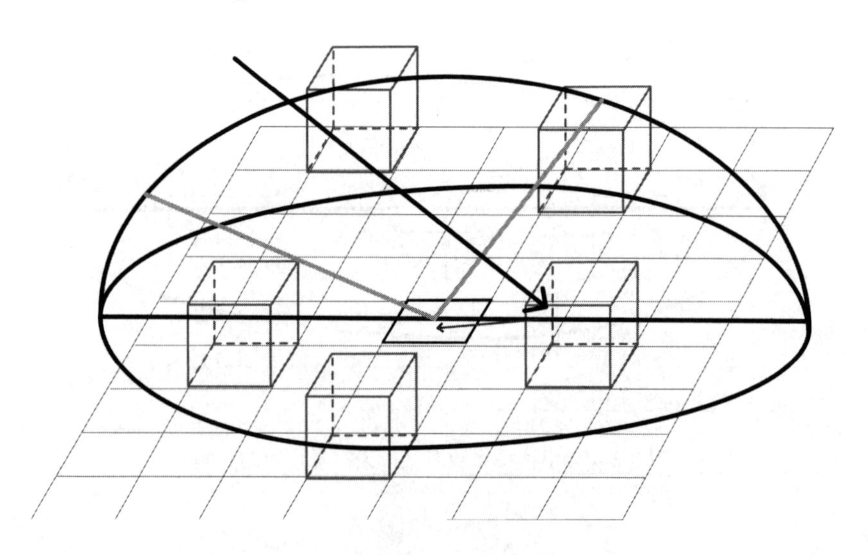

图 3-4　建筑物侧面对地物的反射辐射

3.1.3 地表上行辐射传输建模

如果地表是平坦地表，那么地物的反射辐射可以直接用下式表示：

$$R^{\uparrow}_{\text{total}} = R^{\downarrow}_{\text{total}} \times \rho_{\text{t}} \quad \text{（式 3-5）}$$

式中，$R^{\downarrow}_{\text{total}}$为要素接收到的太阳辐射之和，$R^{\uparrow}_{\text{total}}$为要素的反射辐射，$\rho_{\text{t}}$为地表反射率。但是如果地表周围分布了建筑物，则会产生截留作用，存在周围建筑物影响下的墙地多路反射情形。为了准确模拟这部分截留作用，利用天空视域因子，构建了以下城市基于 SVF 的反射机制场景。

图 3-5 描述了地面与墙面多次反射辐射的储能效应的半球空间场景。要素 i 接收到上述太阳直接辐射、天空漫辐射以及墙面反射辐射之后。第一次反射到周围墙面的辐射可以用下式表示：

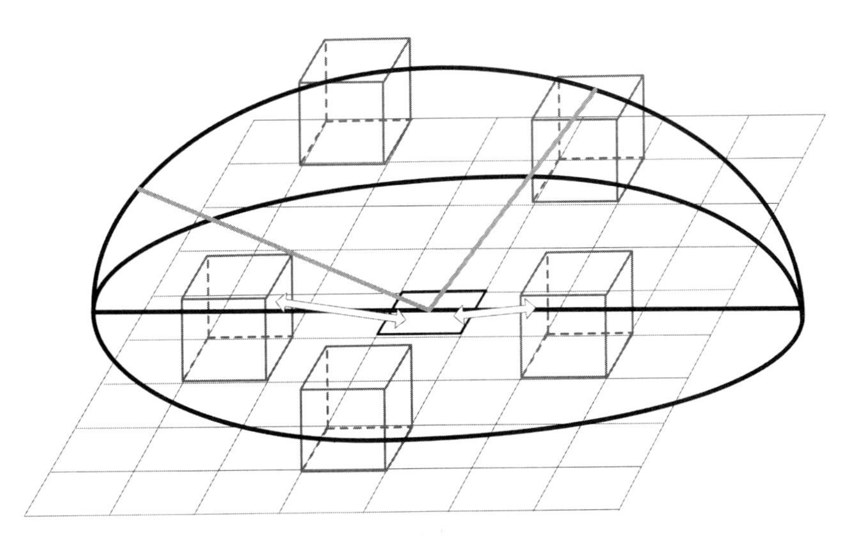

图 3-5 墙地之间的多次反射机制

$$R^{1}_{\rightarrow} = \left(R_{(\text{dir},i)} + R_{(\text{as},i)} + R_{(\text{adj},i)}\right)\left(1 - \text{V}_{(i,\text{sky})}\right)\rho_{\text{t}} \quad \text{（式 3-6）}$$

式中，$R^{1}_{\rightarrow}$为第一次墙面接收到的反射辐射。

那么，第一次由墙面反射，地表要素接收到的墙面反射辐射为：

$$R^{1}_{\leftarrow}=\left(R_{(\mathrm{dir},i)}+R_{(\mathrm{as},i)}+R_{(\mathrm{adj},i)}\right)\left(1-\mathrm{V}_{(i,\mathrm{sky})}\right)^{2}\rho_{\mathrm{t}}\rho_{\mathrm{e}} \quad \text{（式 3-7）}$$

式中，$R^{1}_{\leftarrow}$ 为第一次墙面反射地表要素接收到的反射辐射。

那么，第二次由墙面反射，地表要素接收到的墙面反射辐射为：

$$R^{2}_{\leftarrow}=\left(R_{(\mathrm{dir},i)}+R_{(\mathrm{as},i)}+R_{(\mathrm{adj},i)}\right)\left\{\left(1-\mathrm{V}_{(i,\mathrm{sky})}\right)^{2}\rho_{\mathrm{t}}\rho_{\mathrm{e}}\right\}^{2} \quad \text{（式 3-8）}$$

第 m 次，由墙面反射，地表要素接收到的墙面反射辐射为：

$$R^{m}_{\leftarrow}=\left(R_{(\mathrm{dir},i)}+R_{(\mathrm{as},i)}+R_{(\mathrm{adj},i)}\right)\left\{\left(1-\mathrm{V}_{(i,\mathrm{sky})}\right)^{2}\rho_{\mathrm{t}}\rho_{\mathrm{e}}\right\}^{m} \quad \text{（式 3-9）}$$

那么经过 m 次墙地之间多次反射辐射，地表要素接收到的这部分辐射之和可以由下式确定：

$$R_{\leftrightarrow}=\left(R_{(\mathrm{dir},i)}+R_{(\mathrm{as},i)}+R_{(\mathrm{adj},i)}\right)\begin{pmatrix}\left(1-\mathrm{V}_{(i,\mathrm{sky})}\right)^{2}\rho_{\mathrm{t}}\rho_{\mathrm{e}}+\left\{\left(1-\mathrm{V}_{(i,\mathrm{sky})}\right)^{2}\rho_{\mathrm{t}}\rho_{\mathrm{e}}\right\}^{2}\\+\cdots+\left\{\left(1-\mathrm{V}_{(i,\mathrm{sky})}\right)^{2}\rho_{\mathrm{t}}\rho_{\mathrm{e}}\right\}^{m}\end{pmatrix}$$

（式 3-10）

式中,$R_{\leftrightarrow}$ 为地表要素接收到的它与周围建筑物产生的多次反射辐射之和；ρ_{t} 为地表要素 i 的反射率；那么加上太阳直接辐射、天空漫辐射、周围建筑物墙面反射辐射以及墙地多路反射辐射，要素 i 获得的总能量就能由下式确定：

$$R^{\downarrow}_{\mathrm{total}}=\left(R_{(\mathrm{dir},i)}+R_{(\mathrm{as},i)}+R_{(\mathrm{adj},i)}\right)\begin{pmatrix}1+\left(1-\mathrm{V}_{(i,\mathrm{sky})}\right)^{2}\rho_{\mathrm{t}}\rho_{\mathrm{e}}+\left\{\left(1-\mathrm{V}_{(i,\mathrm{sky})}\right)^{2}\rho_{\mathrm{t}}\rho_{\mathrm{e}}\right\}^{2}\\+\cdots+\left\{\left(1-\mathrm{V}_{(i,\mathrm{sky})}\right)^{2}\rho_{\mathrm{t}}\rho_{\mathrm{e}}\right\}^{m}\end{pmatrix}$$

（式 3-11）

根据等比数列求和公式，上式可以进一步简化为：

$$R^{\downarrow}_{\mathrm{total}}=\left(R_{(\mathrm{dir},i)}+R_{(\mathrm{as},i)}+R_{(\mathrm{adj},i)}\right)\frac{1}{1-\left(1-\mathrm{V}_{(i,\mathrm{sky})}\right)^{2}\rho_{\mathrm{t}}\rho_{\mathrm{e}}} \quad \text{（式 3-12）}$$

那么，要素 i 的上行辐射能量则可以由下式表示：

$$R^{\uparrow}_{\mathrm{total}}=R^{\downarrow}_{\mathrm{total}}\times\rho_{\mathrm{t}}\times V_{\mathrm{sky}} \quad \text{（式 3-13）}$$

通过墙地之间的多次反射建模，量化了地表要素的上行短波辐射，最终完成了城市地表的辐射收支建模。

3.2 模型测试和分析

3.2.1 模型测试方法

图 3-6 展示了 USSR 模型测试与参数敏感性分析的流程图，主要包含三个关键步骤：

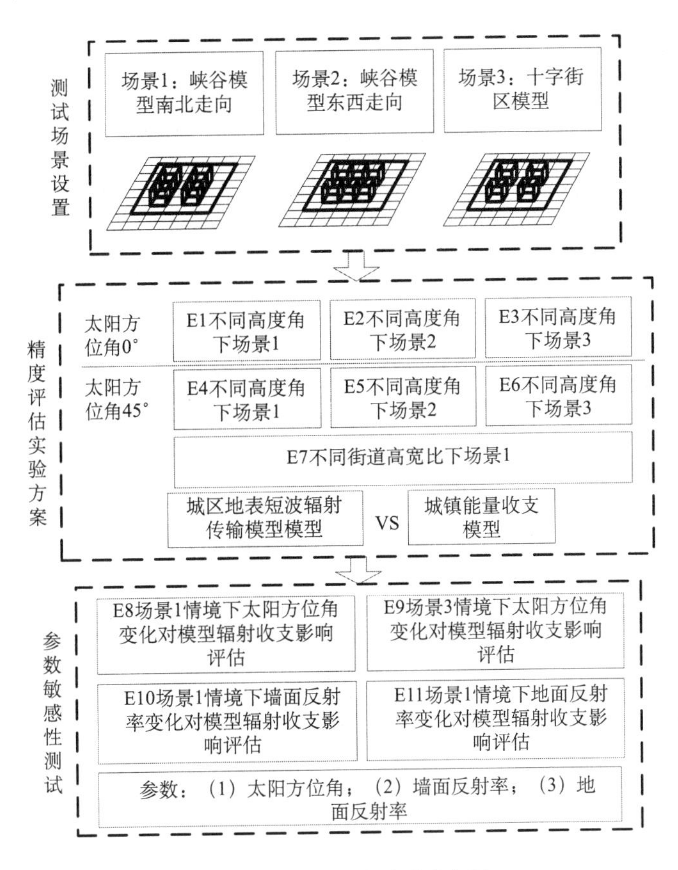

图 3-6 USSR 模型测试流程

（1）测试场景的设定，此处设置了三个典型的城市区域峡谷模型场景，包括：峡谷模型南北走向、峡谷模型东西走向、十字街区模型。这三个场景的描述具体见3.2.1.1小节测试场景的设定。

（2）模型精度方案的评估，为准确评估USSR模型的精度，将USSR模型辐射收支方案与城镇能量收支模型（Town Energy Budget, TEB）辐射收支方案进行了对比验证，为此设计了7组不同的实验测试方案，具体见3.2.1.2节TEB模型对比测试。

（3）进一步，为了验证模型的参数，包括：太阳方位角、墙面反射率和地面反射率的敏感性，设计了4组不同的模型参数设置方案，具体见3.2.1.3节模型参数敏感性分析。

3.2.1.1 测试场景生成

为了测试USSR城市辐射传输模型，设置了三个典型城市场景。这里场景可以近似认为是一个遥感的像素尺度，而场景由不同三维特征的地表要素构成（图3-7）：

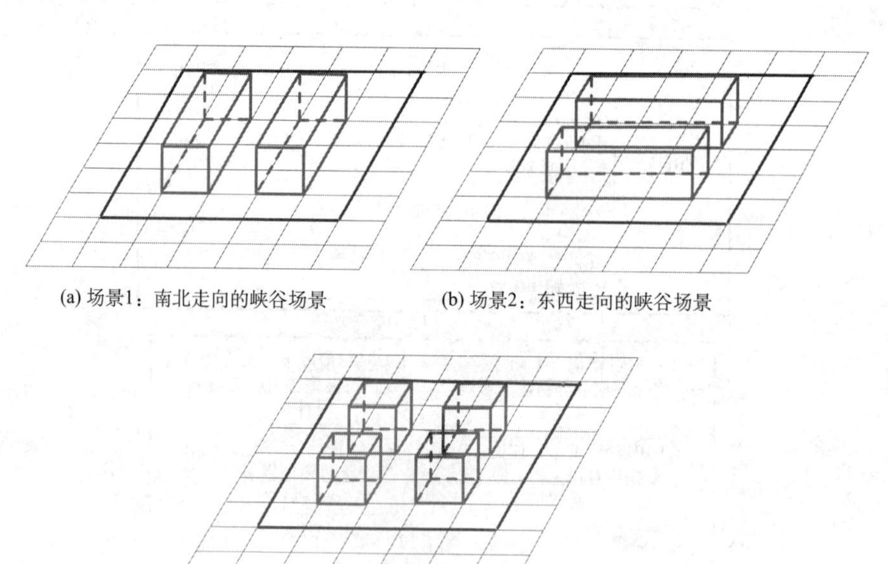

(a) 场景1：南北走向的峡谷场景　(b) 场景2：东西走向的峡谷场景

(c) 场景3：十字街区模型

图3-7　假定测试场景

图 3-7 是三个典型场景的示意图。其中，场景 1 和场景 2 分别为峡谷模型南北走向与峡谷模型东西走向场景，地面和屋顶的面积各占 0.5；而场景 3 为十字街区模型，地面和屋顶的面积各占 0.75 与 0.25（Masson, 2000）。

图 3-8 展示了街道高宽比为 1:1 情况下的三个场景 USSR 模型所需要的参数，（a）、（b）、（c）分别为场景 1、2、3 在太阳方位角为 315°以及高度角为 45°时阴影区域的分布；（d）、（e）、（f）分别为场景 1、2、3 条件下计算的天空视域因子。

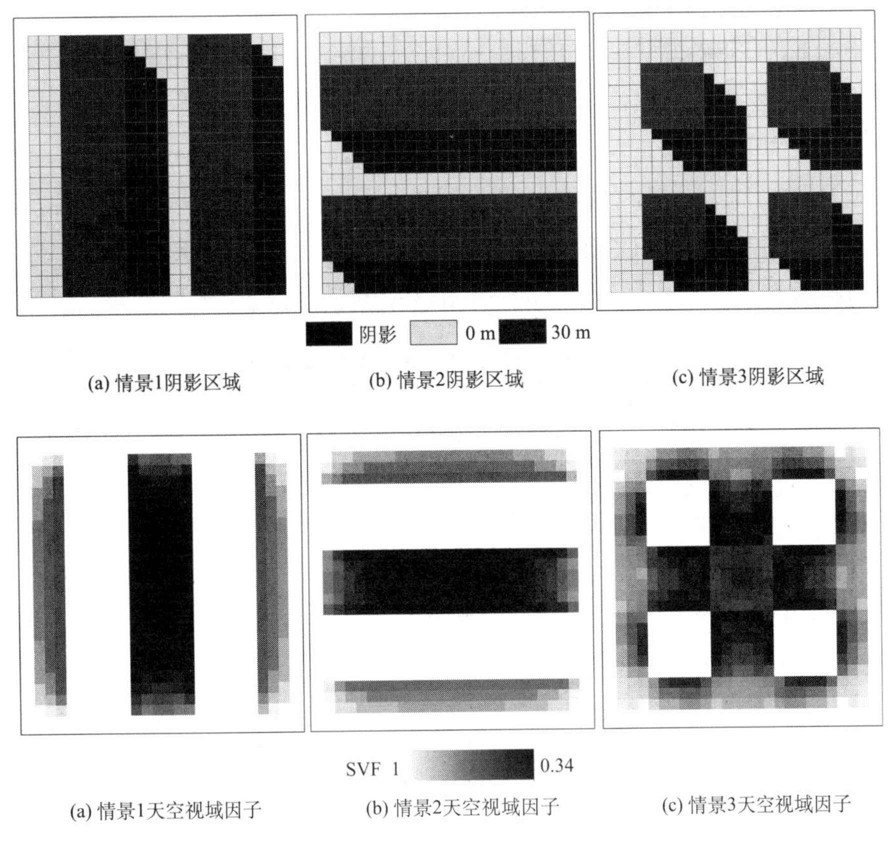

图 3-8　模型场景地表三维特征参量空间分布

3.2.1.2 模型模拟精度对比

为了验证 USSR 模型模拟城市下垫面局地尺度太阳辐射传输过程的准确性，将 USSR 场景辐射收支结果与 TEB 方案进行对比。因为 TEB 方案的驱动因素主要为街道高宽比与太阳高度角（Masson, 2000），因而这里设计了 7 组对比实验，全面对比 USSR 方案与 TEB 方案在场景尺度（像素尺度）上的异同。

表 3-1 展示了 7 组实验对不同太阳高度角、方位角，以及不同街道高宽比情形下，USSR 模型与 TEB 模型的对比。实验 E1 至 E3 分别是场景 1、2、3 在太阳方位角 0°时候，不同太阳高度角情形下的 USSR 模型与 TEB 模型的对比测试结果。实验 E4 至 E5 分别是场景 1、2、3 在太阳方位角 45°时，不同太阳高度角情形下的 USSR 模型与 TEB 模型的对比测试结果。实验 E7 是为了验证 TEB 模型与 USSR 模型在不同街道高宽比情形下，场景辐射收支对比测试结果。

表 3-1 TEB 模型参数设置与对比实验设计

实验 ID	场景类型	反射率			街道高宽比（H/W）	平均像素反射率	太阳高度角	太阳方位角
		道路	墙面	屋顶				
E1	场景 1	0.4	0.4	0.4	1:1	0.4	10°～90°	0°
E2	场景 2	0.4	0.4	0.4	1:1	0.4	10°～90°	0°
E3	场景 3	0.4	0.4	0.4	1:1	0.4	10°～90°	0°
E4	场景 1	0.4	0.4	0.4	1:1	0.4	10°～90°	45°
E5	场景 2	0.4	0.4	0.4	1:1	0.4	10°～90°	45°
E6	场景 3	0.4	0.4	0.4	1:1	0.4	10°～90°	45°
E7	场景 1	0.4	0.4	0.4	1～9:1 以及 1:1～9	0.4	40°	45°

由于 TEB 模型城市辐射收支方案分别是量化屋顶、墙面、地面三个各自的辐射收支情况，而 USSR 模型是基于地表形态特征参数异质性的辐射收支模型。单一要素的 USSR 验证方法很难实现，因而，USSR 的验证只能在场景尺度（像素尺度）上进行。本章主要对比 TEB 模型与 USSR 模型在场景尺

度上的异同。式（3-14）与式（3-15）分别展示了 TEB 模型与 USSR 模型场景尺度辐射收支的求算方法。

$$\begin{cases} R^{接收}{}_{TEB} = \dfrac{R^{\leftarrow}{}_{wall}S_{wall} + R^{\leftarrow}{}_{road}S_{road} + R^{\leftarrow}{}_{roof}S_{roof}}{S_{model}} \\ R^{反射}{}_{TEB} = \dfrac{R^{\rightarrow}{}_{wall}S_{wall} + R^{\rightarrow}{}_{road}S_{road} + R^{\rightarrow}{}_{roof}S_{roof}}{S_{model}} \end{cases} \quad （式 3-14）$$

式中，$R^{接收}{}_{TEB}$ 以及 $R^{反射}{}_{TEB}$ 分别为 TEB 模型场景接收以及反射的辐射；$R^{\leftarrow}{}_{wall}$、$R^{\leftarrow}{}_{road}$、$R^{\leftarrow}{}_{roof}$ 分别为墙面，地面以及屋顶按照 TEB 模型量化的接收辐射；$R^{\rightarrow}{}_{wall}$、$R^{\rightarrow}{}_{road}$、$R^{\rightarrow}{}_{roof}$ 分别为墙面，地面以及屋顶按照 TEB 模型量化的反射辐射；S_{wall}、S_{road}、S_{roof} 分别为墙面，地面以及屋顶的面积；S_{model} 为场景的平面面积。

$$\begin{cases} R^{接收}{}_{USSR} = \dfrac{\sum_{i=1}^{N} R^{\leftarrow}{}_{i}S_i}{S_{model}} \\ R^{反射}{}_{USSR} = \dfrac{\sum_{i=1}^{N} R^{\rightarrow}{}_{i}S_i}{S_{model}} \end{cases} \quad （式 3-15）$$

式中，$R^{接收}{}_{USSR}$ 以及 $R^{反射}{}_{USSR}$ 分别为 USSR 模型场景接收以及反射的辐射；$R^{\leftarrow}{}_{i}$ 以及 $R^{\rightarrow}{}_{i}$ 分别为要素 i 按照 USSR 模型量化的接收与反射辐射；S_i 为要素 i 的面积；N 为场景内要素的个数；S_{model} 为场景的平面面积。

为了对比 USSR 模型与 TEB 模型，使用皮尔森相关系数 R^2，均方根 RMS 来评估 USSR 模型，RMS 的公式如下：

$$\mathrm{RMS} = \sqrt{\frac{1}{n}\sum_{i=1}^{n}(R_i - \widehat{R}_i)^2} \quad （式 3-16）$$

式中，n 是每组实验方案不同场景设置条件下（表 3-1、表 3-2）的实验次数；R_i 为第 i 次实验 TEB 模型量化的辐射收支（包括接收辐射以及反射辐射）；$\widehat{R}_i$ 为第 i 次实验 USSR 模型量化的辐射收支（包括接收辐射以及反射辐射）。

3.2.1.3 模型参数敏感性分析

为了完成 USSR 性能的准确评估，需要进一步测试模型的参数敏感性。

测试的参数主要包括太阳方位角、墙面反射率以及地表反射率。表 3-2 描述了 USSR 模型参数敏感性分析实验的设计。其中，实验 E8 与 E9 主要针对场景 1 和场景 3 在不同太阳方位角下模型的辐射收支变化情况。因为不同的太阳方位角会造成阴影区域的面积不同，可能会影响模型的辐射收支。实验 E10 与 E11 是为了测试不同墙地反射率组合下模型的辐射收支变化情况。E10 主要针对墙面反射率，而 E11 主要针对地表与屋顶的反射率。同时，这里也对 TEB 模型与 USSR 模型进行了相应的交叉验证。

表 3-2 USSR 模型参数敏感性分析实验设计

实验 ID	场景类型	反射率			街道高宽比（H/W）	平均像素反射率	太阳高度角	太阳方位角
		道路	墙面	屋顶				
E8	场景 1	0.4	0.4	0.4	1:1	0.4	40°	0°～180°
E9	场景 3	0.4	0.4	0.4	1:1	0.4	40°	0°～180°
E10	场景 1	0.4	0.1～0.9	0.4	1:1	0.4	40°	45°
E11	场景 1	0.1～0.9	0.4	0.1～0.9	1:1	0.1～0.9	40°	45°

3.2.2 模型测试结果

3.2.2.1 模型精度评估

图 3-9 展示了不同太阳高度角情境下 USSR 模型与 TEB 模型辐射收支结果，其中，（a）、（b）、（c）分别为场景 1、2、3 在太阳方位角为 0°时 USSR 模型与 TEB 模型的接收辐射和反射辐射随太阳高度角变化的情况。（e）、（f）、（g）分别为场景 1、2、3 在太阳方位角为 45°时 USSR 模型与 TEB 模型的接收辐射和反射辐射随太阳高度角变化的情况。从图 3-9 中可以看出，不论太阳方位角为 0°或者 45°场景 1、2、3 的接收辐射与反射辐射的结果对比，USSR 模型与 TEB 模型较为一致。

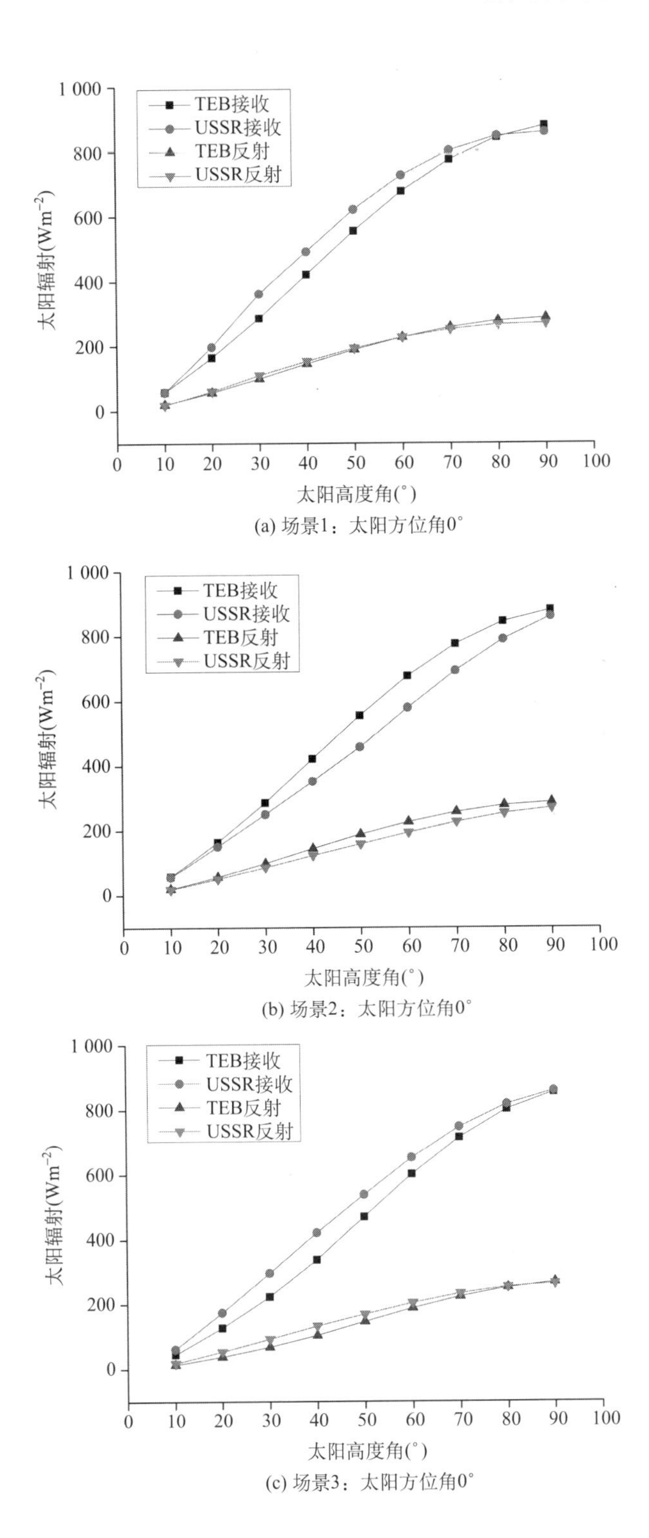

(a) 场景1：太阳方位角0°

(b) 场景2：太阳方位角0°

(c) 场景3：太阳方位角0°

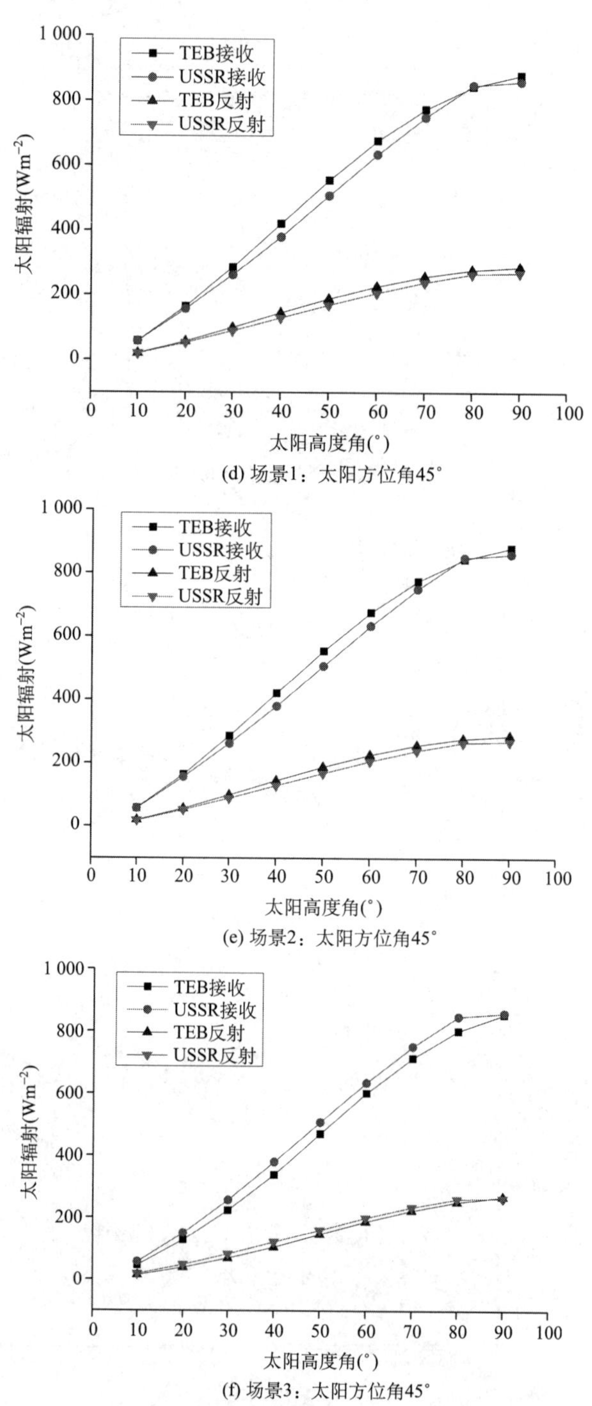

(d) 场景1：太阳方位角45°

(e) 场景2：太阳方位角45°

(f) 场景3：太阳方位角45°

图 3-9 不同太阳高度角情境下 USSR 模型与 TEB 模型辐射收支结果

图 3-10 展示了 USSR 模型与 TEB 模型接收辐射散点图，其中，（a）、（b）、（c）分别为在场景 1、2、3 条件下 USSR 模型与 TEB 模型量化的接收辐射在太阳高度角为 0°的定量分析。其中，R^2 达到 0.99，RMS 分别为 47.06Wm^{-2}、62.93Wm^{-2} 以及 50.79Wm^{-2}。（d）、（e）、（f）分别为在场景 1、2、3 条件下 USSR 模型与 TEB 模型量化的接收辐射在太阳高度角为 45°的定量分析。其中，R^2 达到 0.99，RMS 分别为 28.52Wm^{-2}、28.54Wm^{-2} 以及 32.52Wm^{-2}。整体上从接收辐射角度看，USSR 模型与 TEB 模型表现出较好的一致性。

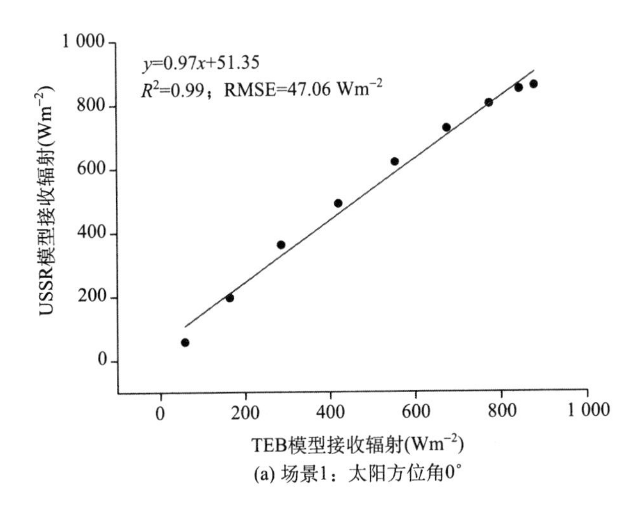

(a) 场景1：太阳方位角0°

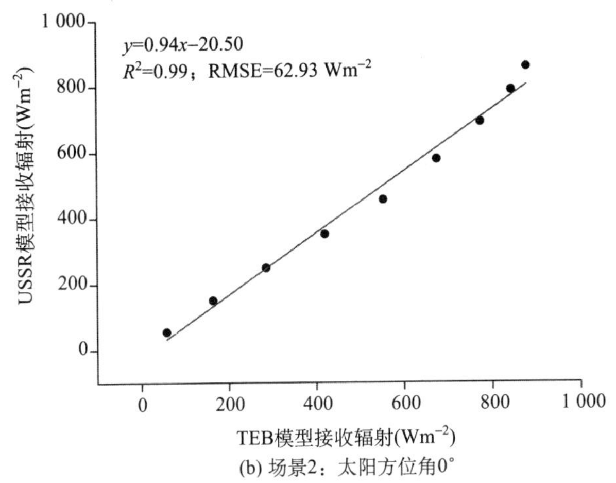

(b) 场景2：太阳方位角0°

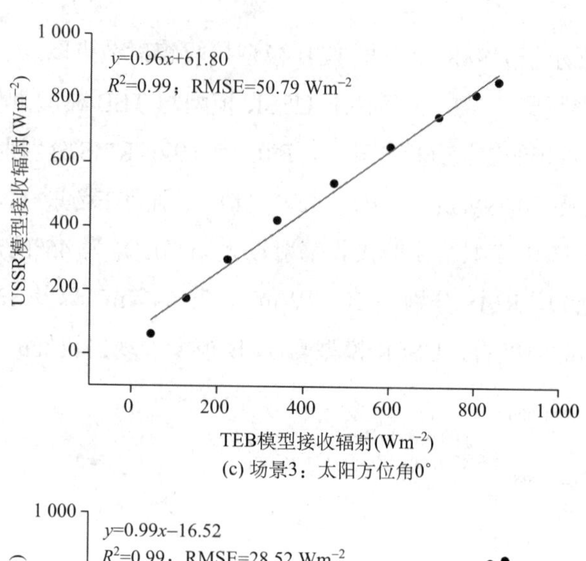

(c) 场景3：太阳方位角0°

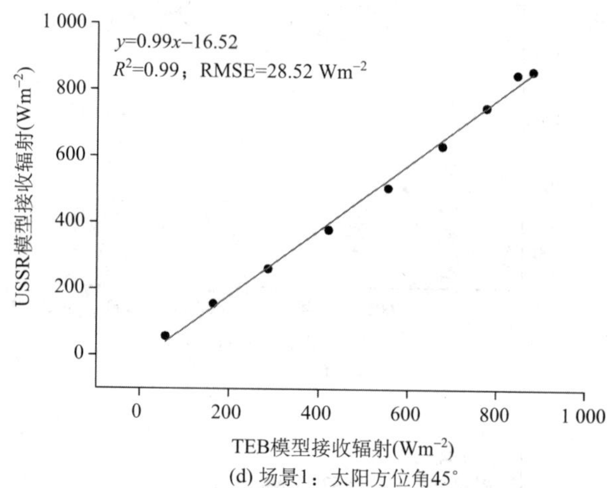

(d) 场景1：太阳方位角45°

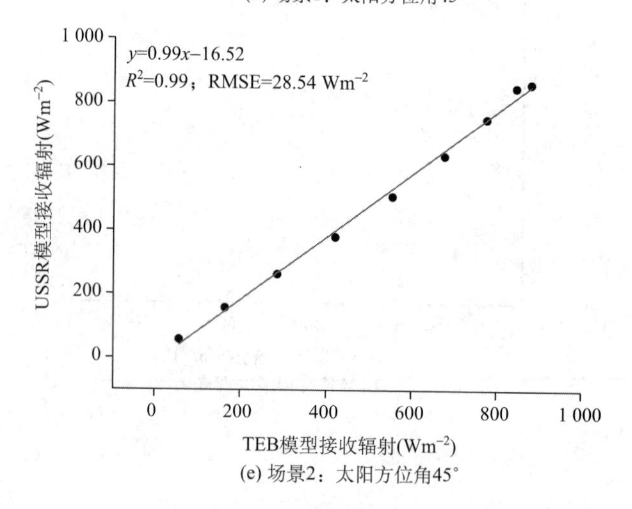

(e) 场景2：太阳方位角45°

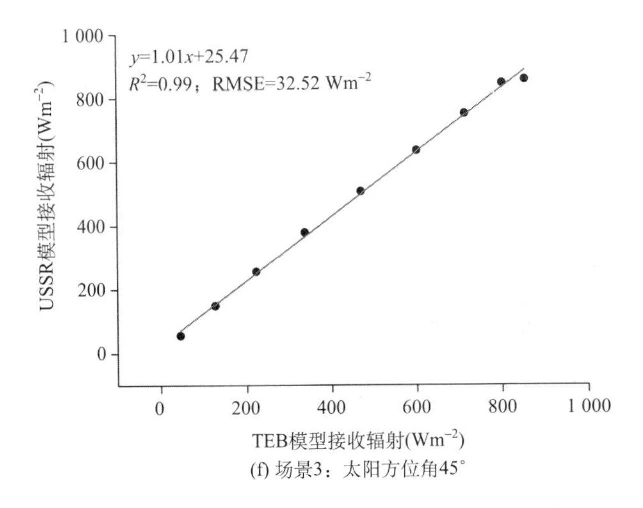

(f) 场景3：太阳方位角45°

图 3-10　USSR 模型与 TEB 模型接收辐射散点图

图 3-11 展示了 USSR 模型与 TEB 模型反射辐射散点图。其中，(a)、(b)、(c) 分别为在场景 1、2、3 条件下 USSR 模型与 TEB 模型量化的反射辐射在太阳高度角为 0°的定量分析。其中，R^2 达到 0.99，RMS 分别为 8.76Wm^{-2}、22.25Wm^{-2} 以及 16.91Wm^{-2}。(d)、(e)、(f) 分别为在场景 1、2、3 条件下 USSR 模型与 TEB 模型量化的反射辐射在太阳高度角为 45°的定量分析，其中，R^2 达到 0.99，RMS 分别为 14.48Wm^{-2}、14.50Wm^{-2} 以及 11.00Wm^{-2}。整体上从反射辐射角度看，USSR 模型与 TEB 模型同样表现出较好的一致性。

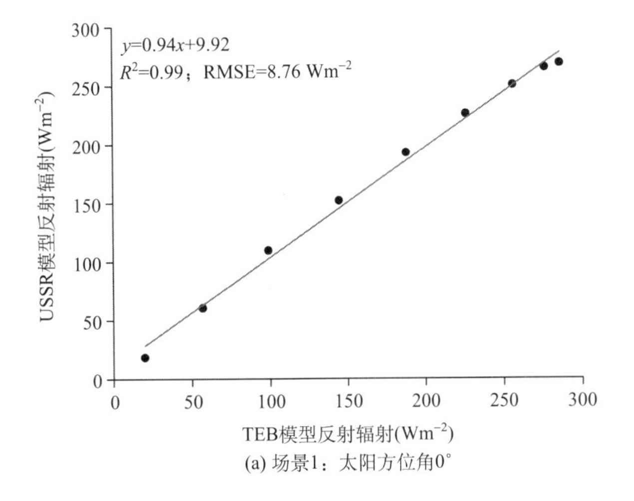

(a) 场景1：太阳方位角0°

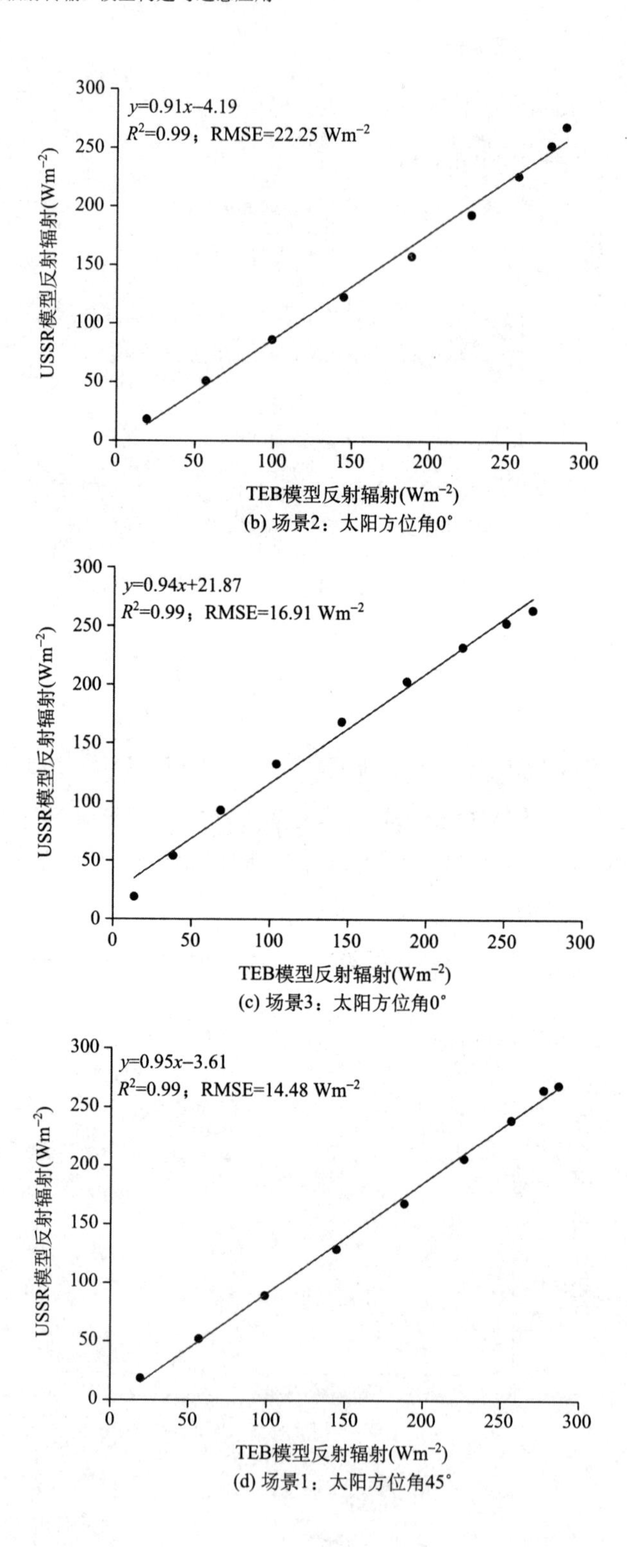

(b) 场景2：太阳方位角0°

(c) 场景3：太阳方位角0°

(d) 场景1：太阳方位角45°

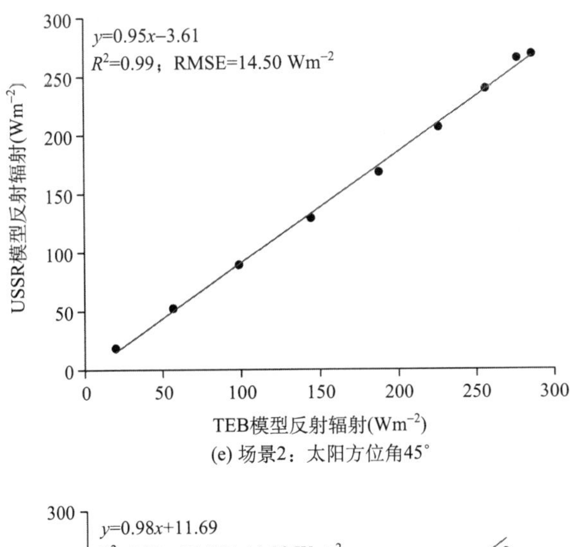

(e) 场景2：太阳方位角45°

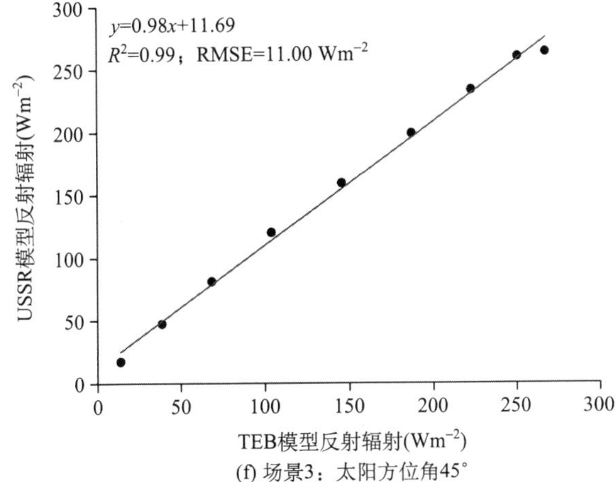

(f) 场景3：太阳方位角45°

图 3-11 USSR 模型与 TEB 模型反射辐射散点图

图 3-12 （a）为 USSR 模型与 TEB 模型随不同街道高宽比不同造成的辐射收支变化。当高宽比较低时候，USSR 模型与 TEB 模型表现出较好的一致性。随着街道高宽比增大，USSR 模型表现出比 TEB 模型更低的接收辐射与反射辐射。这是合理的，因为在街道面积不变的情况下，街道高宽比越大，墙面面积越大，同时，TEB 模型是基于场景的，它分别量化墙面、地面和屋顶三者的辐射收支结果。然后三者按照各自面积乘积之和除以场景面积转换成场景辐射收支，这导致 TEB 模型表现出更高的接收辐射与反射辐射，而

USSR 模型是基于像素尺度的，因而它从某种程度上弱化了墙面参量对模型的影响。尽管如此，TEB 模型与 USSR 模型仍然表现出较高的一致性。

图 3-12 （b）和（c）分别为不同街道高宽比情形下 USSR 模型与 TEB 模型接收与反射辐射散点图，并去除了墙面面积较大的点。从图 3-12 （b）中可以看出，在不同街道高宽比的情况下，TEB 模型与 USSR 模型 R^2 均达到 0.96，RMS 为 21.88Wm^{-2}。从图 3-12（c）中可以看出，在不同街道高宽比的情况下，TEB 模型与 USSR 模型 R^2 均达到 0.97。RMS 为 10.20Wm^{-2}。整体上，在不同街道高宽比的条件下，TEB 模型与 USSR 模型同样达到较好的一致性。

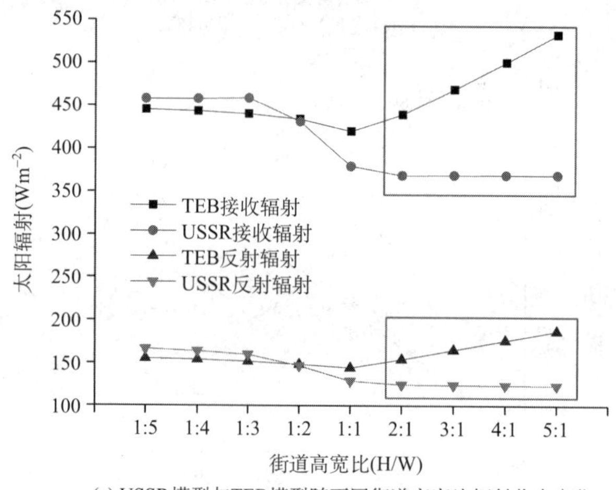

(a) USSR模型与TEB模型随不同街道高宽比辐射收支变化

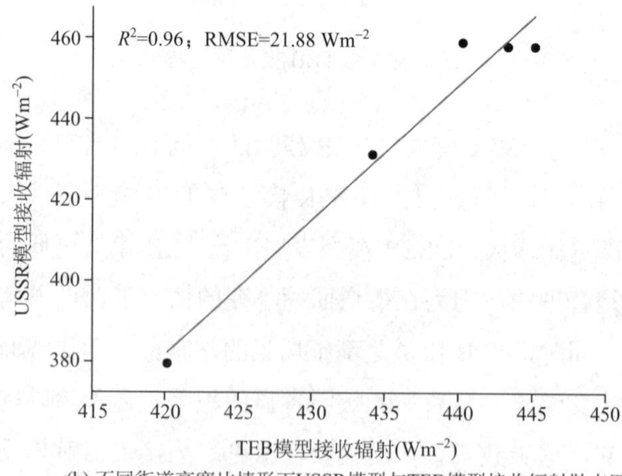

(b) 不同街道高宽比情形下USSR模型与TEB模型接收辐射散点图

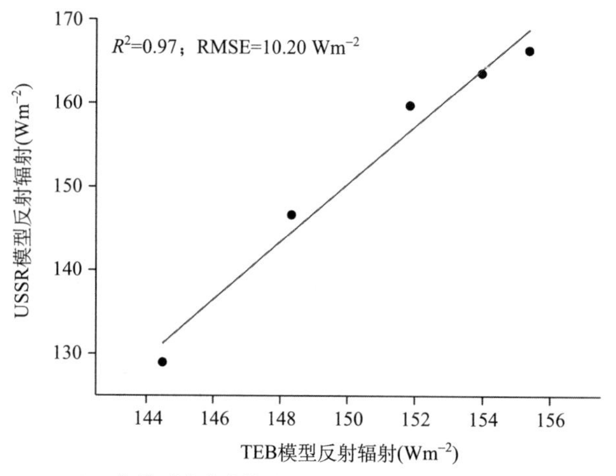

(c) 不同街道高宽比情形下USSR模型与TEB模型反射辐射散点图

图 3-12 不同街道高宽比对辐射收支结果的精度评估

整体上，通过上述分析发现，USSR 模型与 TEB 模型在不同太阳高度与方位角、不同峡谷走向、不同街道高宽比条件下，均表现出较好的一致性。其中两种模型量化的接收辐射与反射辐射的 R^2 较高，基本达到 0.99。而 RMS 随场景变化有所差异。其中接收辐射的 RMS 平均为 38.89Wm^{-2}，最低为 21.88Wm^{-2}，平均模拟偏差约为 10%，最低为 4.85%。反射辐射的 RMS 平均为 14.01Wm^{-2}，最低可达 8.76Wm^{-2}，平均模拟偏差约为 10%，误差最低为 4.89%。

3.2.2.2 模型参数敏感性分析结果

图 3-13 和图 3-14 分别为场景 1 和场景 3 太阳方位角对 USSR 模型辐射收支结果评估。图 3-13 （a）与图 3-14 （a）为 USSR 模型接收辐射和反射辐射随场景阴影像素个数的变化情况。从中可以看出，USSR 模型接收辐射和反射辐射在不同场景条件下，均表现出与阴影面积高度一致的相反区域，即阴影面积越大，反射辐射与接收辐射越低。图 3-13 （b）、（c）以及图 3-14 （b）、（c）为 USSR 模型接收辐射以及反射辐射在不同场景条件下与阴影场景面积占比的定量分析，其中 R^2 均达到 0.99。整体上可以判定，阴影面积的大小是 USSR 模型不同太阳方位角上辐射收支变化的主控因素。

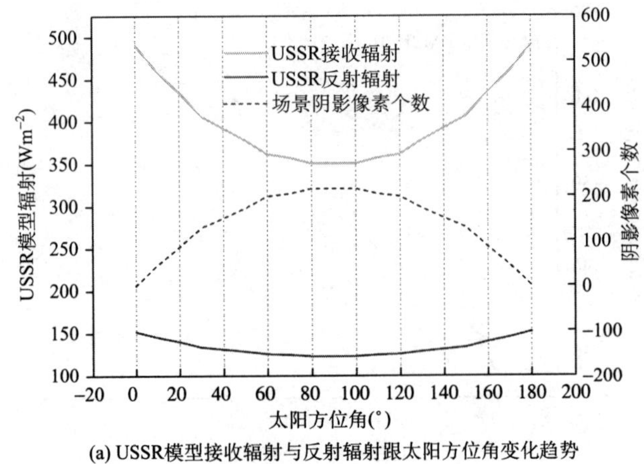

(a) USSR模型接收辐射与反射辐射跟太阳方位角变化趋势

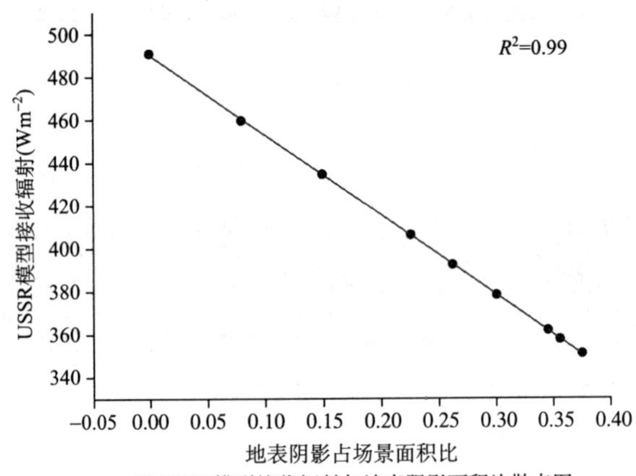

(b) USSR模型接收辐射与地表阴影面积比散点图

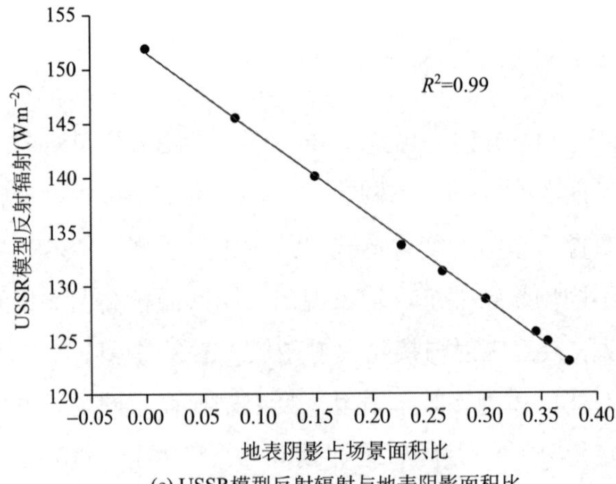

(c) USSR模型反射辐射与地表阴影面积比

图 3-13　场景 1 太阳方位角对 USSR 模型辐射收支结果评估

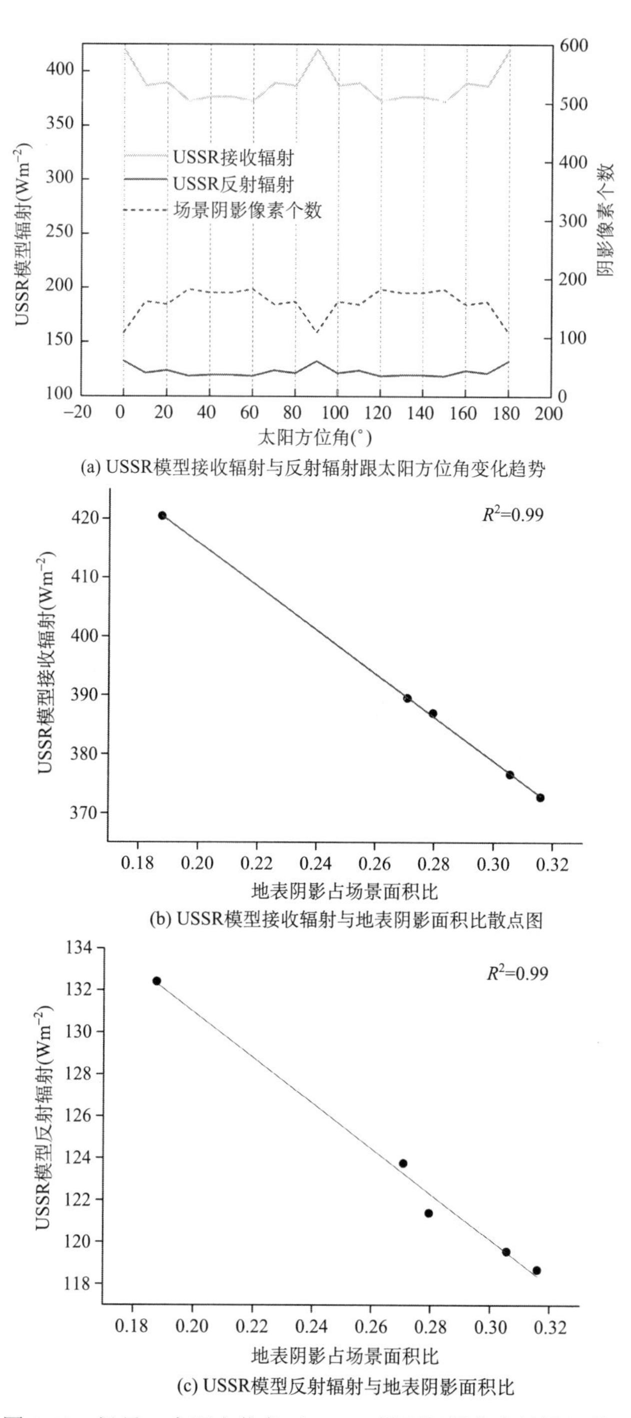

(a) USSR模型接收辐射与反射辐射跟太阳方位角变化趋势

(b) USSR模型接收辐射与地表阴影面积比散点图

(c) USSR模型反射辐射与地表阴影面积比

图 3-14 场景 3 太阳方位角对 USSR 模型辐射收支结果评估

图 3-15 展示了墙面反射率对 USSR 模型辐射收支影响的分析（太阳方位角为 45°，高度角为 40°时，场景 1 情境下模拟的结果）。其中，图 3-15 （a）为 TEB 模型与 USSR 模型反射辐射随墙面反射率变化趋势。从中可以看出，相比于 TEB 模型，墙面反射率对 USSR 模型辐射收支结果敏感性不高（墙面反射率的变化对 USSR 模型反射辐射影响较小）。图 3-15 （b）为不同墙面反射率情况下 TEB 模型与 USSR 模型反射辐射散点图。从中可以看出，尽管墙面反射率对 USSR 模型辐射收支结果影响较小，但是不同墙面反射率情况下，TEB 模型与 USSR 模型仍然表现出了较高的一致性，$R^2 = 0.99$，RMS =28.06Wm^{-2}。

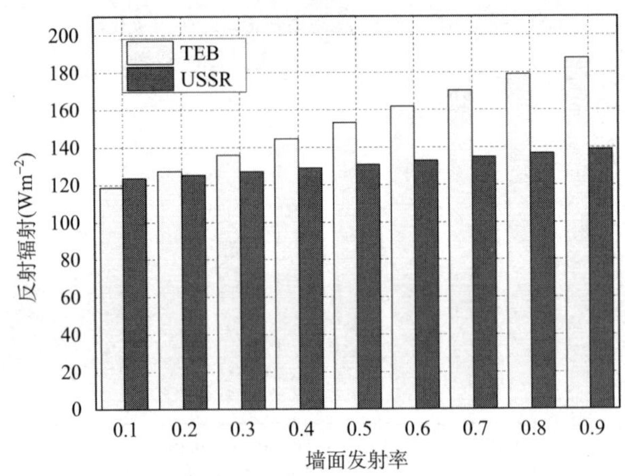

(a) TEB模型与USSR模型反射辐射随墙面反射率变化趋势

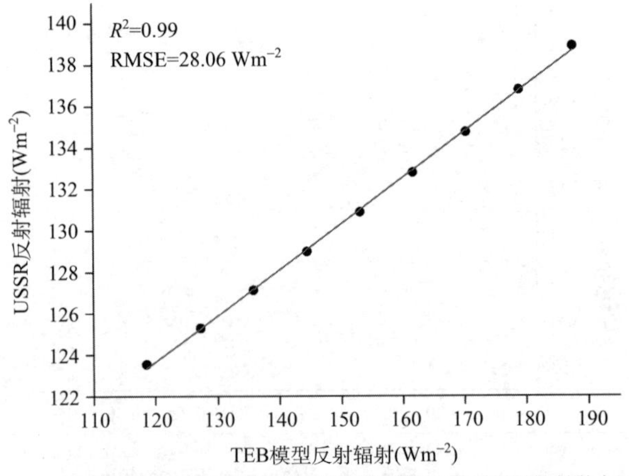

(b) 不同墙面反射率情况下TEB模型与USSR模型反射辐射散点图

图 3-15　墙面反射率对 USSR 模型辐射收支影响分析

图 3-16 展示了地表反射率对 USSR 模型辐射收支影响分析（太阳方位角为 45°，高度角为 40°时，场景 1 情境下模拟的结果）。需要注意的是，地表反射率包括了 TEB 模型中的道路以及屋顶的反射率。其中，图 3-16 （a）为TEB模型与USSR模型反射辐射随墙面反射率的变化趋势。从中可以看出，地表反射率对 USSR 模型辐射收支结果影响显著，即模型对地表反射率敏感性较高，并且和 TEB 模型表现出了较好的一致性趋势。图 3-16 （b）为不同地面反射率情况下 TEB 模型与 USSR 模型反射辐射散点图。从中可以看出，在不同的地表反射率情况下，TEB 模型与 USSR 模型表现出了较高的一致性，$R^2 = 0.97$，RMS =20.44Wm^{-2}。

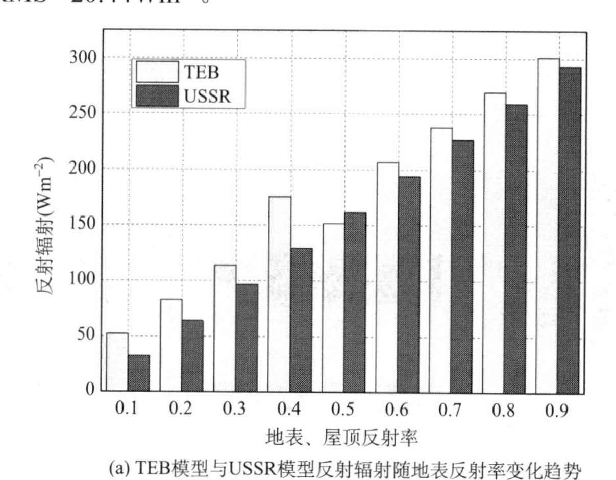

(a) TEB模型与USSR模型反射辐射随地表反射率变化趋势

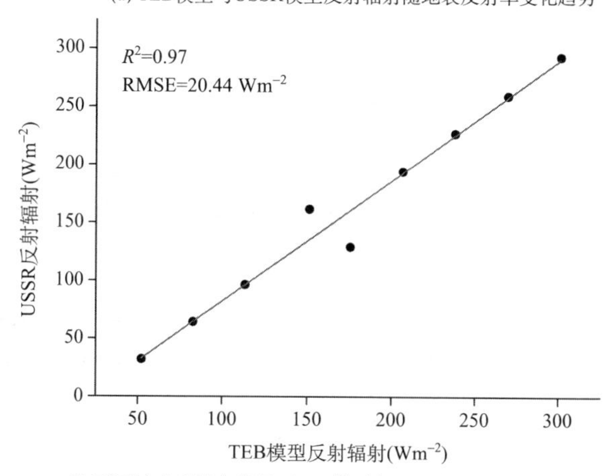

(b) 不同地表反射率情况下TEB模型与USSR模型反射辐射散点图

图 3-16　地表反射率对 USSR 模型辐射收支影响分析

3.3 模型模拟

3.3.1 城市地表短波辐射传输模型模拟辐射收支结果

图 3-17 展示了基于 USSR 模型模拟的城市太阳辐射传输过程。图 3-17 的模型参数设置为：太阳方位角 45°，高度角 40°；直接辐射和漫辐射分别为 $371.01Wm^{-2}$ 和 $115.21Wm^{-2}$（夏季 7 月 18 日；大气轮廓线为中纬度夏季；气溶胶模式为城市气溶胶模式；可视度为 10km；太阳高度角 40°）；街道高宽比为 1:1。

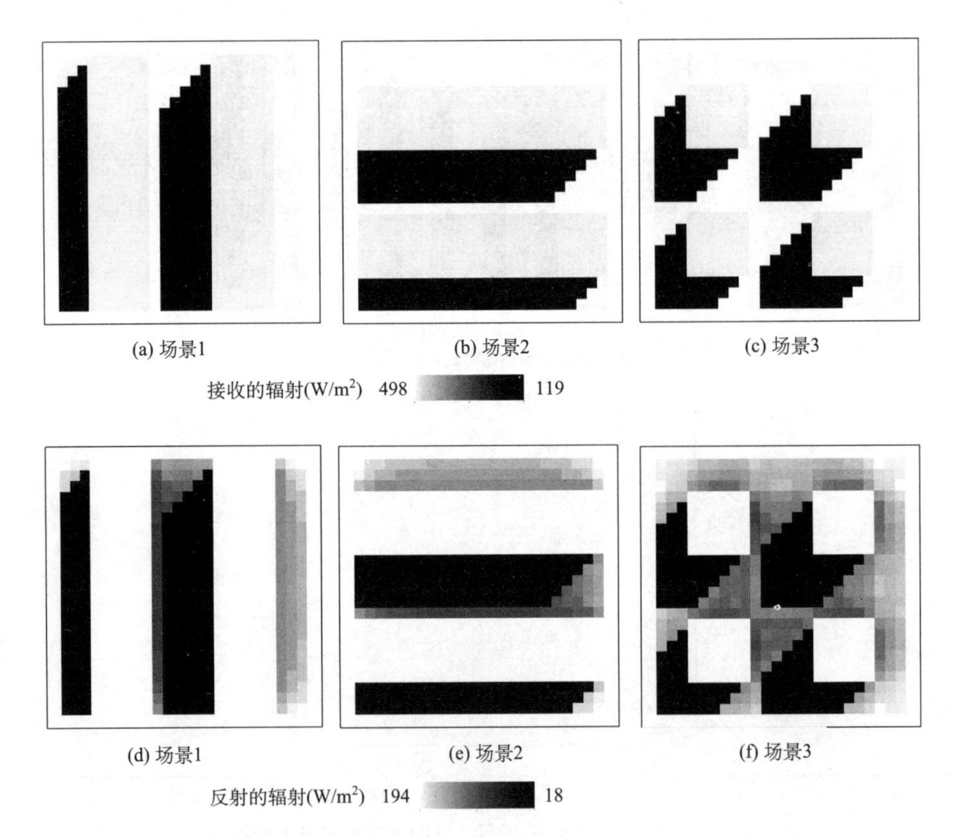

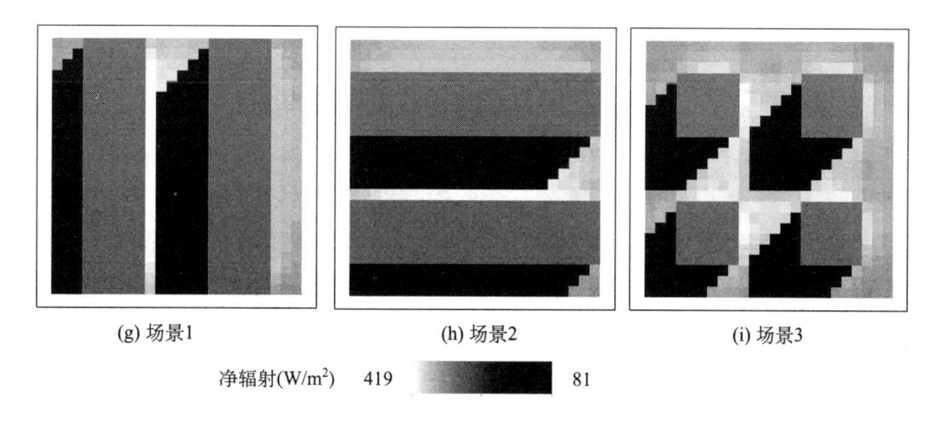

图 3-17 基于 USSR 辐射传输模型模拟的城市太阳辐射传输过程

图 3-17（a）、（b）、（c）分别为场景 1、2、3 的接收辐射；图 3-17（d）、（e）、（f）分别为场景 1、2、3 的反射辐射；图 3-17（g）、（h）、（i）分别为场景 1、2、3 的反射辐射。从中可以看出，USSR 模型能够较好地刻画出城市三维结构特征对太阳短波接收、反射、净辐射空间分布的影响。

图 3-18 为图 3-17 中场景 1 接收辐射、反射辐射以及净辐射的箱型图。其中展示出了场景 1 条件下辐射收支的最大值、最小值、中位数、上四分位数以及下四分位数的情况。

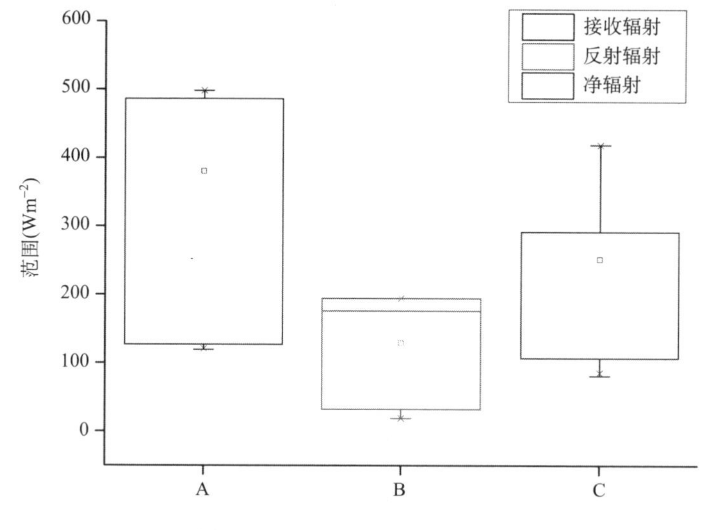

图 3-18 场景 1 辐射收支箱型图

3.3.2 天空视域因子对短波辐射收支的影响分析

图 3-19 展示了天空视域因子与阴影影响城市接收辐射的路径（方位角 0 度，场景 2 测试结果）。图 3-19（a）和（b）分别为太阳高度角 40°阴影区与非阴影区场景 2 接收太阳辐射受天空视域因子影响的情况；图 3-19（c）和（d）分别为太阳高度角 80°阴影区与非阴影区场景 2 接收太阳辐射受天空视域因子影响的情况。从图中可以看出，城市像素的接收辐射随天空视域因子呈现

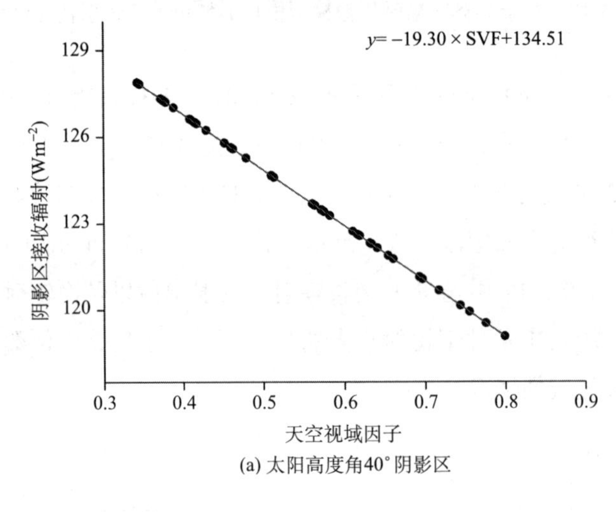

(a) 太阳高度角40° 阴影区

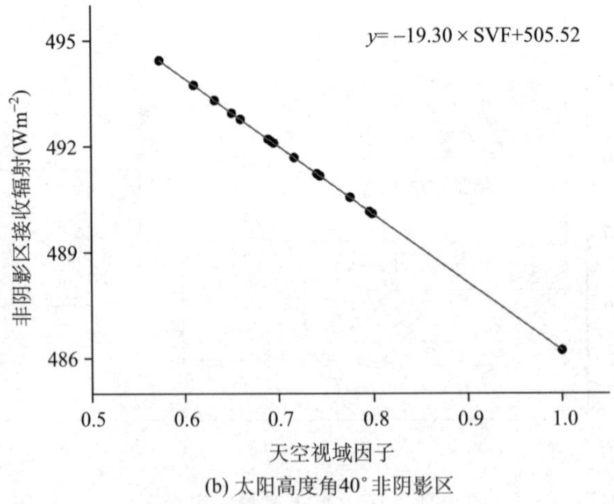

(b) 太阳高度角40° 非阴影区

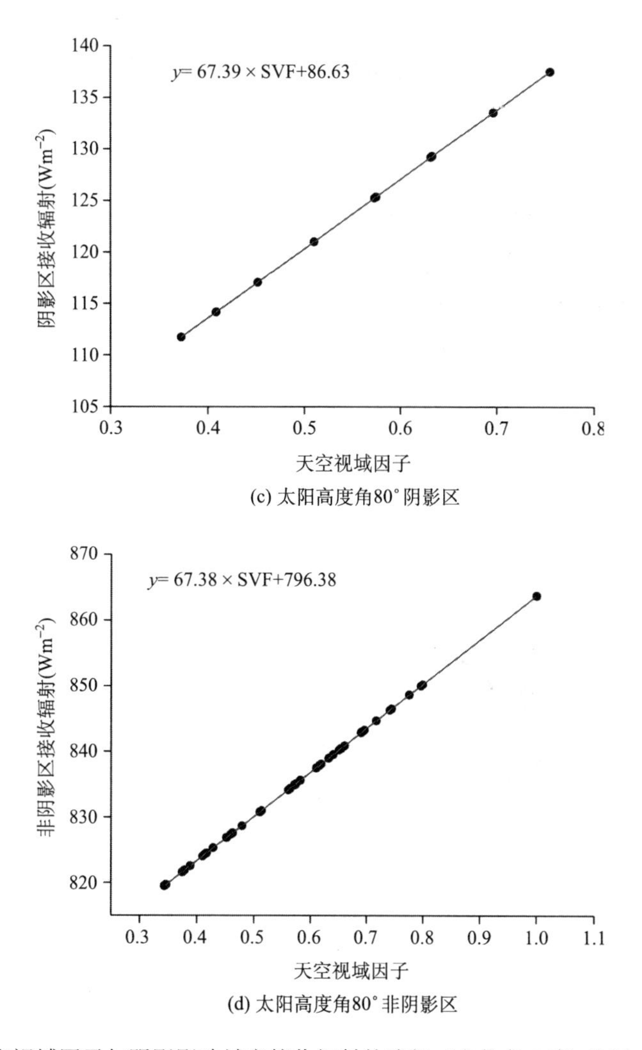

(c) 太阳高度角80° 阴影区

(d) 太阳高度角80° 非阴影区

图 3-19 天空视域因子与阴影影响城市接收辐射的路径（方位角 0 度，场景 2 测试结果）

出较好线性变化趋势，但是太阳高度角较高时（例如：80°），城市像素接收到的辐射随天空视域因子的增加而增加；太阳高度角较低时（例如：40°），城市像素接收到的辐射随天空视域因子的增加而减少。

图 3-20 展示了天空视域因子与阴影影响城市反射辐射的路径 （方位角 0 度，场景 2 测试结果）。图 3-20（a）和（b）分别为太阳高度角 40°阴影区与非阴影区场景 2 反射辐射受天空视域因子影响的情况。图 3-20（c）和（d）分别为太阳高度角 80°阴影区与非阴影区场景 2 反射辐射受天空视域因子影

响的情况。从图中可以看出，城市像素的接收辐射随天空视域因子呈现出较好线性变化趋势。太阳高度角较低或较高时，城市像素反射辐射均随天空视域因子的增加而增加。

同时，图 3-19 和图 3-20 共同表现出阴影区像素接收和反射的辐射相比于非阴影区呈现出大幅降低的趋势。这说明了建筑物遮挡（阴影）对城市辐射收支呈现出非线性的突变影响。

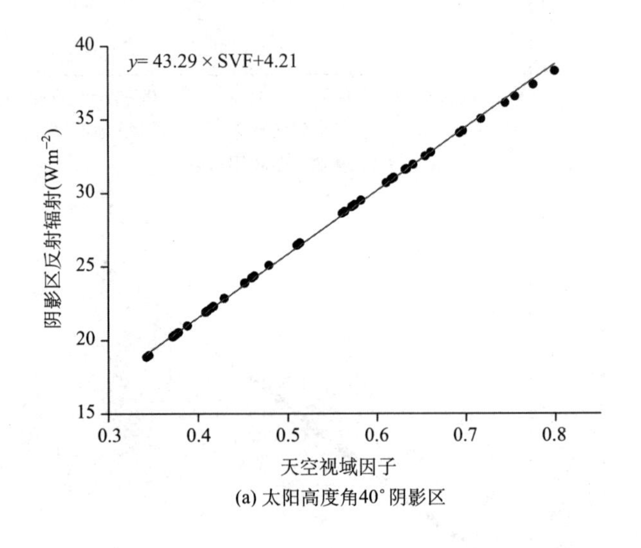

(a) 太阳高度角40° 阴影区

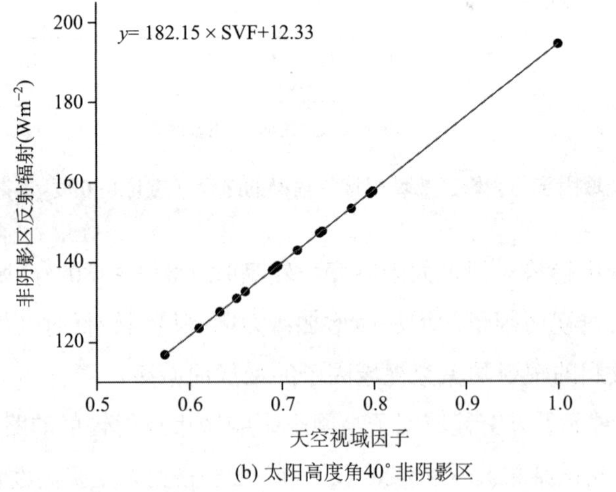

(b) 太阳高度角40° 非阴影区

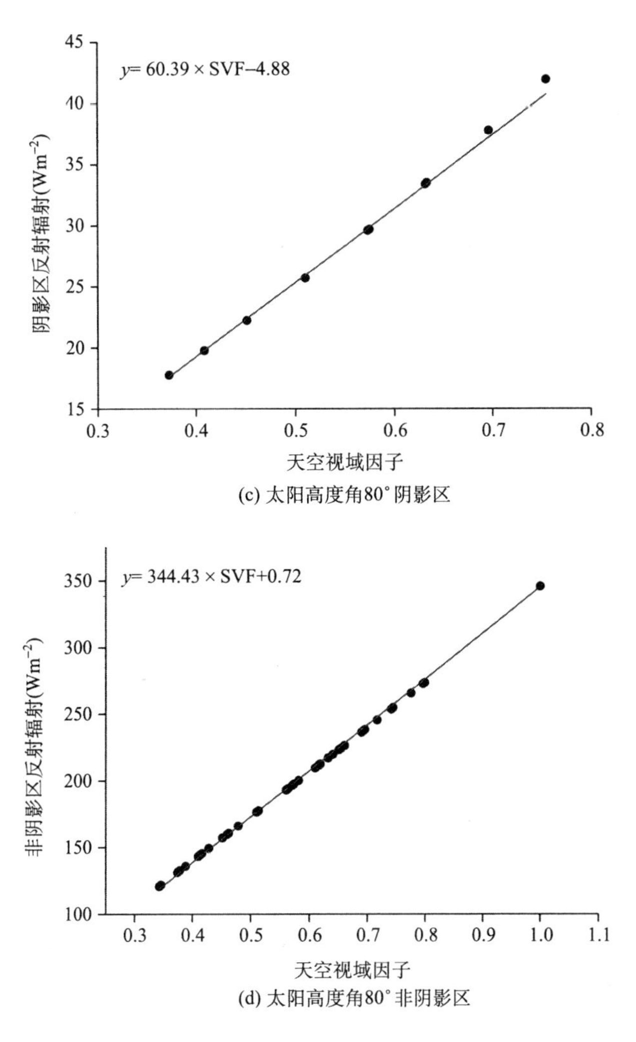

(c) 太阳高度角80° 阴影区

(d) 太阳高度角80° 非阴影区

图 3-20 天空视域因子与阴影影响城市反射辐射的路径（方位角 0 度，场景 2 测试结果）

综上分析可知：复杂地表特征对城市地表辐射收支的影响路径呈现出线性与非线性共存的两种模式，具体表现为：（1）建筑物遮挡（阴影）对城市辐射收支影响路径为非线性的突变过程，即阴影区的接收辐射与反射辐射均呈现出大幅降低的突变；（2）天空视域因子对城市辐射收支的影响路径为线性的渐变过程，表现为接收辐射与反射辐射随天空视域因子的变化呈现出稳定的线性渐变趋势。特别地，接收辐射的线性变化方向可能受到太阳高度角的影响。

3.4 模型应用

USSR 模型遥感像素尺度测试结果表明，该模型精度较高，与 TEB 模型相比，USSR 模型表现出较好的一致性。其中，接收辐射 R^2 基本达到 0.99，不同场景下 RMS 偏差平均为 38.89Wm^{-2}，最低为 21.88Wm^{-2}，模拟偏差平均约为 10%。模型反射辐射 R^2 基本达到 0.99，不同场景下 RMS 平均为 14.01 Wm^{-2}，RMS 最低可达为 8.76 Wm^{-2}，模拟偏差平均约为 10%。因而，该模型的精度满足像素尺度城市下垫面局地尺度太阳辐射收支模拟。此外，从模型敏感性分析发现，该模型从某种程度上“弱化”了墙面参数对辐射传输的影响并有效“放大”了地表参量对辐射传输的影响。同时，由于该模型完成了像素尺度的城市太阳短波辐射收支模拟，因而，它能够直接应用于城市地表下垫面参量的遥感反演。

3.5 本章小结

本章依据天空视域因子，构建了城市太阳短波辐射传输模型。该模型以天空视域因子为核心，考虑了周围建筑物对城市地表直接辐射的遮挡、周围建筑物对地表的反射辐射及其对地表大气漫辐射的影响，并能够量化墙地之间多次反射的储能特征。进一步，为了验证模型在遥感像素尺度上的精度与可靠性，在经典城市峡谷情境下设计了 11 组模型测试方案，依据不同峡谷走向、不同太阳高度与方位、不同街道高宽比以及不同墙地反射率组合进行了 119 次模型交叉实验验证，并将测试结果与 TEB 模型进行了辐射收支对比。最后，基于 USSR 模型的模拟结果进行了深入的分析并对该模型的应用潜力进行了深入探讨，结论如下：

（1）模型测试结果表明 USSR 模型在遥感像素尺度上精度较高，与 TEB 模型辐射收支方案相比，USSR 模型表现出较好的一致性。其中，接收辐射

R^2 基本达到 0.99，不同场景下平均模拟偏差约为 10%，最低为 4.85%。模型反射辐射 R^2 基本达到 0.99，不同场景下平均模拟偏差约为 10%，最低为 4.89%。模型精度满足像素尺度城市下垫面局地尺度太阳辐射收支模拟。

（2）从模型敏感性分析发现：该模型从某种程度上“弱化”了墙面参数对辐射传输的影响并“放大”了地表参量对辐射传输的影响。此外，该模型完成了像素尺度的城市太阳辐射收支过程模拟与验证，因而，它能够直接应用于城市地表下垫面参量的遥感反演。

（3）在模型的场景尺度上，复杂地表特征对城市地表辐射收支的影响路径呈现出线性与非线性共存的两种模式，具体表现为：建筑物遮挡（阴影）对城市辐射收支影响路径为非线性的突变过程，即阴影区的接收辐射与反射辐射均呈现出大幅降低的突变。天空视域因子对城市辐射收支的影响路径为线性的渐变过程，表现为接收辐射与反射辐射随天空视域因子的变化呈现出稳定的线性渐变趋势。特别地，接收辐射的线性变化的方向可能受到太阳高度角的影响。

参考文献

Masson, V., 2000. A physically-based scheme for the urban energy budget in atmospheric models. *Boundary-Layer Meteorology*, 94(3).

Myneni, R., G. Asrar and S. W. Gerstl., 1990. Radiative transfer in three dimensional leaf canopies. *Transport Theory and Statistical Physics*, 19(3～5).

Strahler, A. H., C. E. Woodcock, and J. A. Smith, 1986. On the nature of models in remote sensing. *Remote Sensing of Environment*, 20(2).

Wang, T., G. Yan, X. Mu *et al.*, 2017. Toward operational shortwave radiation modeling and retrieval over rugged terrain. *Remote Sensing of Environment*, 205.

Zeng Y. L., J. Li, Q. H. Liu *et al.*, 2016. A radiative transfer model for heterogeneous agro-forestry scenarios. *IEEE Transactions on Geoscience and Remote Sensing*, 54(8).

柳钦火、曹彪、曾也鲁等：“植被遥感辐射传输建模中的异质性研究进展”，《遥感学报》，2016 年第 5 期。

4 数字表面模型构建

4.1 实 验 数 据

4.1.1 ZY-3 多视角全色和多光谱影像

ZY-3 卫星是中国第一颗自主的民用高分辨率立体测绘卫星，发射于 2012 年（Wang *et al.*, 2014）。卫星搭载了四台光学相机，包括一台地面分辨率 2.1 米的正视全色 Charge Coupled Devices（CCD）相机、两台地面分辨率 3.5 米的前视和后视全色 CCD 相机、一台地面分辨率 5.8 米的正视多光谱相机。多光谱数据包括蓝（0.45～0.52μm）、绿（0.52～0.59μm）、红（0.63～0.69μm）以及近红外（0.77～0.89μm）。

表 4-1 给出了本章使用的数据。其中包括 2016 年 5 月 21 日的前视、后视、正视以及相应的多光谱影像，以及 2015 年 9 月 3 日和 2015 年 9 月 23 日的两景全色正视影像。所有的全色影像分别用同轨和异轨立体像对来生成多视角点云数据。多光谱影像与对应的全色影像生成相应的全波段影像，用来提取城市土地覆盖类型以及建筑物范围。

表 4-1 本章使用的 ZY-3 多视角全波段影像

图像视角	获取时间	卫星滚转角（°）	卫星俯仰角（°）	卫星偏航角（°）	相机倾斜视角（°）	影像分辨率（m）
前视	2016 年 5 月 21 日	–1.57	1.36	–1.80	23.5	3.5
后视	2016 年 5 月 21 日	–1.77	1.49	–1.76	–23.5	3.5
正视 01	2016 年 5 月 21 日	–1.67	1.40	–1.79	0	2.1
正视 02	2015 年 9 月 3 日	–6.61	–6.16	–14.89	0	2.1
正视 03	2015 年 9 月 23 日	1.19	0.06	2.83	0	2.1

4.1.2 机载激光雷达数据

机载 LiDAR 数据于 2016 年通过 Leica ALS 60 系统采集。点云密度大约为 2～4 点/m^2。首先对点云数据进行分类，分为地面、非地面以及噪声点，然后建立了 0.5 米分辨率的 DSM。生成的 DSM 与地面 50 个控制点的 x, y, z 坐标对比，水平误差小于 1 个像素（0.5m），高度误差小于 0.15m。使用 Airborne Laser Scanner（ALS）数据提取建筑物高度，评估 ZY-3 多视角点云数据提取的建筑物高度精度。

4.1.3 地面实测数据

首先，在 ZY-3 全色波段影像上选择易于辨识的特征点，然后通过实地测定，确定地面控制点（Ground Control Point, GCP）x，y，z 坐标信息。作业技术采用的是实时动态 （Real-time kinematic, RTK）定位技术。这是一种基于载波相位观测值的定位技术。它能够实时地提供测站点在指定坐标系中的三维定位结果，并达到厘米级精度。每个点平均采测 10 次，后期剔除误差大的点，并进行均值化处理。最终共收集了共 50 个地面控制点。在处理过程中，10 个控制点用来进行图像几何校正，另外 40 个控制点用来评价生成点云的几何精度。

4.2 实验区概述

研究区位于北京市奥林匹克公园附近。地区的高程约为 21～55m。面积约为 25.43km^2。长宽约为 5km。区内建筑物较为复杂与密集，既包括生活区，也有北京中央商务区建筑物。共约 3 170 栋建筑物。

4.3 模 型 构 建

本章技术路线见图 4-1，包括三个关键步骤：（1）利用 ZY-3 卫星侧摆角以及相机倾角，采用同轨和异轨两种模式，生成不同视角的点云；（2）多视

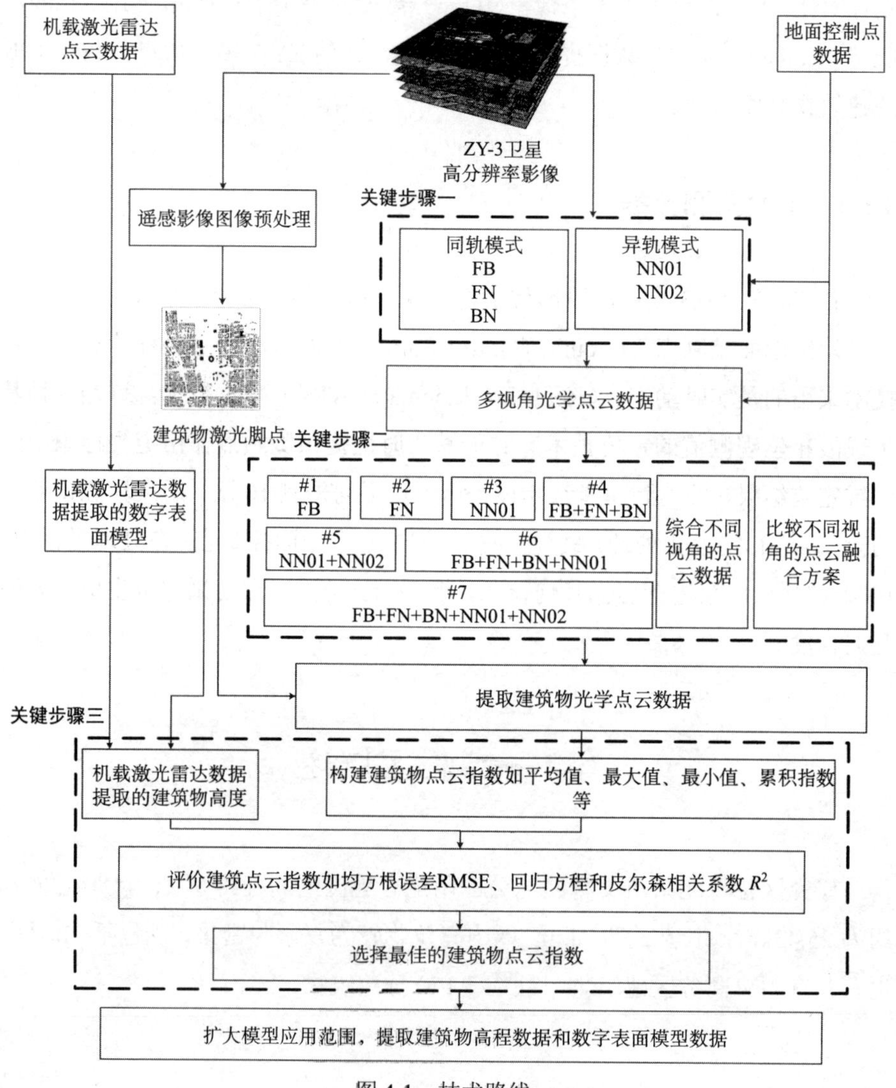

图 4-1 技术路线

角点云的融合，包括点云质量的预判断，不同视角点云显著高程误差的去除以及点云不同融合方式的性能分析和对比；（3）集成多光谱信息改善建筑物高度估算。利用 ZY-3 卫星多光谱数据，生成建筑物分类数据。通过建筑物区内点云数据与基于 LiDAR 数据的建筑物高度构建建筑物高度拟合模型，实现建筑物高度的提取。

4.3.1 多视角点云数据生产

图 4-2 展示了多视角点云生成的流程图。主要包括三个关键步骤：（1）立体像对组合方案设计；（2）卫星影像定向；（3）图像密集匹配。

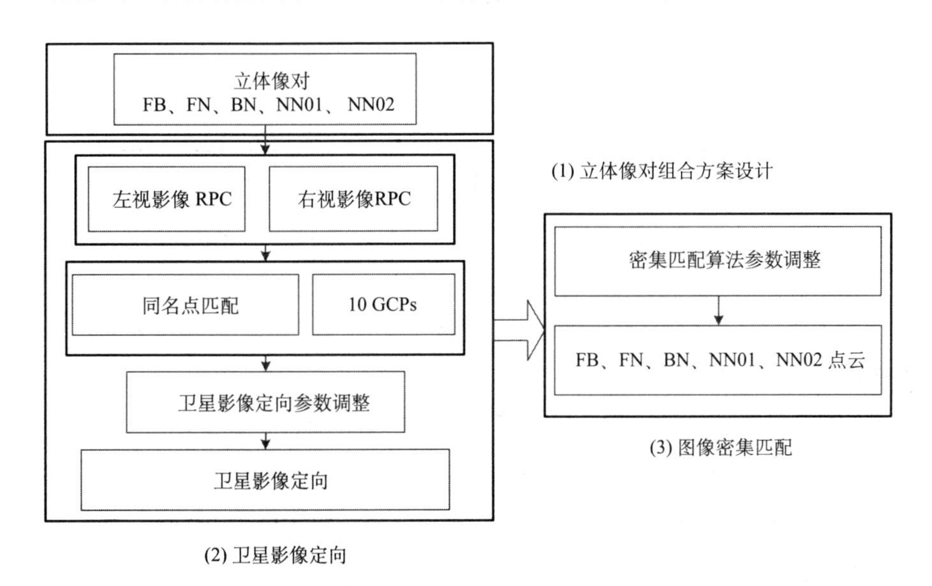

图 4-2 多视角点云生成

4.3.1.1 立体像对组合方案设计

为了进行城市的多视角点云加密以及对比不同视角点云融合方案，本章设计了不同的立体像对方案。3 组同轨方案，包括：FB（前视+后视）、FN（前视+正视 01）、BN（后视+正视 01）；2 组异轨方案，包括：NN01（正视 02+

正视 03）、NN02（正视 01+正视 02）。表 4-2 展示了详细的不同组合方案。

表 4-2 本章使用的不同立体像对组合

立体像对组合	图像视角	卫星滚转角（°）	卫星俯仰角（°）	卫星偏航角（°）	相机倾斜视角（°）	影像分辨率（m）
FB	前视	−1.57	1.36	−1.80	23.5	3.5
	后视	−1.77	1.49	−1.76	−23.5	3.5
FN	前视	−1.57	1.36	−1.80	23.5	3.5
	正视 01	−1.67	1.40	−1.79	0	2.1
BN	后视	−1.77	1.49	−1.76	−23.5	3.5
	正视 01	−1.67	1.40	−1.79	0	2.1
NN01	正视 02	−6.61	−6.16	−14.89	0	2.1
	正视 03	1.19	0.06	2.83	0	2.1
NN02	正视 01	−1.67	1.40	−1.79	0	2.1
	正视 02	−6.61	−6.16	−14.89	0	2.1

4.3.1.2 卫星影像定向

上述立体像对组合中的不同视角影像被作为传统摄影测量的左视和右视影像处理。摄影测量沿着两个不同视线（即视差）观察物体位置的位移或差异来确定物体的高度。当下，遥感商业软件（如：ERDAS、ENVI、PCI）已经集成了成熟的影像密集匹配算法并提供了点云生成工具。在本章中，ERDAS IMAGINE 软件的摄影测量模块被用来进行上述立体像对的点云生成。在 ERDAS IMAGINE 软件中，利用有理多项式模型建立了 ZY-3 立体像对图像物方与像方的空间关系。模型中涉及的有理多项式系数（Rational Polynomial Coefficient, RPC）随 ZY-3 影像一起提供。为了独立评估各立体像对生成点云的性能，本章对每个立体对分别进行了图像定向。此外，为了保证模型的校正精度，在有理函数模型误差补偿（Fraser and Hanley, 2005）中使用了 10 个地面控制点以及自动匹配点。经过方向参数调整（去除错误匹配点），得到了立体像对的精确方向。

4.3.1.3 图像密集匹配

利用 ERDAS IMAGINE 软件中的增强型自动地形提取（enhanced Automatic Terrain Extraction, eATE）模块进行图像密集匹配。eATE 从重叠图像中提取的是密度更高的密集匹配点，具有更精确的表面。最终结果可以是网格格式的质量点或点云（Hexagon, 2018）。本研究中使用的关键 eATE 参数如表 4-3 所示。根据 ERDAS IMAGINE 帮助文档的建议，参数设置中考虑了城市场景。特别是金字塔停留参数是影响生成点云密度和分布的关键因素之一。数量越大，生成点云的速度越快，但可能生成的点云精度越低。因此，此参数设置为零。有关 eATE 参数的更多详细信息，请参见相关论文（Hexagon, 2018）。

表 4-3　用于点云生成的图像密集匹配算法（eATE）设置

参数	设置	参数	设置
相似性分析	NCC	窗口大小	9×9
错误类型	PCA	开始/结束系数	0.7/0.8
点阈值	5	插值	Spike
搜索窗口	50	标准偏差	3
最小二乘法优化	2	边约束	3
反向匹配公差	1	平滑性	低
低对比度	是	停留金字塔层	0
点采样密度	1	像素块大小	500
最低点	是	梯度阈值	2.5
高级处理带	1	使用所有光谱数据	是
创建辐射层	否		

注：NCC 表示归一化的互相关，这是两个图像中两点相似性的统计度量。

4.3.2 多视角光学点云融合

多视角点云集成涉及以下两个关键步骤：

（1）点云质量预判。由于不同视图生成的点云图像，具有不同的分辨率、采集时间、相机倾斜角度和卫星滚动角度，因此必须对点云进行质量预判。对其余 40 个地面控制点的高程与不同视点云经插值算法生成的 DSM 进行回归分析。本章使用 R^2 和均方根误差（Root Mean Square Error, RMSE）来选择适合的点云。

（2）不同视点云集成实验设计。本步骤设计了 7 组实验。表 4-4 显示了不同融合实验中使用的输入点云。实验 1、2、3 输入点云分别为 FB、FN、NN01，旨在反映具有不同分辨率和不同视角的单独点云表征城市下垫面的能力。实验 4 输入点云为 FB、FN、BN，旨在反映同轨道模式融合点云表征城市下垫面的能力。实验 5 输入点云为 NN01、NN02，旨在反映从异轨模式融合点云表征城市下垫面的能力。实验 6 输入点云为 FB、FN、BN、NN01。实验 7 输入点云为全部点云。实验 6 和实验 7 都包含了同轨模式和异轨模式融合点云表征城市下垫面的能力。

表 4-4 不同实验的点云组合

实验编号	FB	FN	BN	NN01	NN02
1	✓				
2		✓			
3				✓	
4	✓	✓	✓		
5				✓	✓
6	✓	✓	✓	✓	
7	✓	✓	✓	✓	✓

4.3.3 集成多光谱信息精度改善

利用 2016 年 5 月获得的 ZY-3 全色波段影像的光谱信息提取土地覆盖并建立建筑物分类数据，同时分析不同类型土地覆盖中不同视点云的分布情况，然后与激光雷达点云分布进行比较。此外，还提取了建筑物区域的光学点云，并将从 ALS 数据中提取的建筑物高程点集成到建筑物高程估计中。

本研究进行了严格的建筑物分类数据提取。首先基于多分辨率分割算法对 ZY-3 全景图像和 NN01 生成的 DSM 数据进行了初始分割（Benz, *et al.*, 2004）。然后根据归一化植被指数和归一化水体指数分别对植被区、水体区和阴影区进行掩膜。接着采用随机森林分类法（Breiman, *et al.*, 2001）进行了基于分段的建筑物检测。在视觉判断基础上，对北京市主要城市的建筑物、道路、裸土分别随机采集了 74 231、35 431、36 043 份样本。其中 80%的样本用于训练，20%的样本用于测试。为确保建筑物提取的准确性，对部分样本进行了适当的人工编辑，并对建筑物分类数据进行编码。

直接从点云数据计算建筑物高程涉及两个关键步骤：

第一步：识别匹配点数不足的建筑物。即使在多点云加密的情况下，一些建筑物可能仍然没有或者只有较少的匹配点。因此，本章使用了阈值标准。确定阈值的关键步骤是在模型中如何权衡识别的建筑物数量与建筑物高程估计间的准确性。利用点云平均值提取的建筑物高程与 ALS 数据提取的建筑物高程间的 R^2 和 RMSE 可以用来估计建筑物高程的精度。随着阈值的增加，R^2 和 RMSE 的变化将趋于稳定。当阈值足够大时，建筑物高程的精度更为可靠和精确。

第二步：建筑物累积指数的构建。为了直接从点云估算建筑物高程，建立了 12 个建筑物累积指数，包括建筑物范围内点云的最大值、最小值、平均值和累积高程指标，具体见表 4-5。累积指数的含义是指：对于 B70 指数，建筑物区 70%点的高程小于指数值。对从这 12 个建筑物指标中提取的建筑物高程与从 ALS 数据中提取的高程进行了比较。采用 R^2、RMSE 和回归方程参数对 12 个建筑物指标的性能进行评价。

RMSE 和 R^2 分别用式 4-1 和式 4-2 计算，回归方程如式 4-3 所示：

表 4-5 本章中使用的建筑物累积指数及其说明

建筑累积指数	计算方法	含义
Maximum	$\begin{cases}\text{BP}_i=\{\text{Point}_j; j=1,2,3...n\}, \text{Point}_j=\{x_j, y_j, z_j\};\\ \text{Maximum}=z_{\max}\end{cases}$	Maximum 指标表示的是建筑物 *i* 范围内点云高程值的最大值
Minimum	$\begin{cases}\text{BP}_i=\{\text{Point}_j; j=1,2,3...n\}, \text{Point}_j=\{x_j, y_j, z_j\};\\ \text{Minimum}=z_{\min}\end{cases}$	Minimum 指标表示的是建筑物 *i* 范围内点云高程值的最小值

续表

建筑累积指数	计算方法	含义
Mean	$\begin{cases} BP_i = \{Point_j; j=1,2,3...n\}, Point_j = \{x_j, y_j, z_j\}; \\ Mean = \frac{\sum_{j=1}^{n} z_j}{n} \end{cases}$	Mean 指标表示的是建筑物 i 范围内点云高程值的平均值
B10	$\begin{cases} BP_i = \{Point_j; j=1,2,3...n\}, Point_j = \{x_j, y_j, z_j\}; \\ BP_i' = sort\_z(BP_i); \\ B10 = z'_{fix(n/10)*10+1} \end{cases}$	B10 指标表示的是建筑物 i 范围内点云有 10%的高程值小于 B10
B20	$\begin{cases} BP_i = \{Point_j; j=1,2,3...n\}, Point_j = \{x_j, y_j, z_j\}; \\ BP_i' = sort\_z(BP_i); \\ B20 = z'_{fix(n/10)*20+1} \end{cases}$	B20 指标表示的是建筑物 i 范围内点云有 20%的高程值小于 B20
B30	$\begin{cases} BP_i = \{Point_j; j=1,2,3...n\}, Point_j = \{x_j, y_j, z_j\}; \\ BP_i' = sort\_z(BP_i); \\ B30 = z'_{fix(n/10)*30+1} \end{cases}$	B30 指标表示的是建筑物 i 范围内点云有 30%的高程值小于 B30
B40	$\begin{cases} BP_i = \{Point_j; j=1,2,3...n\}, Point_j = \{x_j, y_j, z_j\}; \\ BP_i' = sort\_z(BP_i); \\ B40 = z'_{fix(n/10)*40+1} \end{cases}$	B40 指标表示的是建筑物 i 范围内点云有 40%的高程值小于 B40
B50	$\begin{cases} BP_i = \{Point_j; j=1,2,3...n\}, Point_j = \{x_j, y_j, z_j\}; \\ BP_i' = sort\_z(BP_i); \\ B50 = z'_{fix(n/10)*50+1} \end{cases}$	B50 指标表示的是建筑物 i 范围内点云有 50%的高程值小于 B50
B60	$\begin{cases} BP_i = \{Point_j; j=1,2,3...n\}, Point_j = \{x_j, y_j, z_j\}; \\ BP_i' = sort\_z(BP_i); \\ B60 = z'_{fix(n/10)*60+1} \end{cases}$	B60 指标表示的是建筑物 i 范围内点云有 60%的高程值小于 B60
B70	$\begin{cases} BP_i = \{Point_j; j=1,2,3...n\}, Point_j = \{x_j, y_j, z_j\}; \\ BP_i' = sort\_z(BP_i); \\ B70 = z'_{fix(n/10)*70+1} \end{cases}$	B70 指标表示的是建筑物 i 范围内点云有 70%的高程值小于 B70
B80	$\begin{cases} BP_i = \{Point_j; j=1,2,3...n\}, Point_j = \{x_j, y_j, z_j\}; \\ BP_i' = sort\_z(BP_i); \\ B80 = z'_{fix(n/10)*80+1} \end{cases}$	B80 指标表示的是建筑物 i 范围内点云有 80%的高程值小于 B80
B90	$\begin{cases} BP_i = \{Point_j; j=1,2,3...n\}, Point_j = \{x_j, y_j, z_j\}; \\ BP_i' = sort\_z(BP_i); \\ B90 = z'_{fix(n/10)*90+1} \end{cases}$	B90 指标表示的是建筑物 i 范围内点云有 90%的高程值小于 B90

注：其中 BP_i 表示建筑物 i 内的匹配点；$Point_j$ 表示建筑物 i 内的 j 匹配点；n 表示建筑物 i 内的匹配点数；sort_z（）函数表示 BP_i 中匹配点的 z 值从高到低的排序函数；fix（）函数为取整函数。

$$RMSE = \sqrt{\frac{1}{n}\sum_{i=1}^{n}(h_i - \hat{h}_i)^2} \quad \text{（式 4-1）}$$

$$R^2=\left(\frac{n\sum_{i=1}^{n}h_i\hat{h}_i-\sum_{i=1}^{n}h_i\sum_{i=1}^{n}\hat{h}_i}{\sqrt{n\sum_{i=1}^{n}h_i^2-(\sum_{i=1}^{n}h_i)^2}\sqrt{n\sum_{i=1}^{n}\hat{h}_i^2-(\sum_{i=1}^{n}\hat{h}_i)^2}}\right)^2 \quad （式 4-2）$$

$$y=ax+b \quad （式 4-3）$$

式中，n 表示建模涉及的建筑物数量，$\hat{h}_i$ 是从 ALS 数据中提取的建筑物 i 的高程，h_i 表示从 12 个建筑物累积指数中提取的建筑物 i 的高程。在回归方程中，预测变量 y 是指建筑物的实际高程（从 ALS 数据中提取的建筑物高程），而自变量 x 是指建筑物的估算高程（通过上述 12 个建筑物累积指数计算的建筑物高程）；a 和 b 是回归方程的斜率与偏差。

在回归方程中，较高的相关系数 R^2、较低的 RMSE、接近 1 的斜率值，以及接近零的偏差值，表明建筑物指数估算的建筑物高程与实际建筑物高程之间具有更大的相似性。

4.4 实 验 结 果

4.4.1 光学点云分布差异

本章中 10 个 GCP 用于有理函数模型误差补偿，另外 40 个 GCP 用于评估 RPC 调整的精度。表 4-5 显示了 RPC 调整后五个视角 ZY-3 影像的几何定位精度，包括前视、后视、正视 01、正视 02 和正视 03。精度由 x 方向，y 方向，整体平面方向影像坐标与 40 个 GCP 之间的 RMSE 衡量。如表 4-6 所示，在进行有理多项式系数调整后，所有 RMSE_x（x 方向 RMSE）和 RMSE_y（y 方向 RMSE）均低于 0.5 像素。最大的整体平面 RMSE_Plane 是 0.56 像素在正视 02。因此，整体上 RPC 调整的结果满足点云融合的要求。

表 4-6　地面控制点 RPC 调整结果

视角	空间分辨率（m）	RMSE_*x*（pixels）	RMSE_*y*（pixels）	RMSE_Plane（pixels）
前视	3.5	0.22	0.39	0.45
后视	3.5	0.30	0.38	0.48
正视 01	2.1	0.36	0.41	0.55
正视 02	2.1	0.37	0.42	0.56
正视 03	2.1	0.36	0.41	0.55
均值	—	0.33	0.41	0.52

图 4-3 显示了在不同土地覆盖条件下不同视角的点云分布。图 4-3（a）、（b）、（c）分别显示了 FB、FN、NN01 点云的空间分布。从中可以看出，其点云分布明显不同。此外，与土地覆盖数据的叠加分析表明，这些立体像对点云无法充分描述建筑物。这对 FB 和 FN 尤其显著（图 4-3（e））。图 4-3（f）放大显示了图 4-3（a）、（b）、（c）中建筑物区域，其中 FB、FN、NN01 匹配点数相对较低（与非建筑物面积相比）。建筑物区域内匹配点的数量从高到低排列如下：NN01>FN>FB。

图 4-3（d）显示了 FB、FN、NN01 点云高程的直方图。FB、FN、NN01 直方图的分布相似。由于 ZY-3 多视角影像的分辨率不同，导致密集匹配点的数量也不同，它们从高到低排列如下：NN01>FB>FN。其中，NN01 是由两个空间分辨率为 2.1 m 的正视影像生成的，FB 是由空间分辨率为 3.5 m 的前视和后视影像生成的，FN 是由前视和正视影像生成的，空间分辨率分别为 3.5 m 和 2.1 m。由于 NN01 图像具有最高的分辨率，它们也具有最多的密集匹配点，其次是 FB。由于使用的图像分辨率不同，FN 的匹配点数最少。值得注意的是，高程小于 40 米的匹配点中，FN 的匹配点少于 FB 的匹配点数；高程大于 40 米的情况则相反。高程为 40 米以上的土地覆盖分类主要为建筑物，这是由于 FN 基高比小于 FB 的基高比，因此，FN 建筑物区因为较小的视差（与 FB 相比）可以捕捉到更多的匹配点。

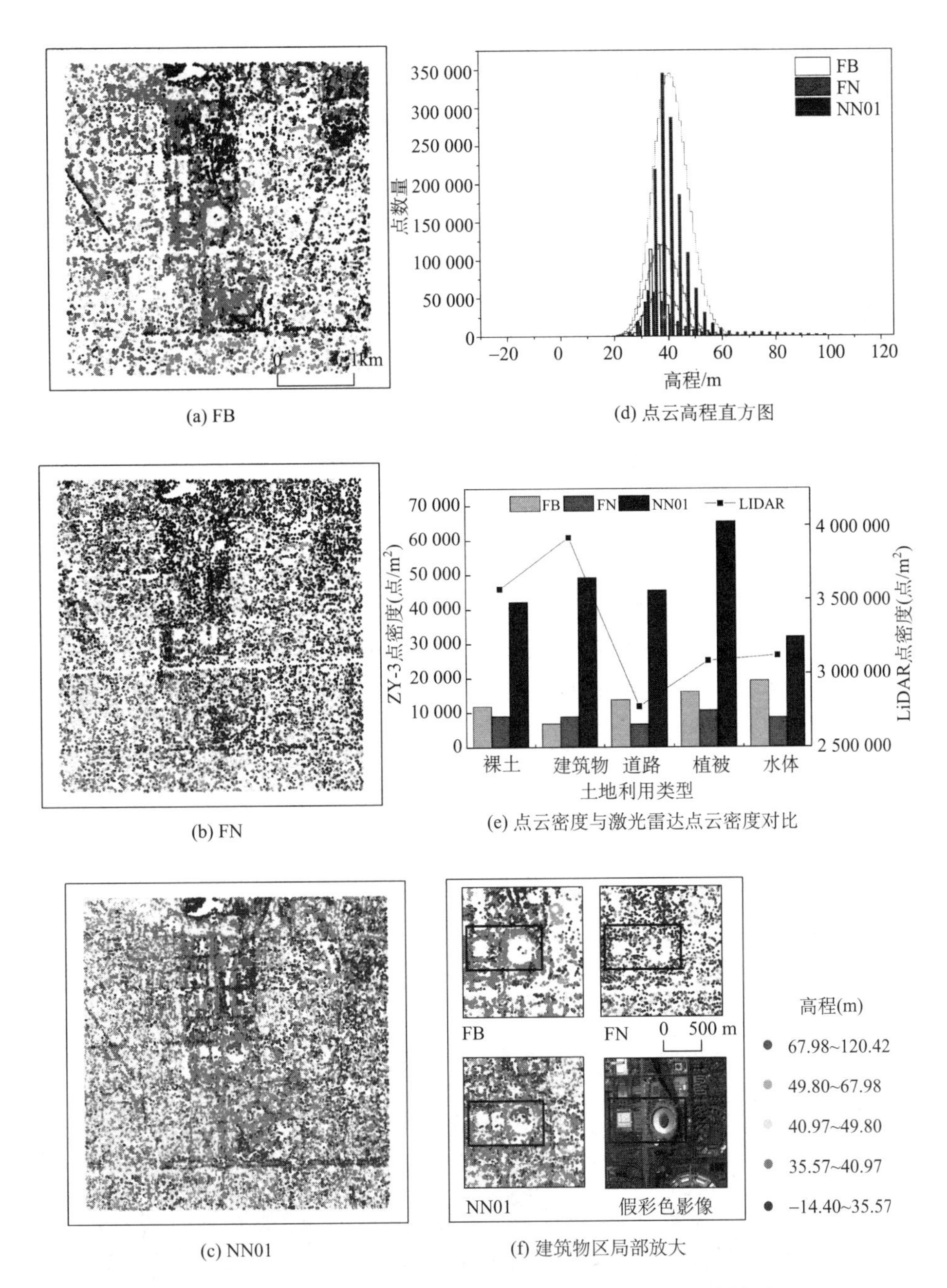

(a) FB

(d) 点云高程直方图

(b) FN

(e) 点云密度与激光雷达点云密度对比

(c) NN01

(f) 建筑物区局部放大

图 4-3 不同视角和土地覆盖类型的光学点云及其分布差异

图 4-3（e）比较了 FB、FN、NN01、ALS 点云在不同土地覆盖类型下的点云密度。如图 4-3（e）所示，ALS 点云不同土地覆盖类型点密度从高到低排列如下：建筑物>裸土>水>植被>道路。然而，对于 ZY-3 点云来说，不同土地覆盖类型点密度从高到低排列是：植被>建筑物>道路>裸露土壤>水。这表明光学点云更能描述植被，而 ALS 点云更能描述建筑物。此外，FB 点云在植被、道路、裸地和水的点云密度均高于 FN。对于建筑物区，FN 点云密度高于 FB 点云密度。

4.4.2 光学点云融合分析

通过实验 1～7 获得了不同融合方法的点云数据。为了清楚地展示这些融合点云的效果，使用不规则三角网（Triangulated Irregular Network, TIN）插值算法来生成不同的融合 DSM（2m 的空间分辨率）。图 4-4（a）～（g）分别显示了从实验 1～7 产生的 DSM 结果。如图 4-4 所示，融合点云生成 DSM 的建筑物区域的轮廓比单一点云生成 DSM 的轮廓更清晰。在实验 1 中几乎看不到建筑物轮廓，可能是因为 FB 建筑物区域中的点云很少。 图 4-4（e）中的建筑物轮廓比图 4-4（d）中的建筑物轮廓更清晰。这表明异轨模式的融合点云描绘建筑物（在建筑物区域中）的能力比同轨模式更好。总的来说，这些结果表明，城市建筑物的三维描绘取决于点云的质量和密度。更高的点云密度能更好地描述建筑物的特征。

(a) 实验1

(b) 实验2

(c) 实验3

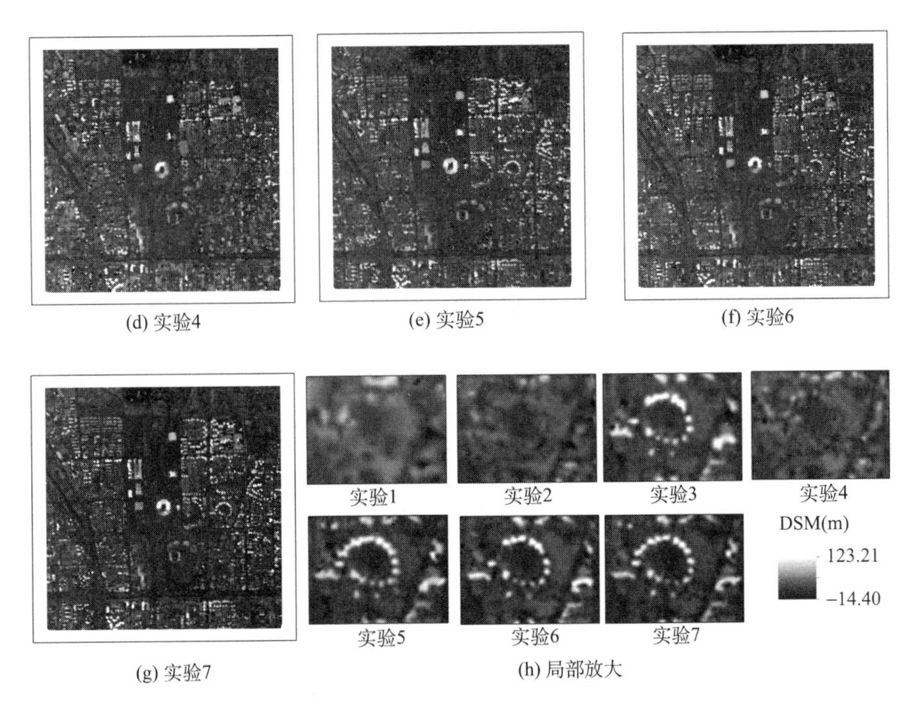

(d) 实验4 (e) 实验5 (f) 实验6

(g) 实验7 (h) 局部放大

图 4-4 使用不同点云组合生成的 DSM

4.4.3 精度改善分析

4.4.3.1 建筑物屋顶提取的准确性评估

表 4-6 显示了建筑物屋顶提取的精度评估。在建筑物提取的每个阶段（包括面向对象分类和人工修正）验证了北京市主城市的建筑物提取准确性。如表 4-7 所示，人工修正后，提取结果的最终总体精度（Overall Accuracy, OA）和卡帕（kappa）系数分别为 94.56%和 0.86。 总共提取了 1 510 606 座建筑物，以进行更广泛的建筑物高程提取测试。图 4-8 显示了建筑物提取的结果。

表 4-7 建筑物提取精度评估

阶段	整体精度（%）	Kappa 系数
面向对象分类	91.23	0.85
人工修正之后	94.56	0.86

4.4.3.2 识别密集匹配点数量不足的建筑物

图 4-5 显示了匹配点数量的阈值对建筑物高程精度的影响。图 4-5（a）～（c）分别表示去除匹配点数量不足的建筑物模型评估的 R^2、RMSE 以及在不同阈值下具有足够数量匹配点的建筑物个数。当阈值等于 5 时，R^2 和 RMSE 值的变化趋于稳定。因此，五个或更少匹配点的建筑物被移除建筑物高程评估模型。

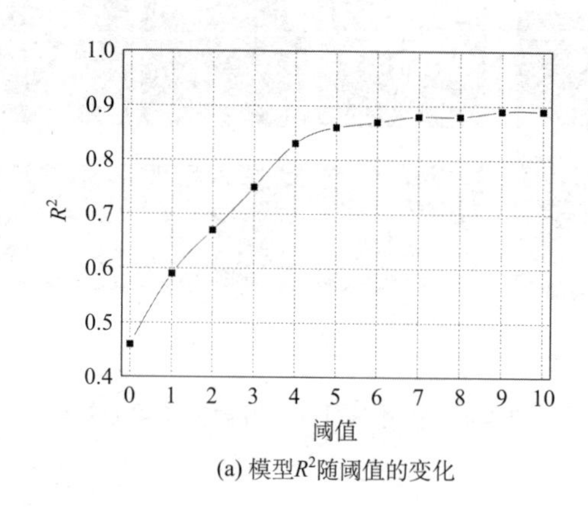

(a) 模型R^2随阈值的变化

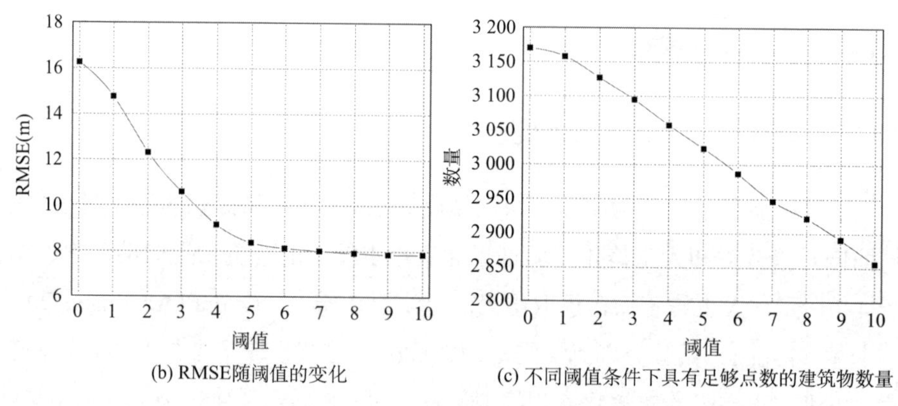

(b) RMSE随阈值的变化

(c) 不同阈值条件下具有足够点数的建筑物数量

图 4-5 识别匹配点数量不足的建筑物

4.4.3.3 建筑物高程估算结果

对建筑物编号为 1125 的 LiDAR 点云和 ZY-3 融合点云分布进行了比较，

用以探索建筑物区域中 ALS 和光学点云之间的差异。图 4-6（a）展示了一个街区中 ZY-3 融合点云的分布（实验 7 的结果）。图 4-6（a）右侧的上图和下图分别显示了 ZY-3 融合点云以及 ALS 点云。ZY-3 建筑物区域的点云明显比 ALS 点云更加稀疏。对于编号为 1125 建筑物，ZY-3 点云直方图的峰值略低于 ALS 点云的峰值，这表明 ZY-3 点云的简单平均高程值不能准确反映建筑物的高程。此外，值得注意的是，ALS 点云数据比 ZY-3 点云数据更好地描述建筑物的边缘（图 4-6（b））。图 4-6（c）比较了编号为 1125 的建筑物的 ZY-3 点云与 LiDAR-DSM 的空间分布。从上到下，图 4-6（c）中的粗线表示建筑物累积指数的最大值、平均值和最小值。细线从下到上表示 B10 到 B90 的值。从这些结果可以清楚地看出，B70 指数与 LiDAR-DSM 中提取的建筑物高度最接近。

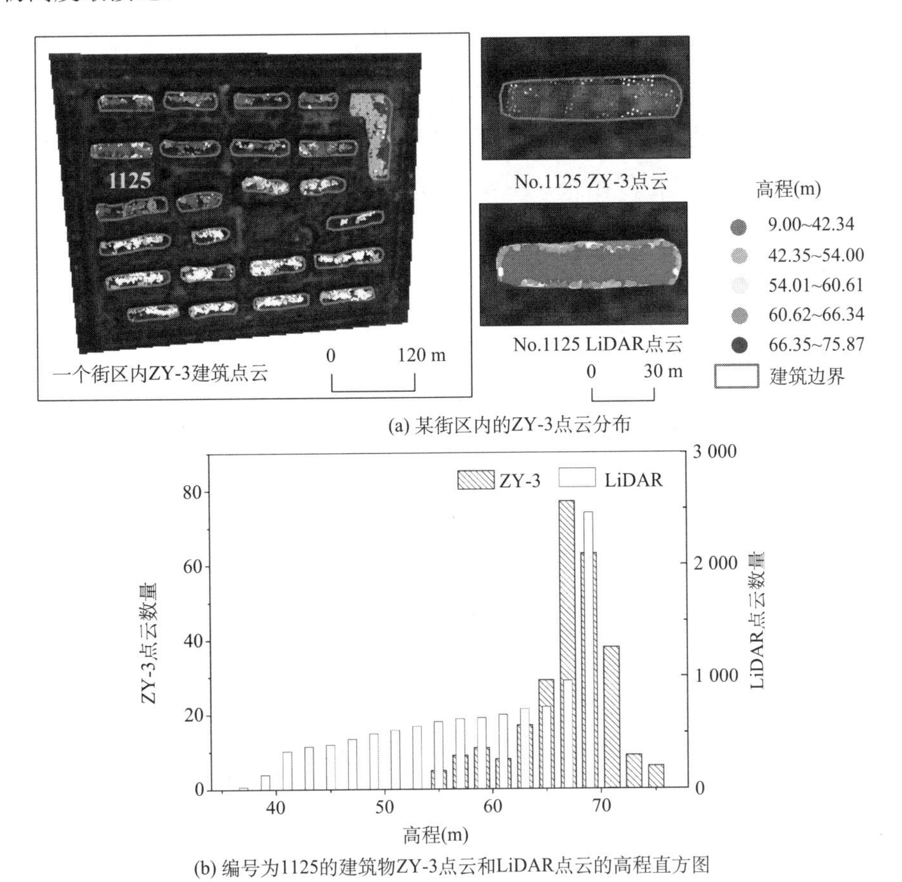

(a) 某街区内的ZY-3点云分布

(b) 编号为1125的建筑物ZY-3点云和LiDAR点云的高程直方图

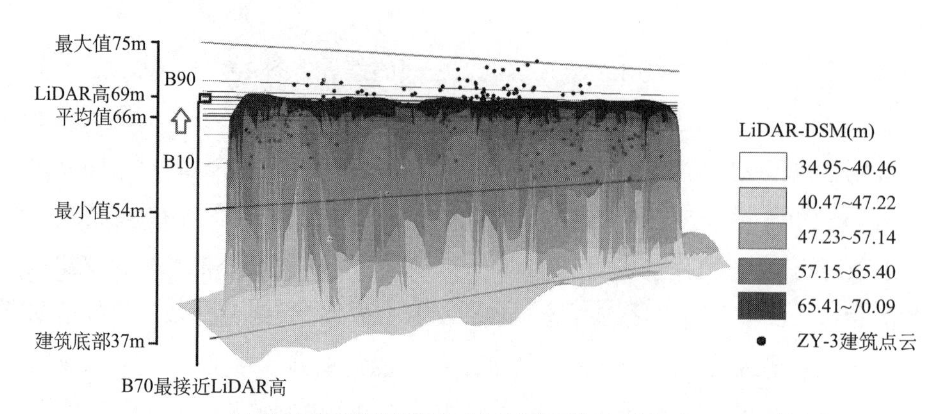

(c) 编号为1125的建筑物ZY-3点云的空间分布及其与LiDAR-DSM的比较

图 4-6 建筑物区域中 ZY-3 点云和 LiDAR 点云之间的差异

图 4-7 显示了 12 组 ZY-3 建筑物累积指数计算的建筑物高程与 ALS 数据提取的建筑物高程之间的散点图，包括最大值、平均值、最小值和 B10～B90。图 4-7 中每个点代表 1 个建筑物，由于匹配点数量不足（即小于等于 5 个）而被排除 146 个建筑物。研究区共有 3 170 座建筑物，也就是说图 4-7 展示了 3 024 个建筑物散点图的结果。图 4-7（a）～（h）的 y 轴分别表示建筑物累积指数的平均值、最大值、最小值、B10、B30、B50、B70 和 B90；x 轴为从 ALS 数据中提取的建筑物高程。从图 4-7 中可以明显地看出来，B70 的表现明显优于其他建筑物累积指数。B70 具有最高的 R^2（0.91），最低的 RMSE

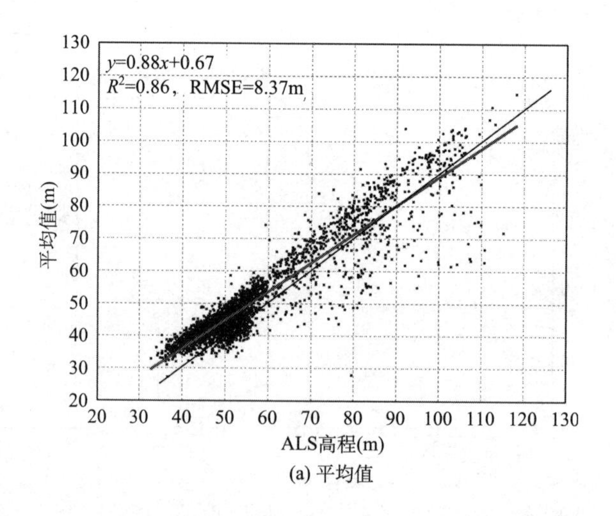

(a) 平均值

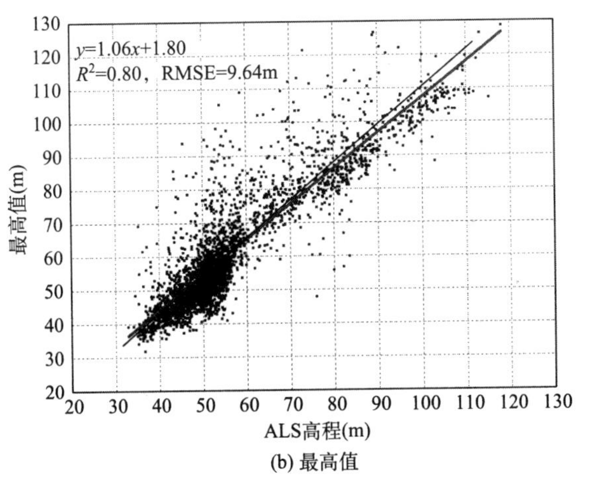

(b) 最高值

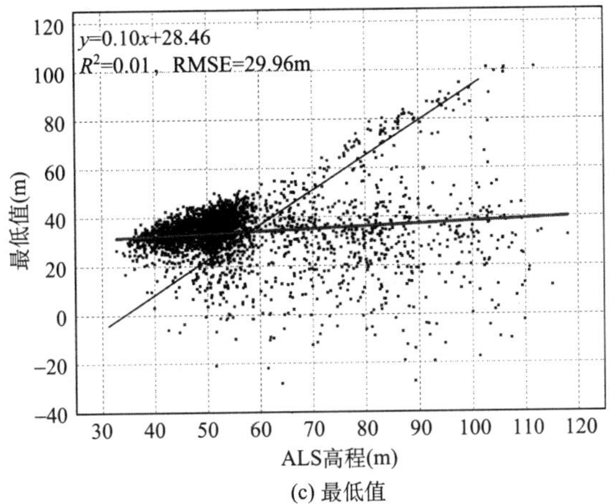

(c) 最低值

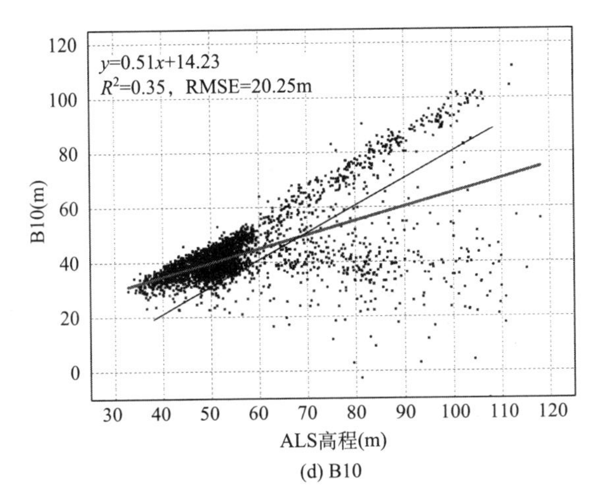

(d) B10

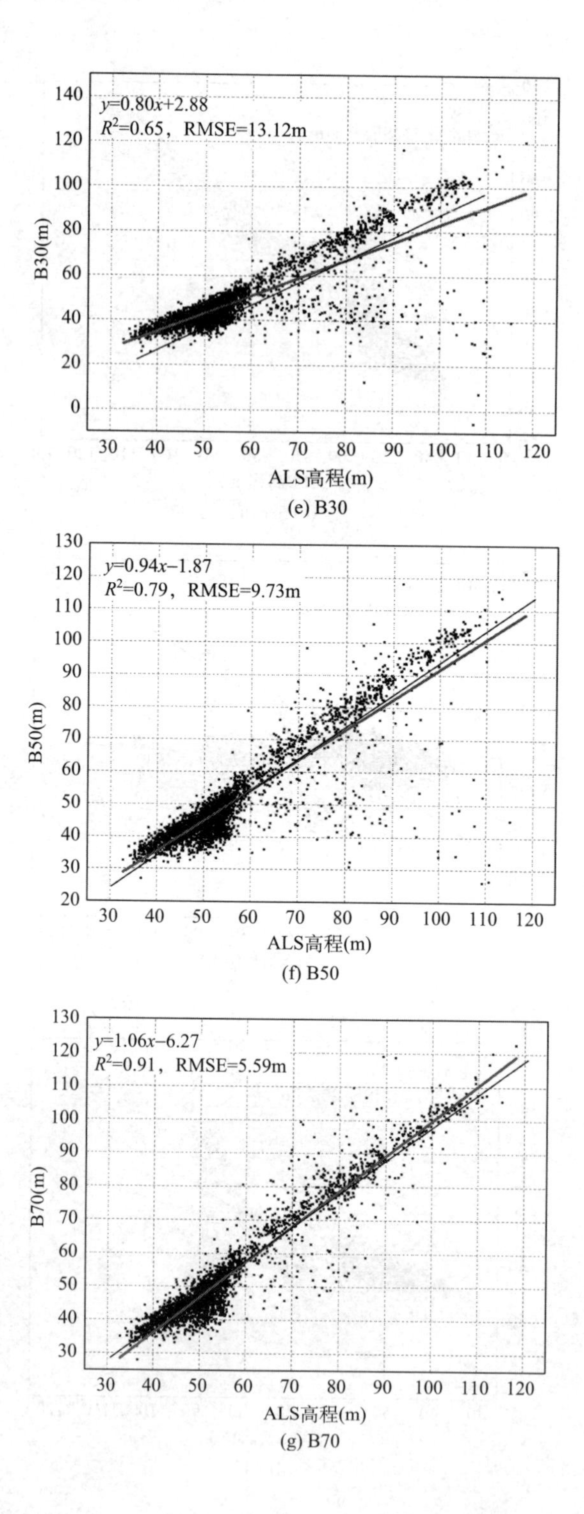

(e) B30

(f) B50

(g) B70

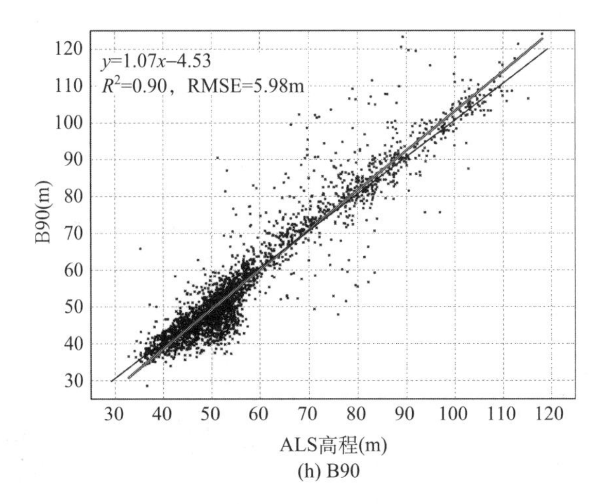

(h) B90

图 4-7 不同 ZY-3 建筑物累积指数与 ALS 数据计算的建筑物高程散点图

（5.59m），以及 y=1.06x–6.27 的线性方程。这里，并没有展示 B20、B40、B60 和 B80，因为 B20、B40 和 B60 与其相邻的建筑物累积指数相似；B80 和 B70 产生类似的结果，但 B70 指数因为较高的 R^2 和较低的 RMSE 稍优于 B80 指数。

本章还对比了所有不同融合方法（实验 1～7）的点云数据用于建筑物高程估计，发现 B70 在所有情况下表现最佳（具有最低 RMSE 和最高 R^2）。表 4-8 总结了实验 1～7 的 B70 指数的性能。（1）FB 由于较大的基高比而不利于建筑物区域中匹配点的捕获，进而使得建筑物高程的估算结果最差；其估算结

表 4-8 不同点云组合的 B70 指数与 ALS 数据建筑物高程之间的线性回归参数

实验组合	R^2	RMSE （m）	斜率	偏移	识别建筑物的数量
1	0.38	10.55	0.64	14.98	1 121
2	0.60	10.21	0.76	6.95	1 809
3	0.73	8.38	0.92	0.55	2 810
4	0.72	7.79	0.9	0.93	2 217
5	0.83	7.91	1.01	–4.04	2 961
6	0.78	7.56	0.93	0.23	2 877
7	0.91	5.59	1.06	–6.27	3 024

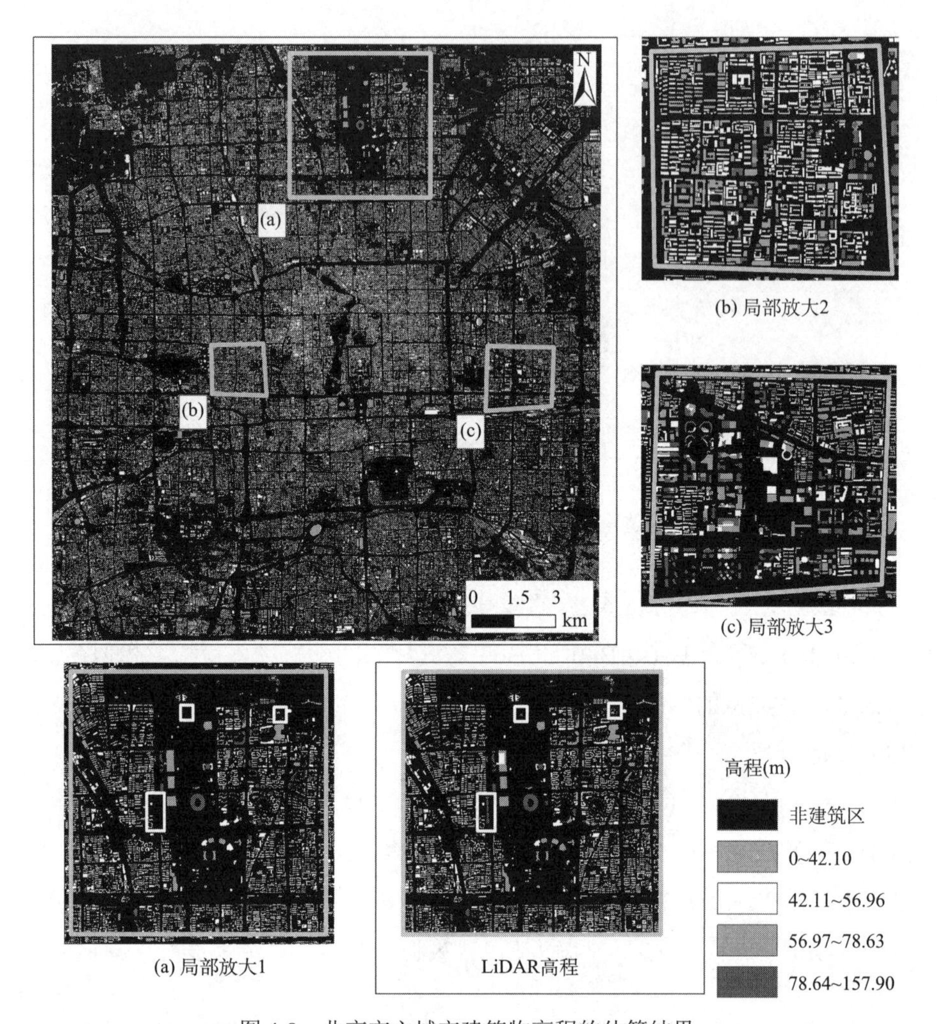

图 4-8　北京市主城市建筑物高程的估算结果

果的 R^2 为 0.38，RMSE 为 10.55 米（最高）并且只能识别 1 121 个建筑物的高程。NN01 表现更好，R^2 为 0.73，RMSE 为 8.38 m；NN01 有效识别 2 810 个建筑物的高程。（2）FB + FN + BN 点云估计建筑物高程（$R^2 = 0.72$，RMSE = 7.91 m）的性能与 NN01 点云（$R^2 = 0.73$，RMSE = 8.38 m）类似，但 NN01 可以识别比 FB + FN + BN 更多的建筑物。（3）使用所有点云融合结果估算的建筑物高程精度最高，R^2 达到 0.91，RMSE 为 5.59 m，回归模型 $y = 1.06x–6.27$；并且可以识别 95.39％的城市建筑物高程。

利用 B70 指数、实验 7 的融合点云以及上面获取的北京市主城市建筑物屋顶数据，估计北京市主要区域的 1 510 606 座建筑物的建筑物高度。图 4-8 显示了 B70 指数建筑物的高程结果。在该模型中，确定了 1 438 852 个建筑物的高程，占总数的 95.25%。图 4-8 还比较了从 LiDAR 数据中提取的建筑物高程与通过 B70 指数提取的建筑物高程。估计结果相似，但 LiDAR 建筑物高程中明显的一些高层建筑物没有通过 B70 指数提取，因为它们拥有的匹配点少于 5 个。

与从 LiDAR 数据中提取的建筑物高程数据相比，该方法实现了 R^2 = 0.91 和 RMSE = 5.59 m 的精度，并有效地识别了 3 170 栋建筑物中 95.39% 的建筑物高程。在北京主城市的 1 510 606 栋建筑物大范围测试中，有效识别了 95.25% 的建筑物高程。两个实验都验证了这种大面积建筑物高程估算的可行性。

4.5 模型分析

4.5.1 影响因素

4.5.1.1 城市光学点云质量与数量的权衡

在本章，使用跨轨道和沿轨道模式生成具有不同视图的点云，即 FB、FN、BN、NN01 和 NN02。在融合这些数据之前，预先判断来自不同立体像对的点云的质量。图 4-9（a）～（e）显示了使用插值算法分别从 FB、FN、BN、NN01 和 NN02 生成的 DSM 与 40 个地面控制点之间的高程值散点图。在 DSM 和地面控制点之间，R^2 值高于 0.23 且 RMSE 相对较小。因此，所有像对的点云质量满足点云融合精度要求。

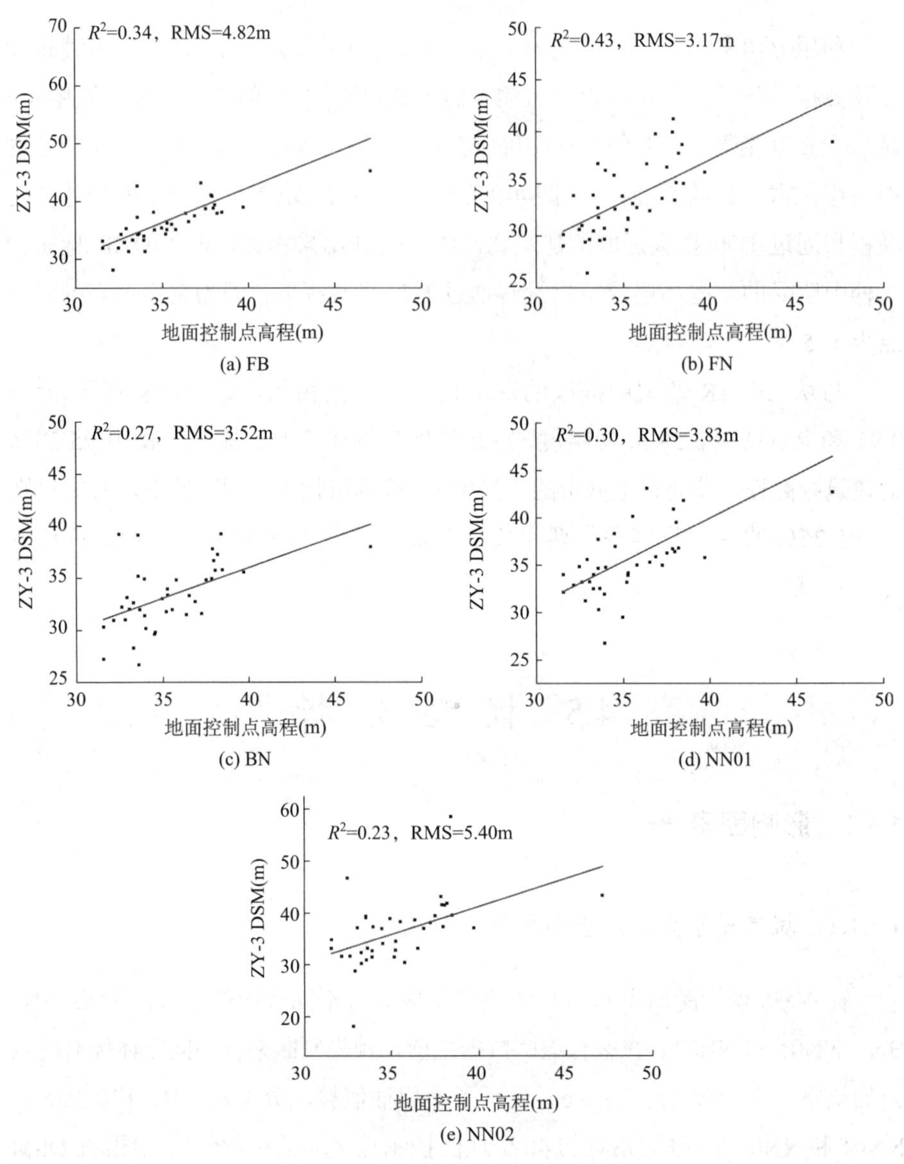

图 4-9　不同视角生成的 DSM 精度

异轨模式中的立体像对分辨率高于同轨模式中的立体像对分辨率，但同轨模式产生比异轨模式更高质量的点云。FB、FN 和 BN 的 R^2 值分别为 0.34、0.43、0.27（RMSE = 4.82m、3.17m、3.52 m）。而 NN01 和 NN02 的 R^2 值分别为 0.30 和 0.23（RMSE = 3.83m 和 5.40 m）（图 4-9）。使用摄影测量原理从不同视角立体像对生成光学点云以及 DSM 适当的视差和足够数量的匹配点是决定点云质量和数量的关键因素。左视图和右视图之间足够的视差保证了点云生成的质量。然而，适当的视差（点云质量）不足以准确描述城市地区的复杂 3D 表面，故点云的数量也很重要。

在城市地区，大的基高比有助于有效视差的形成；然而，较大的视差也会增加建筑物区域的错配率，从而减少匹配点的数量。图 4-10 显示了建筑物区域中不同视角的 ZY-3 影像。图 4-10（a）～（d）分别显示了前视、后视、正视 01 和正视 02 的影像。如图 4-10 所示，（a）和（b）形成比（c）和（d）更大的视差。然而，（a）和（b）之间密集点的匹配比（c）和（d）之间更难。换句话说，城市光学点云的数量和质量之间可能存在权衡。也就是说，视差的增强可能导致牺牲一些数量的匹配点。

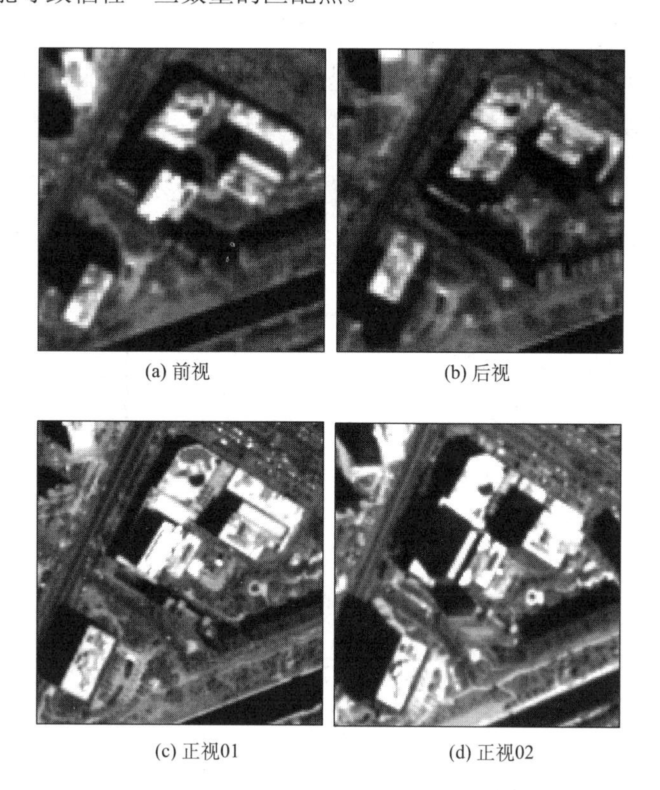
(a) 前视 (b) 后视

(c) 正视01 (d) 正视02

图 4-10 ZY-3 不同视角的影像

4.5.1.2 城市 ZY-3 立体像对模式对比

图 4-11 显示了典型立体图像的摄影测量过程。在图 4-11 中，B 表示左右图像之间的基线距离，H 表示卫星的高度，h 表示建筑物上的点 A 的高程。

从图 4-11 中可以得到以下公式：

$$\frac{D}{h}=\frac{B}{H-h} \quad \text{（式 4-4）}$$

左右图像之间的视差 d 可以用下面的公式表示：

$$d=L_l-L_r \quad \text{（式 4-5）}$$

此外，D 可以表示为视差 d 和图像分辨率 S（m）的乘积：

$$D=d\times S \quad \text{（式 4-6）}$$

可以基于等式（4-4）和（4-6）以及 $H >> h$（即卫星的高度，$H-h\approx H$）的假设得到以下公式：

$$d=\frac{B}{H}\times\frac{1}{S}\times h \quad \text{（式 4-7）}$$

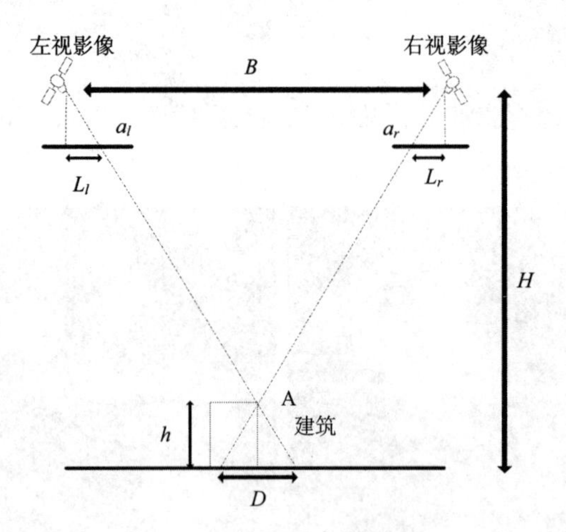

图 4-11 典型摄影测量过程

注：点 A 投影在左右图像中的二维位置（a_l 和 a_r）上。

如式（4-7）所示，立体像对的视差 d 取决于以下三个因素：（1）基高比。较大的基高比有助于形成有效的视差；（2）目标的高度。较高的地物目标有助于形成有效的视差；（3）左右图像的像素分辨率。较高的像素分辨率有助于形成有效的视差。

卫星基高比对应于相机的倾斜角和卫星的侧摆角。较大的相机倾斜角和卫星侧摆角形成较大的视差。ZY-3 同轨前后视相机的倾斜角度相对较大，约为±23.5°。而本章中，异轨的 ZY-3 卫星滚转角为–6.61°，–1.67°和 1.19°。因此，ZY-3 异轨模式产生更多匹配点（图 4-3）。这增强了城市建筑物区域中的点云数量。至于像素分辨率，ZY-3 正视影像（2.1 米）的空间分辨率高于前后视影像（3.5 米）的空间分辨率。较高分辨率的影像不仅可以补偿 ZY-3 异轨模式中视差的不足，还可以产生更多匹配点。因此，当配合较少的地面控制点时，ZY-3 异轨模式适用于生成城市 DSM。

4.5.2 模型优势

通过增加融合点云的数量，使用 B70 指数从光学点云提取的建筑物高度精度得到显著改善（表 4-8）。这说明了点云融合的优势，以及高分辨率（2～6 m）立体像对数据在城市地区进行 3D 建模的巨大潜力。

B70 指数对于实验 1～7 融合点云均表现最佳。这表明 B70 指数不依赖于立体像对的视角组合，因此适用于各种 ZY-3 卫星轨道模式下的城市建筑物高程提取。但是，对于不同传感器生成的立体像对和不同分辨率的图像，B70 指数的性能有待进一步验证。

另外，因为 DSM 是由点云通过插值算法（即 TIN）生成的，所以使用 DSM 提取建筑物高程会产生较大误差。然而，大多数现有文献均是基于 DSM 从卫星立体图像中提取目标建筑物高程（Hirschmuller, *et al.*, 2007; Zhang and Gruen, 2006; Xu, *et al.*, 2015; Licciardi, *et al.*, 2012; Zeng, *et al.*, 2014; Izadi and Saeedi, 2012）。图 4-12 展示了使用来自 ZY-3 DSM 的 B70 指数生成的建筑物高程与 ALS 数据提取的建筑物高程的散点图。图 4-12（a）显示了研究区域内所有的 3 170 栋建筑物，其提取结果较差，具有相对较低的 R^2（0.51）和较高的 RMSE（14.48 米）。然而，值得注意的是，图 4-12（b）去除了匹配点数量小于或等于 5 的 146 栋建筑物，此时模型的 R^2（0.86）小于 B70 点云提取结果（R^2 = 0.91），RMSE（7.13 m）高于 B70 点云提取结果（RMSE =5.59 m）。这说明直接从光学点云提取建筑物高程的优点，包括：（1）识别匹配点数量不足的建筑物；（2）提高建筑物高程提取的准确性。

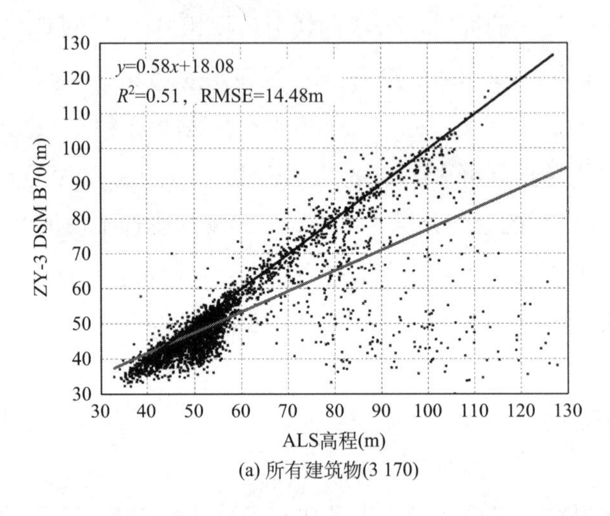

(a) 所有建筑物(3 170)

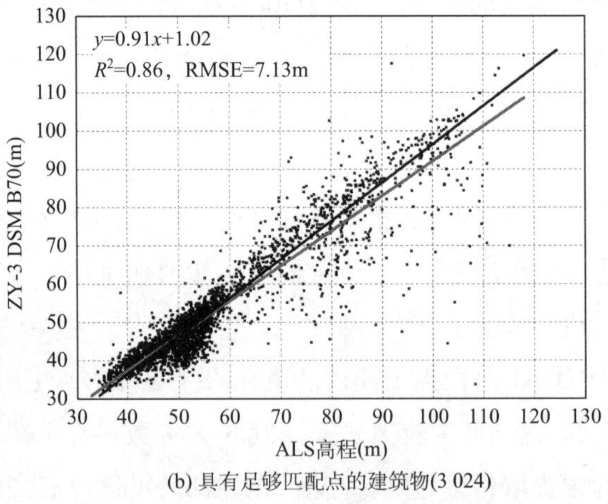

(b) 具有足够匹配点的建筑物(3 024)

图 4-12 ZY-3 DSM （B70 指数）和 ALS 数据提取的建筑物高程间差异

4.5.3 模型不足和未来研究方向

本章生成的光学多视角融合点云对于高层建筑物来说表现欠佳（图 4-13）。如图 4-13 所示，随着建筑物高程的增加，点云的 RMSE 和密度分别迅速增加和减少。这是由于高层建筑物具有较大视差，使得立体像对中的点云匹配困难，增加了错配率。这与前人的研究结果一致（Eckert and Hollands, 2010; Wang, *et al.*, 2018）。然而，本章的多视角融合点云生成的建筑物高度模型能有效地提取 95.30%的建筑物高程并且具有较高的 R^2（0.91）和较低的 RMSE（5.59m）。

目前，机载激光雷达和航空摄影测量点云数据广泛用于城市 3D 建模。本章提出了一个从高分辨率（2～6 米）星载点云提取城市 DSM 的研究框架，并产生较高精度的建筑物高程。本章的研究为具有复杂下垫面的城市场景中高分辨率（2～6 米）城市卫星影像的应用提供了新的方法和理论。由于光学点云不能非常准确地描述高层建筑物，因此未来的研究应侧重于将多源点云集成从而生成高精度的城市 DSM。

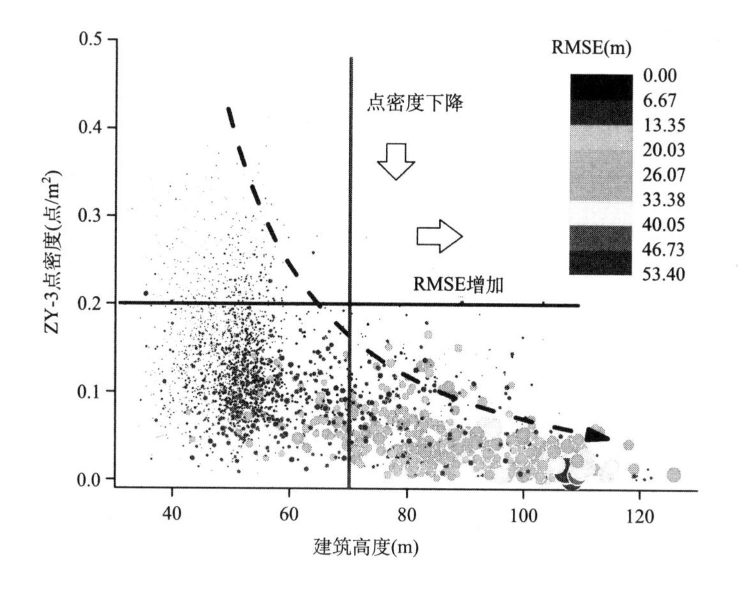

图 4-13 建筑物高程与 ZY-3 点云密度间的关系

4.6 本章小结

在本章中，利用 ZY-3 同轨和异轨模式提取多视角点云，然后集成多视点云以生成高密度城市点云数据。此外，ZY-3 多光谱图像用于改善提升城市 DSM 的性能。在估算的建筑物高程模型中，结果表明 B70 指数在城市建筑物高程模型中估算结果的表现最佳。最后，提出了一个从高分辨率（2～6 米）卫星立体图像中提取城市 DSM 的研究框架。主要结果如下：

（1）在生成城市 DSM 的过程中，ZY-3 异轨立体像对表现对优于同轨模式。这是因为它们具有较小的基高比和相对较高的空间分辨率。在城市环境下，基于对立体像对视差决定因素的分析中，得出城市 DSM 生成的立体像对应具有相对较小的基高比和较高分辨率的结论。

（2）ZY-3 卫星多视角融合点云可用于有效提取城市建筑物高程。估计建筑物模型的准确性较高，其中，$R^2 = 0.91$，RMSE = 5.59 米。该模型分别在 3 170 栋建筑物的小规模测试和 1 510 606 栋建筑物的大规模试验中有效地重建了 95.39%和 95.25%的建筑物高程。此外，随着融合点云数量的增加，有效识别的建筑物数量和模型的 R^2 逐渐增加，RMSE 逐渐减少。

（3）本章提出的多视角光学影像生成城市 DSM 的方法可以很好地表征城市建筑物的高度，有效地提高城市 DSM 性能。在未来，高分辨率（2～6 米）卫星多视角光学点云数据可能会是遥感反演所需的城市 3D 建模的重要数据源。

参考文献

Benz, U. C., P. Hofmann and G. Willhauck *et al.*, 2004. Multiresolution object oriented fuzzy analysis of remote sensing data for GIS information. *ISPRS Journal of Photogrammetry and Remote Sensing*, 58(3～4).

Breiman, L., 2001. *Random Forests*, Machine Learning.

Eckert, S., T. Hollands, 2010. Comparison of automatic DSM generation modules by processing IKONOS stereo data of an urban area. *IEEE Journal of Selected Topics in Applied Earth Observations and Remote Sensing*, 3(2).

Fraser, C. S., H. B. Hanley, 2005. Bias-compensated RPCs for sensor orientation of high-resolution satellite imagery. *Photogrammetric Engineering and Remote Sensing*, 71(8).

Hexagon Geospatial, 2018. ERDAS IMAGINE Help. Available online: https://www.hexagongeospatial.com/products/power-portfolio/imagine-photogrammetry (accessed on 1 April 2018).

Hirschmuller, H., 2007. Stereo processing by semiglobal matching and mutual information. *IEEE Transactions on Pattern Analysis and Machine Intelligence*, 30(2).

Izadi, M., P. Saeedi, 2012. Three-dimensional polygonal building model estimation from single satellite images. *IEEE Transactions on Geoscience and Remote Sensing*, 50(6).

Licciardi, G. A., A. Villa and M. D. Mura *et al.*, 2012. Retrieval of the height of buildings from worldview-2 multi-angular imagery using attribute filters and geometric invariant moments. *IEEE Journal of Selected Topics in Applied Earth Observations and Remote Sensing*, 5(1).

Wang, W., Y. Xu, E. Ng *et al.*, 2018. Evaluation of satellite-derived building height extraction by CFD simulations: a case study of neighborhood-scale ventilation in Hong Kong. *Landscape and Urban Planning*, 170.

Wang, Y, A. Hashem, 2014. Effect of sky view factor on outdoor temperature and comfort in Montreal. *Environmental Engineering Science*, 31(6).

5　天空视域因子参数化

5.1　实 验 数 据

5.1.1　ZY-3 增强型数字表面模型

本章使用的 ZY3-eDSM 是通过上一章融合多视角 ZY-3 立体像对点云以及多光谱数据拟合的增强型数字表面模型（enhanced Digital Surface Model, eDSM），其中，该模型对建筑物的评估精度决定系数（R^2）达到 0.91，建筑物高度的 RMSE 为 5.59m，满足城市大面积 SVF 的提取精度。图 5-1 展示了北京市局部的 ZY-3-eDSM 空间分布图。

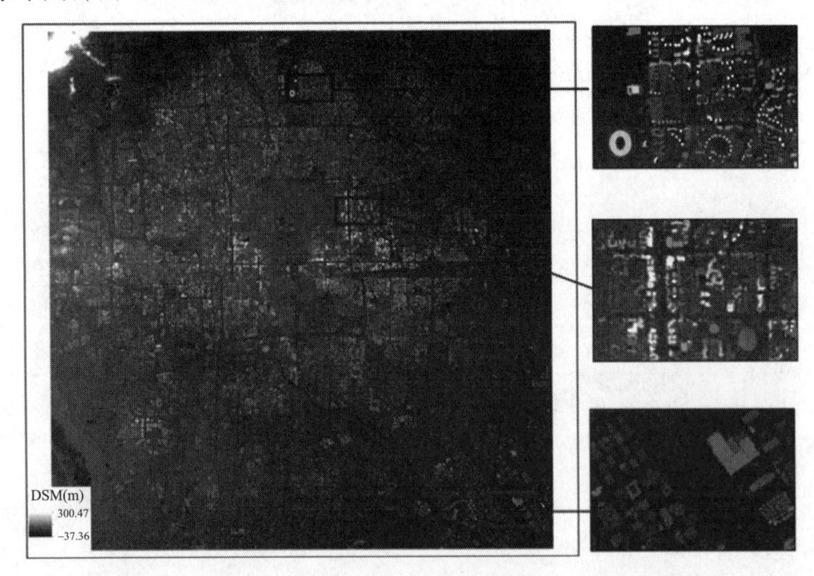

图 5-1　北京市局部的 ZY3-eDSM 空间分布

5.1.2 激光雷达数字地表模型

研究搜集了北京市奥林匹克公园周边地区的机载 LiDAR 数据，该数据通过搭载于 Yun-5 飞机上的 Leica ALS 60 System，于 2016 年 5 月 20 日获取。数据空间分辨率为 0.5m，投影方式为通用横轴墨卡托（Universal Transverse Mercartor，UTM），坐标系为 WGS-84 UTM-50N。点云的密度大约为 2～4 点数量/m^2。首先对点云数据进行预处理，后对数据进行分割、滤波和分类。根据滤波、分类获得的地面点按照一定的内插方法生成高分辨率的 DSM 数据（0.5m）。生成的 DSM 与地面 50 个控制点 x, y, z 坐标对比，水平误差小于 1 个像素（0.5m），高度误差小于 0.15m。LiDAR-DSM 数据是用来评估 ZY3-eDSM 反演 SVF 的表现。

5.1.3 鱼眼相片

本研究选取 48 个采样点，对采样点的鱼眼相片数据进行收集。采样点平均分布。为保证数据收集的准确性，使相机能够充分收集地面的数据，在实际采样时将相机放置于冠层底部，垂直地面朝向天空拍摄。相机采用尼康 D610 全幅相机。该相机有效像素 2426 万，最高分辨率可达 6016×4016。镜头使用适马（SIGMA）8mm F3.5 EX DG FISHEYE 定焦鱼眼镜头。该镜头焦距范围 8mm，视角范围可达 180°。为了全面收集采样点的 SVF 数据，在不同建筑物密度、建筑物形态的区域都进行采集。图 5-2 为一些典型采样点的鱼眼相片。其中（a）位于居民区；（b）位于路口；（c）位于操场。可以看出，在居民区建筑物密度较高，路口建筑物密度较低。不同操场附近的建筑物密度差别较大。

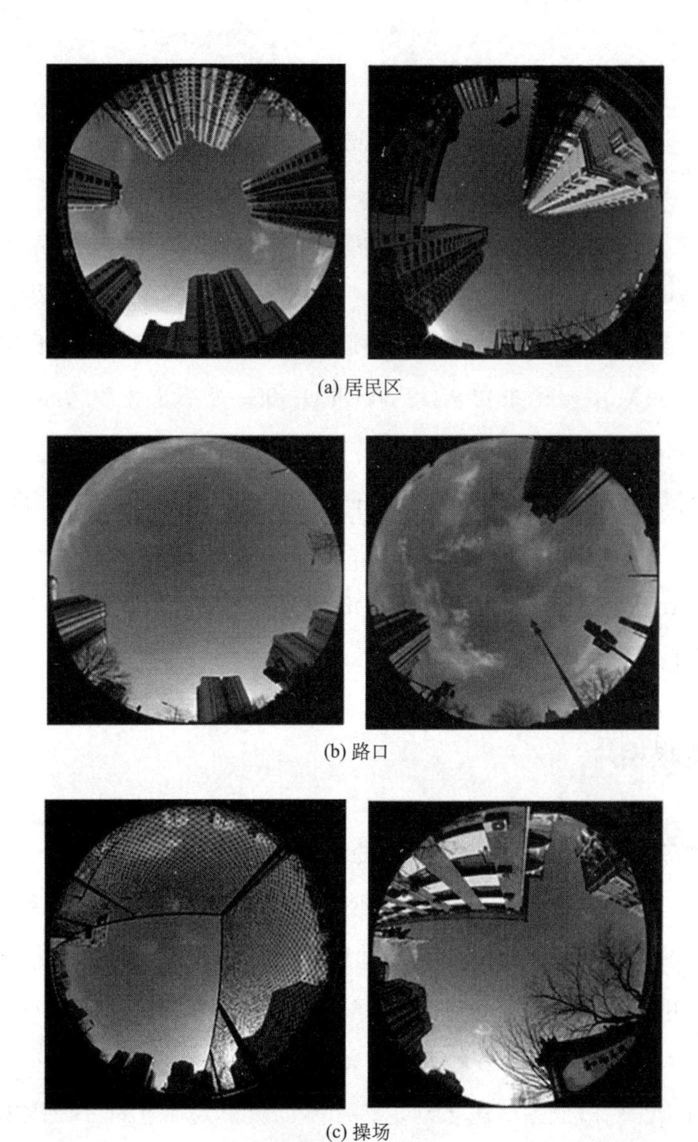

(a) 居民区

(b) 路口

(c) 操场

图 5-2 典型采样点鱼眼相片

5.2 实验区概述

实验区位于北京市奥林匹克公园周边地区，长、宽约 5km 的范围内。实验区地处中纬度地区，高程范围为21～55米，平均高程为34米。实验区内建筑物高度、密度、建筑物形态多样化。既有北辰集团等建筑物密度高、形态多样的区域，也有奥林匹克公园等低建筑物密度区。

5.3 实验方法

5.3.1 方法概述

本章采用站点尺度的鱼眼相片法以及区域尺度的基于 DSM 法两种不同的方法进行城市复杂下垫面的 SVF 参数化。

在区域尺度的计算中，首先，采用相同的搜索半径与搜索方向，生成了 LiDAR-SVF 以及 ZY3-SVF，利用皮尔森（Pearson）相关系数，标准误差等精度评估两套数据之间的偏差，进而评估 ZY3-DSM 精度误差对 SVF 反演结果的精度影响；其次，在站点尺度的计算中，首先确定鱼眼相片的范围，后通过计算天空权重图像以及划分天空与非天空来提取采样点的 SVF。在“站点—区域”不同尺度的比较分析过程中，综合三套不同来源的数据鱼眼相片 SVF、LiDAR-SVF、ZY3-SVF，建立不同尺度之间相互联系。站点尺度为区域尺度提供方法验证和参数优化等支持。不同尺度的对比、方法验证和参数化方案的优化，有效地提高了 SVF 的反演精度（图 5-3）。

5.3.2 基于数字表面模型的天空视域因子参数化

利用 DSM 获取 SVF，是通过引入立体角来计算 SVF。如果在 DSM 上选取一个观测点，那么立体角定义为：以观测点为球心，构造一个单位球面，任意物体投影到该单位球面上的投影面积，即为该物体相对于该观测点的立体角。立体角是单位球面上的一块面积，这和“平面角是单位圆上的一段弧长”类似。

立体角（如图 5-4 所示）的计算公式为：

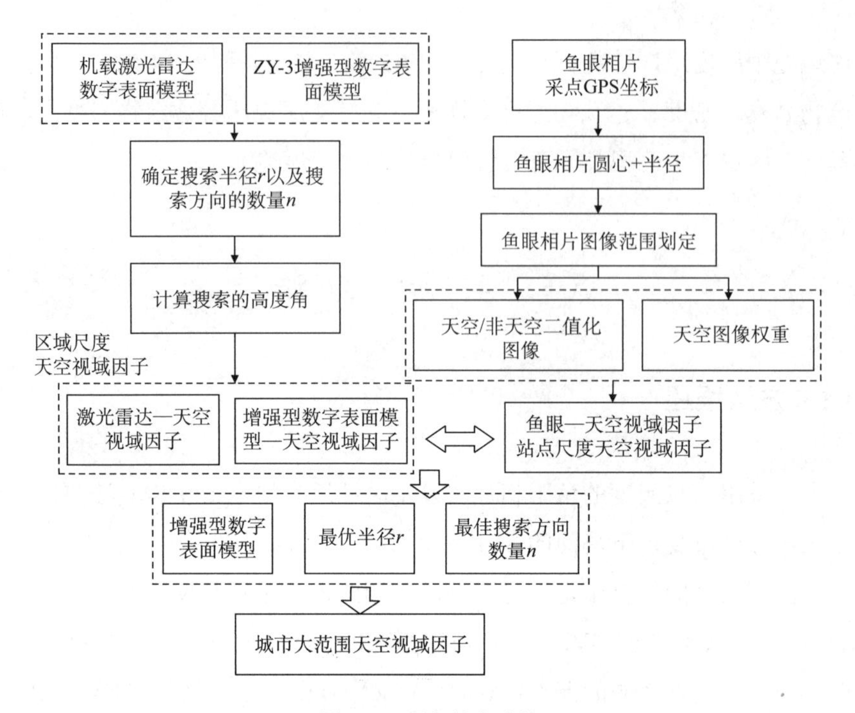

图 5-3　研究技术路线

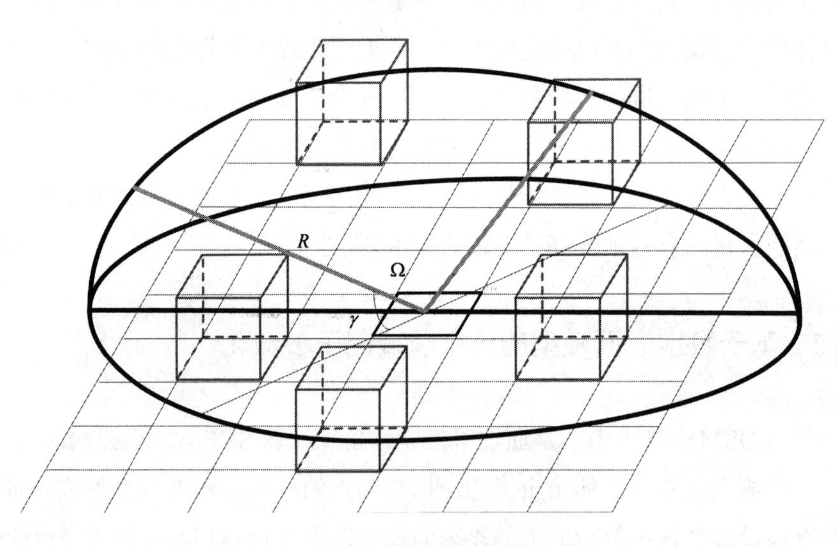

图 5-4　立体角示意图

$$\Omega = \iint_{s} \cos\theta \mathrm{d}\theta \mathrm{d}\lambda \qquad \text{（式 5-1）}$$

式中：θ为地物高度角，λ 为地物方位角，s为半球曲面。假定在短距离（10km 范围内）内的地球曲率影响可以忽略不计。根据定义，整个半球的立体角为：

$$\Omega=\int_0^{2\pi}\int_0^{\frac{\pi}{2}}\cos\phi \mathrm{d}\phi \mathrm{d}\lambda=2\pi \tag{式 5-2}$$

式中：ϕ为地物在半球中的水平角，λ为地物在半球中的高度角。假设在水平面以上，天空可视范围受到建筑物等的遮挡，观测点在所有方向上的地物都具有相同的高度角，则立体角为：

$$\Omega=\int_0^{2\pi}\int_\gamma^{\frac{\pi}{2}}\cos\phi \mathrm{d}\phi \mathrm{d}\lambda=2\pi\left(1-\sin\gamma\right) \tag{式 5-3}$$

式中：γ为地物的高度角。由于实际观测点在各个方向的地物高度角不同，将半球在水平方向分成若干个大小相等的区域，生成不同的搜索方向。式（5-3）中的立体角可以通过选定搜索方向的高度角从而有效地计算，计算公式为：

$$\Omega=\sum_{i=1}^{n}\int_\gamma^{\frac{\pi}{2}}\cos\phi \mathrm{d}\phi=2\pi\left[1-\frac{\sum_{i=1}^{n}\sin\gamma_i}{n}\right] \tag{式 5-4}$$

式中：n 为搜索方向的数量，γ_i为不同地物的高度角，可以根据地物与观测点的水平距离和地物与地平线之间的高度差来计算。所以观测点的 SVF 计算公式如下：

$$\mathrm{SVF}=1-\frac{\sum_{i=1}^{n}\sin\gamma_i}{n} \tag{式 5-5}$$

影响 SVF 大小的主要因子是搜索方向与最大搜索半径。为寻找反演城市复杂下垫面 SVF 的最适宜尺度，分别选择 20、40、60、80、100 个像素大小的搜索半径，搜索方向数量选择为 8、16、32，从而进行 SVF 的计算。

5.3.3 基于鱼眼相片的天空视域因子参数化

利用霍尔默（Holmer *et al.*, 1992, 2001）提出的基于像素法提取 SVF。该

方法利用拍摄观察点的鱼眼相片计算该点的 SVF。

鱼眼相片中使用行与列的二次像素，首先需要通过在相片上的三个点（c_i, r_i）位置（其中，c_i 为第 i 个点的列号，r_i 为第 i 个点的行号）来确定鱼眼相片的圆心与半径，计算公式如下：

$$(c_i - c_0)^2 + (r_i - r_0)^2 = R^2 \quad \text{（式 5-6）}$$

式中，（c_0, r_0）为圆心坐标，R 为圆的半径。考虑不同地物投影在平面上的大小取决于与天顶角的距离。不同位置的像素权重不同。然后需要确定天空视图权重图像。将整个圆分解为 n 个圆环，每个像素权重公式可以表示为：

$$\Psi_{c,r} = \frac{1}{2\pi i}\sin\left(\frac{\pi}{2n}\right)\sin\left(\frac{\pi(2i-1)}{2n}\right) \quad \text{（式 5-7）}$$

式中，（c, r）为像素在图像上的坐标，R 为圆的半径，i取值为 1～R。为划定鱼眼相片范围，鱼眼相片圈以外的区域需要掩膜。鱼眼相机拍摄的是彩色图像，每个像素均包含 24 位编码的 RGB 值，其中红色通道、绿色通道和蓝色通道各占 8 位编码，取值为 0～255。将 RGB 值按照公式转换为 8 位编码，取值为 0～255。每个像素的像素值表示为：

$$V = B + (G \times 6) + (R \times 36) \quad \text{（式 5-8）}$$

式中 B、G、R 分别为该像素蓝色通道、绿色通道以及红色通道的编码。根据转换后的编码值 V，进一步将图像划分为天空部分与非天空部分（即有物体遮挡的部分），可以通过研究像素的频率分布以及人工选择阈值来划分。在得到的结果图像中，将天空部分的像素赋值为 1，非天空部分的像素赋值为 0（图 5-5）。最后将得到的划分结果图像与天空视图权重图像相乘，将所有像素的乘积相加即为该点的 SVF。

5.3.4 参数优化

本章利用 ZY3-eDSM 提取城市大面积天空视域因子精度控制方案包括与机载 LiDAR 数据提取的 SVF 进行对比以及与外业鱼眼相片提取的站点尺度 SVF 进行对比。精度对比中主要用到以下指标：

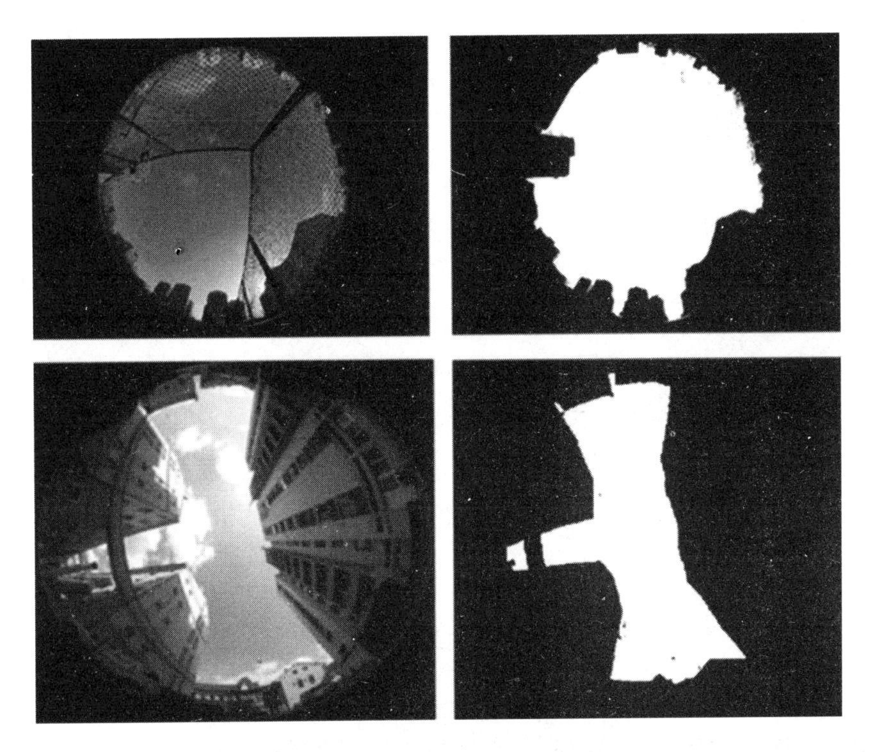

图 5-5 鱼眼相片二值化过程

（1）Pearson 相关系数，其计算公式如下：

$$R=\frac{n\sum_{i=1}^{n}\mathrm{SVF}_i\overline{\mathrm{SVF}_i}-\sum_{i=1}^{n}\mathrm{SVF}_i\sum_{i=1}^{n}\overline{\mathrm{SVF}_i}}{\sqrt{n\sum_{i=1}^{n}\mathrm{SVF}_i^2-(\sum_{i=1}^{n}\mathrm{SVF}_i)^2}\sqrt{n\sum_{i=1}^{n}\overline{\mathrm{SVF}_i}^2-(\sum_{i=1}^{n}\overline{\mathrm{SVF}_i})^2}} \quad （式 5-9）$$

（2）均方根误差（Root Meam Square Error, RMSE），其计算公式如下：

$$\mathrm{RMSE}=\sqrt{\frac{1}{n}\sum_{i=1}^{n}(\mathrm{SVF}_i-\overline{\mathrm{SVF}_i})^2} \quad （式 5-10）$$

（3）平均绝对误差（Mean Absolute Error, MAE），其计算公式如下：

$$\mathrm{MAE}=\frac{1}{n}\sum_{i=1}^{n}\left|\mathrm{SVF}_i-\overline{\mathrm{SVF}_i}\right| \quad （式 5-11）$$

（4）相对平均偏差（Relative Mean Deviation，RMD），其计算公式如下：

$$\mathrm{RMD}=\frac{1}{n}\sum_{i=1}^{n}\left|\frac{\overline{\mathrm{SVF}_i}}{\mathrm{SVF}_i}\right| \qquad \text{（式 5-12）}$$

式中，R、RMSE、MAE、RMD 分别为 Pearson 相关系数、均方根误差、平均绝对误差以及相对平均偏差。SVF_i 为 ZY3-eDSM 提取的 SVF，$\overline{\mathrm{SVF}_i}$ 为 LiDAR 提取的 SVF 或者鱼眼相片提取的 SVF。n 为样本的总体数量。

此外，为了准确评估 ZY3-eDSM 与 LiDAR-DSM 偏差导致的 SVF 评估不确定性，引入了三个指标，uEE，bEE，lEE；用来考察 ZY3-SVF 与 LiDAR-SVF 偏离 $y=x$ 标准线的程度。其中，uEE 表示 ZY3-SVF（y 轴）与 LiDAR-SVF（x 轴）散点图高于 $y=2x$ 线时点所占比重；bEE 表示散点图处于 $y=0.5x$ 线与 $y=2x$ 线之间的散点所占比重；lEE 表示散点图低于 $y=0.5x$ 的散点所占比重。

5.4 实验结果

5.4.1 基于数字表面模型的天空视域因子空间参数化

图 5-6 展示了利用 LiDAR-DSM 以及 ZY3-eDSM 生成的城市天空视域因子。该图展示的是利用搜索半径为 80 像素以及搜索方向为 32 生成的 SVF。因为通过对比外业鱼眼相机提取的 SVF 可知，当搜索半径为 80 像素以及搜索方向为 32 时利用 DSM 反演的 SVF 精度最好。从图 5-6 中可以看出，ZY3-DSM 与 LiDAR-DSM 反演的 SVF 在空间上表现出了较好一致性。

图 5-7 展示了 ZY3-SVF 与 LiDAR-SVF 之间的散点图。从图中可以看出，ZY3-SVF 反演的 SVF 相比于 LiDAR-SVF 反演的 SVF 精度较高。其中 R=0.58；RMSE=0.15；MAE=0.09；RMD=1.06；处于 $y=0.5x$ 线与 $y=2x$ 线之间的散点所占比重为 97.50%，低于 $y=0.5x$ 线的散点所占比重为 1.29%；高于 $y=2x$ 线的散点所占比重为 1.20%。

利用上一章提取的北京市主城市 ZY3-eDSM 以及搜索半径为 80 像素，搜索方向为 32，提取了实验区的 SVF（图 5-8）。从图 5-8 中，可以看出，城市的建筑物形态主导了城市的 SVF 分布，并且由于 ZY3-eDSM 在建筑物区的精度较高，模型对整个建筑物区的 SVF 表征较好。

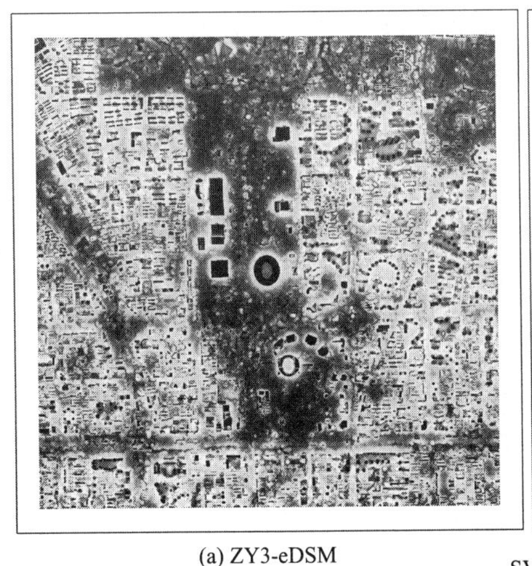

(a) ZY3-eDSM

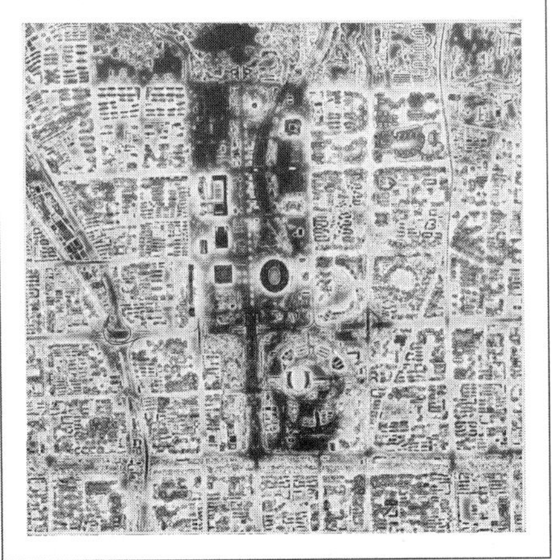

(b) LiDAR-DSM

SVF

1.00 0.02

图 5-6 不同数据源 SVF 参数化结果

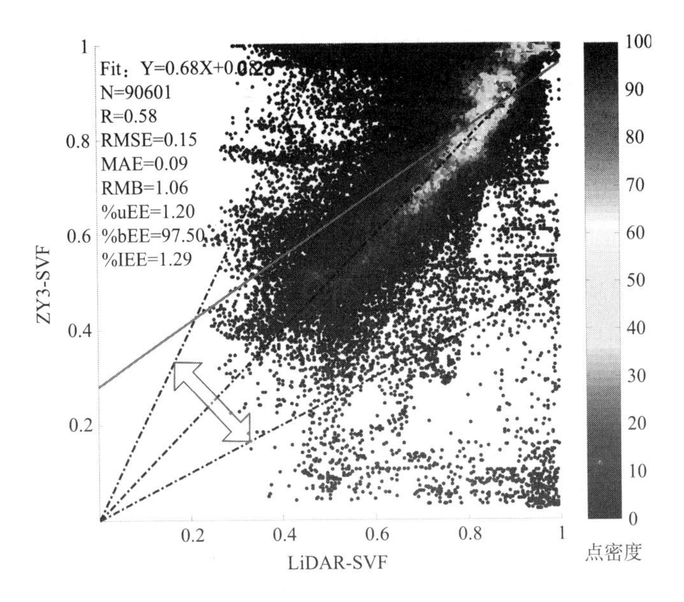

图 5-7 ZY3-SVF 与 LiDAR-SVF 散点图

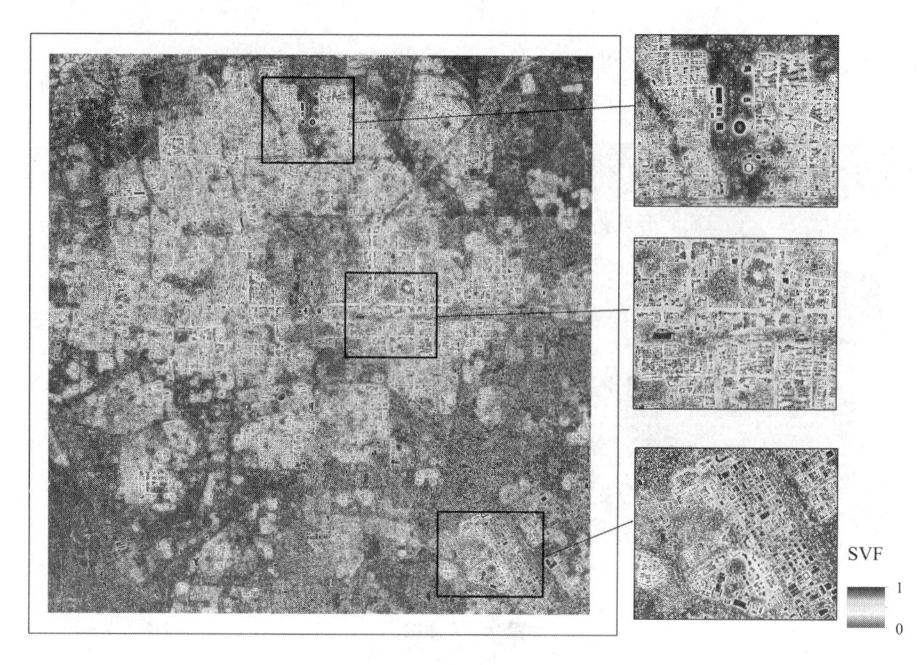

图 5-8　实验区天空视域因子参数化结果

5.4.2　基于鱼眼相片法的天空视域因子空间参数化

表 5-1 展示了外业 48 个采样点的 SVF 计算结果。从表 5-1 中可以很清楚地看到，不同建筑物密度的区域SVF表现出较大的差异。最高的SVF为0.969，位于空地区域。最低的 SVF 为 0.427，位于居民区。在建筑物密度较高的居民区，SVF 相对较小，平均 SVF 为 0.594。空地、路口、操场的建筑物密度较低，SVF 相对较大，平均 SVF 分别为 0.911、0.887、0.803。

表 5-1　采样点的 SVF 计算结果

拍摄位置	点数	SVF 范围	平均 SVF
空地	10	0.789～0.969	0.911
居民区	13	0.427～0.788	0.594
路口	17	0.725～0.944	0.887
操场	8	0.63～0.926	0.803

5.4.3 不同尺度精度对比

图 5-9（a）展示了外业 48 个采集点鱼眼相机提取的 SVF 以及对应的 ZY3-eDSM 提取的 SVF 趋势分析。从图 5-9（a）中可以看出，两者提取的 SVF 表现出了较高的一致性。图 5-9（b）展示了两者的散点图。图 5-9（b）中横坐标为 Fisheye-SVF，纵坐标为 ZY3-SVF，两者皮尔森相关系数为 0.67；RMSE 为 0.68；线性拟合关系式为：$y = 0.72x+0.16$。与外业鱼眼相机提取的 SVF 对比，ZY3-eDSM 表现出较高 SVF 反演精度。

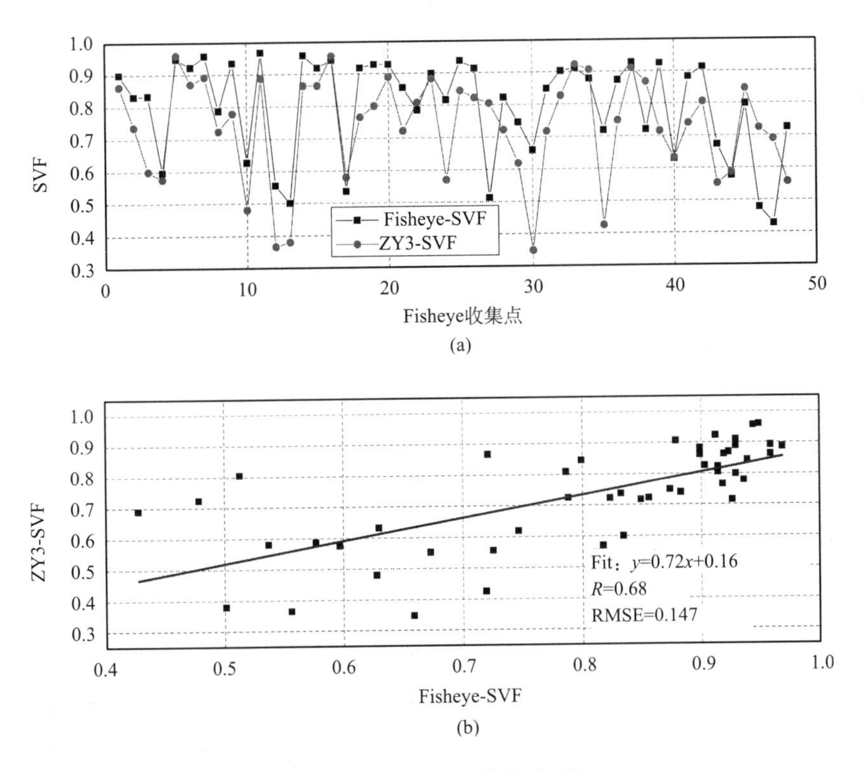

图 5-9 ZY3-eDSM 的精度对比

5.5 模型分析

5.5.1 不同搜索方向分析

从 5.3.2 节基于 DSM 的城市下垫面 SVF 参数化反演方法中可以知道，DSM 反演的 SVF 精度很大程度上取决于模型的搜索方向以及搜索半径。那么，就有必要利用外业鱼眼相片提取的 SVF 来优化 ZY3-eDSM 反演的 SVF 精度。图 5-10 （a）、（b）、（c）分别为 ZY3-SVF 与 Fisheye-SVF 在搜索方向为 16、8、32 时两者的散点图。从中可以很清晰地看到，搜索方向为 32 时，两者皮尔森相关系数最高为 0.67，拟合方程为 $y=0.71x+0.18$。同时，需要指出的是，对比（a）和（b）可以发现：搜索方向为 16 和 32 时候模型精度差别不大。也就是说，搜索半径为 32 时，模型精度较为稳定，此时搜索方向的增加并不能够有效提升模型的精度。因而本章选择搜索半径为 32。

图 5-10 （d）和（e）分别为搜索方向为 16 与搜索方向为 8 时的 ZY3-SVF 散点图以及搜索方向为 32 与搜索方向为 8 时的 ZY3-SVF 散点图。从（c）和（d）中可以看出，搜索方向的改变对 SVF 低值区域的影响更大，并且随着搜索方向的增多，SVF 低值区域的 SVF 减小得更加明显。

5.5.2 不同搜索半径分析

图 5-11 展示了不同搜索半径 ZY3-SVF 的结果散点图，其中，（a）是搜索半径为 40 像素与搜索半径为 20 像素的 ZY3-SVF 散点图；（b）是搜索半径为 60 像素与搜索半径为 20 像素的 ZY3-SVF 散点图；（c）是搜索半径为 80 像素与搜索半径为 20 像素的 ZY3-SVF 散点图；（d）是搜索半径为 100 像素与搜索半径为 20 像素的 ZY3-SVF 散点图。从（a）、（b）、（c）、（d）中可以看出，模型搜索半径的改变对 SVF 高值区域的影响更大，并且随着搜索半径的增大，SVF 高值区域的 SVF 减小得更加明显。

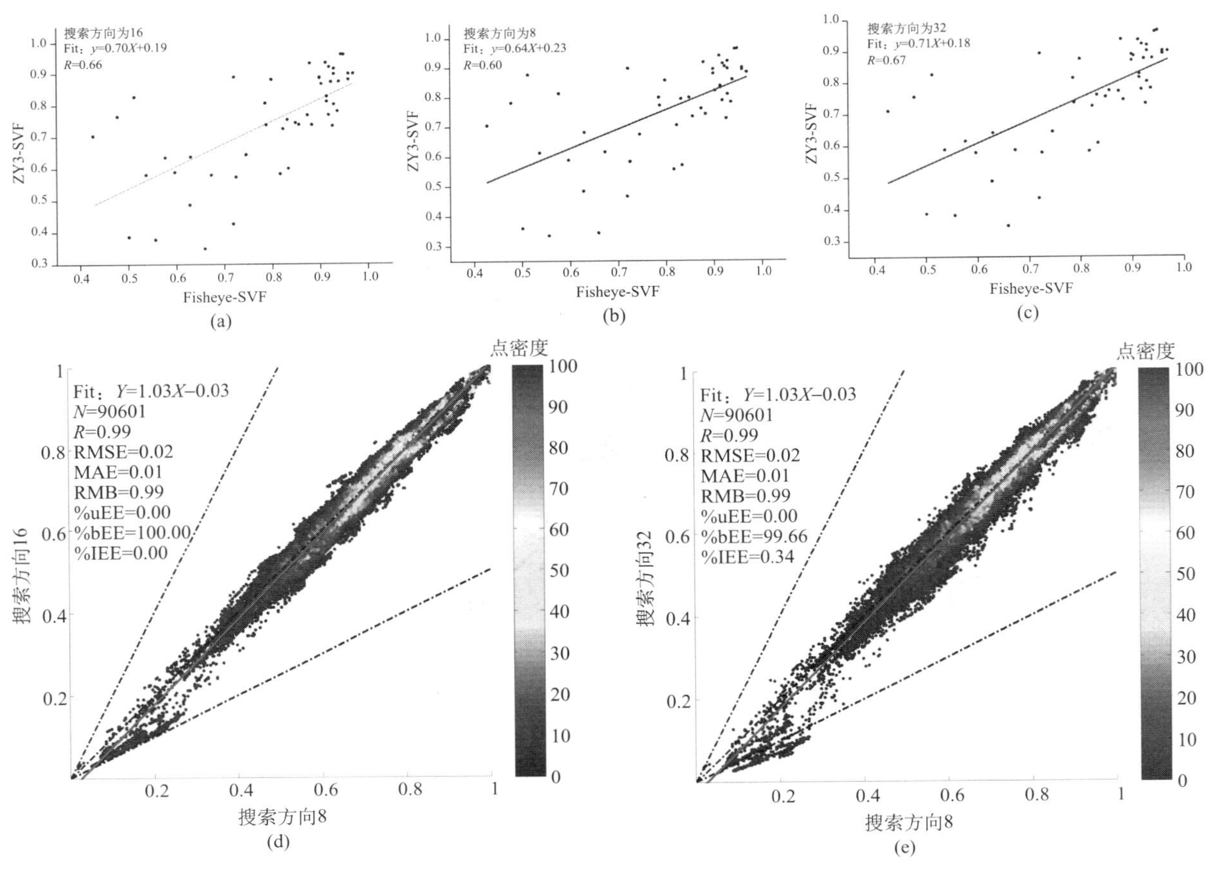

图 5-10 不同搜索方向对 SVF 提取精度的影响（搜索半径为 50 像素）

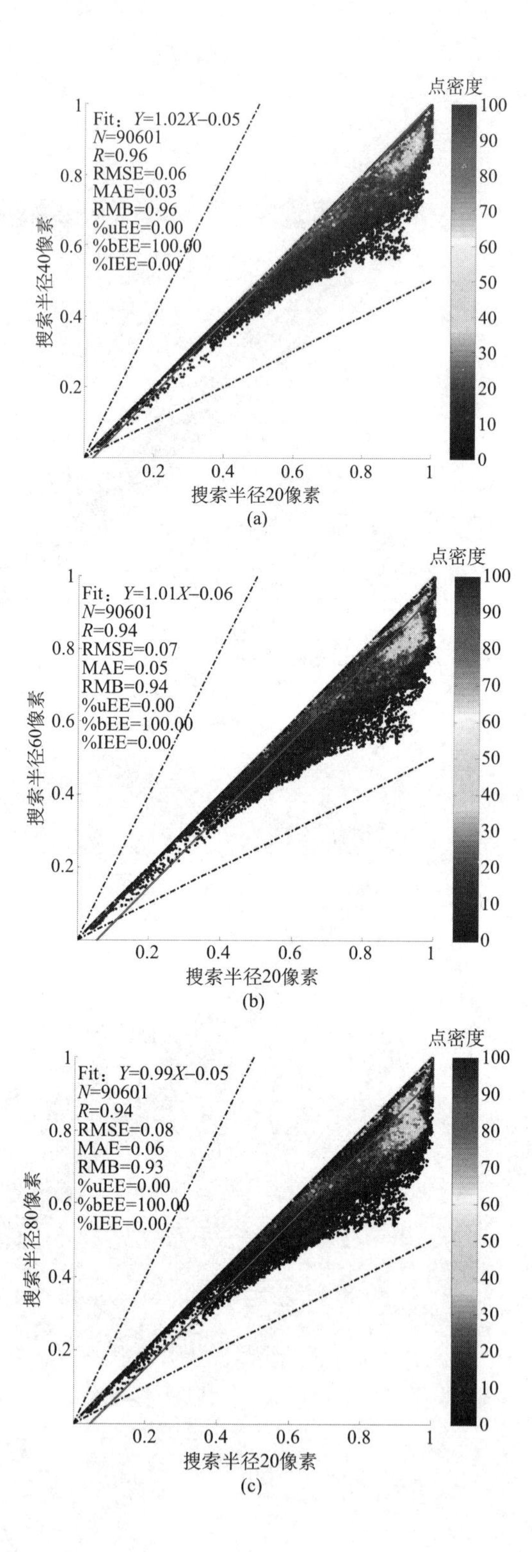
点密度
Fit：Y=1.02X−0.05
N=90601
R=0.96
RMSE=0.06
MAE=0.03
RMB=0.96
%uEE=0.00
%bEE=100.00
%lEE=0.00
搜索半径40像素
搜索半径20像素
(a)
点密度
Fit：Y=1.01X−0.06
N=90601
R=0.94
RMSE=0.07
MAE=0.05
RMB=0.94
%uEE=0.00
%bEE=100.00
%lEE=0.00
搜索半径60像素
搜索半径20像素
(b)
点密度
Fit：Y=0.99X−0.05
N=90601
R=0.94
RMSE=0.08
MAE=0.06
RMB=0.93
%uEE=0.00
%bEE=100.00
%lEE=0.00
搜索半径80像素
搜索半径20像素
(c)

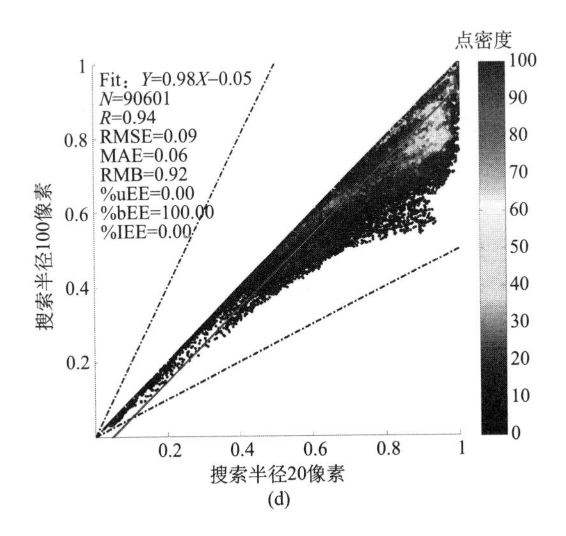

(d)

图 5-11　不同搜索半径 ZY3-SVF 的结果散点图

图 5-12 展示了不同搜索半径下 ZY3-SVF 与 Fisheye-SVF 的散点图对比。其中，（a）、（b）、（c）、（d）、（e）的搜索半径分别为 20 像素、40 像素、60 像素、80 像素和 100 像素。从图 5-12 中可以看出，搜索半径为 80 像素时候，ZY3-SVF 与 Fisheye-SVF 表现出了较好的一致性。并且搜索半径达到 60 像素时，模型的精度较为稳定，且精度提升幅度不大。综上，本章 ZY3-SVF 反演模型的搜索方向选择 32，搜索半径选择 80 像素。

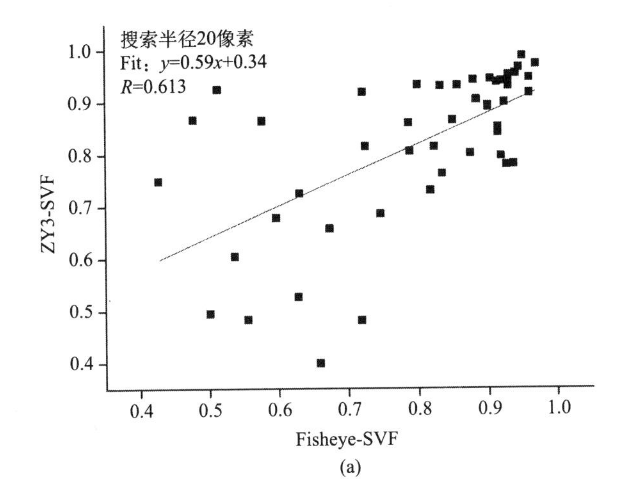

(a)

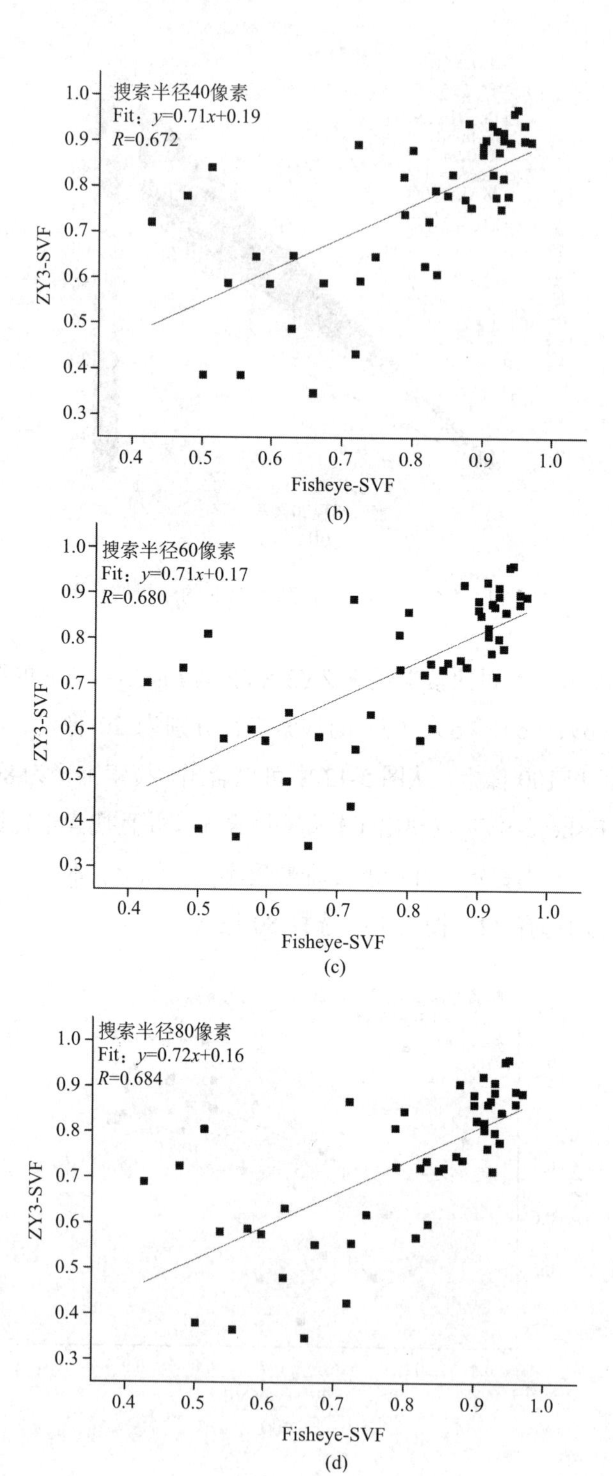
搜索半径40像素
Fit：y=0.71x+0.19
R=0.672
ZY3-SVF
Fisheye-SVF
搜索半径60像素
Fit：y=0.71x+0.17
R=0.680
ZY3-SVF
Fisheye-SVF
搜索半径80像素
Fit：y=0.72x+0.16
R=0.684
ZY3-SVF
Fisheye-SVF

(b)

(c)

(d)

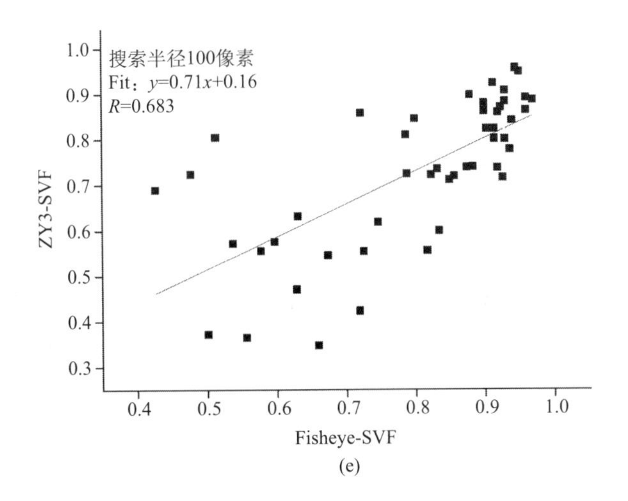

(e)

图 5-12 不同搜索半径下 ZY3-SVF 与 Fisheye-SVF 散点图对比

5.6 本章小结

本章利用上一章节的ZY3-eDSM数据计算大面积城市地区复杂下垫面的SVF，提出了一种通过高分辨率星载遥感影像提取城市 SVF 的方法，集成LiDAR-SVF、鱼眼相片 SVF，以及 ZY3-SVF 三套不同精度的 SVF 结果，以北京市奥林匹克公园周边地区为例，对 ZY3-DSM 反演的 SVF 结果在不同搜索方向、不同搜索半径下进行了反演精度分析，并对 DSM 提取城市 SVF 进行参数化方案的优化，最终生成了精度较好的城市大面积 ZY3-SVF。本章的研究结果表明利用 DSM 计算大范围城市下垫面 SVF 的方法具有一定的可行性。得到的主要结论如下：

（1）利用 ZY3-eDSM 数据反演的城市 SVF 值与机载 LiDAR-DSM 反演的 SVF 值相比，整体精度较好。其中，R=0.58；RMSE=0.15；MAE=0.09；RMD=1.06；处于 y=0.5x 线与 y=2x 线之间的散点所占比重为 97.50%，低于 y=0.5x 线的散点所占比重为 1.29%；高于 y=2x 线的散点所占比重为 1.20%；

（2）利用 ZY3-eDSM 数据反演的城市 SVF 值与鱼眼相片提取的 SVF 值

相比同样达到较高的精度。其中，R 为 0.67；RMSE 为 0.68；线性拟合关系式为：$y = 0.72x+0.16$。

（3）ZY3-eDSM 反演城市 SVF 模型精度受搜索半径大小、搜索方向的影响。模型搜索方向的改变对 SVF 低值区域的影响更大，并且随着搜索方向的增多，SVF 低值区域的 SVF 减小得更加明显；模型搜索半径的改变对 SVF 高值区域的影响更大，并且随着搜索半径的增大，SVF 高值区域的 SVF 减小得更加明显。当搜索方向为 32、搜索半径为 80 个像素时，模型的精度达到最优。

参考文献

Holmer, B., 1992. A simple operative method for determination of sky view factors in complex urban canyons from fisheye photographs, *Meteorol* Z.

Holmer, B., U. Postgard, and M. Eriksson, 2001. Sky view factors in forest canopies calculated with idrisi. *Theoretical and Applied Climatology*, 68(1～2).

6　建筑物三维信息监测

6.1　概　　述

城市化导致下垫面土地覆盖状况发生了较大变化。原有的自然地表覆盖被密集的建筑物和街道取代。城市建筑物的自动提取是进行建筑物建模、城市规划、灾害评估、地理信息系统数据库更新的前提和基础（Tomljenovic *et al.*, 2015; Du *et al.*, 2017）。此外，建筑物的三维形态特征和景观格局显著影响着城市的局地气候（Kanda *et al.*, 2005a; Adolphe, 2001）和能量收支平衡（Yang *et al.*, 2015; Yu *et al.*, 2010）。因而，从不同尺度进行建筑物类型、三维形态参数以及景观格局的提取具有重要的价值。

随着遥感技术的发展，使用新的传感器和高级图像处理技术进行三维建筑物信息的自动提取逐渐成为学者关注的热点（Rottensteiner *et al.*, 2014）。完整的建筑物三维信息获取需要完成建筑物高度和 2D 标记信息获取。对于建筑物高度的获取按其数据源通常分为两类：激光雷达（LiDAR）数据（Murakami *et al.*, 1999; Hao *et al.*, 2015; Pang *et al.*, 2014）和高分辨率立体像对影像（Tian *et al.*, 2014; Tian *et al.*, 2013; Qin *et al.*, 2016; Bouziani *et al.*, 2010）。对于立体像对影像，城市区域的高程信息提取不可避免地受到人为和自然物体的照明差异、视角变化以及增加的光谱模糊度影响（Baltsavias, 1999）。LiDAR 遥感技术代表了在城市环境中对建筑物变化监测的突破。机载扫描得到的地面物体高程样本比传统摄影测量技术得到的准确、可靠和稠密。

对于建筑物的标记信息提取，建筑物高程信息的加入可以提升建筑物标记的精度。因为传统 2D 影像的分类方法不可避免地会由于阴影以及遮挡导致显著的误差，尤其是在密集高度发达的区域（Awrangjeb and Fraser, 2014; Qin *et al.*, 2016）。建筑物高程加入的研究从数据源来说可以分为：融合二三维信息以及纯三维信息。对于第一类研究，利用来源于影像的 2D 信息以及来源于 LiDAR 的 3D 信息，可以有效地提高建筑物的自动提取以及建筑物屋顶轮廓的提取精度（Zarea and Mohammadzadeh, 2016; Gerke and Xiao, 2014）。但是，基于融合二三维信息的方法会增加建筑物标注中错误传播的风险（Liu *et al.*, 2013）。原因有三：（1）配准是融合 LiDAR 数据和影像的前提，但是由于两个影像不同的特征导致进行两者自动配准的难度较大。有学者指出不同数据源融合配准精度优于 1 个像素，才能充分发掘融合的优势；（2）由于 LiDAR 数据与影像的空间分辨率通常不同，所以小的结构在影像上能够识别却不能反映在 LiDAR 影像上；（3）一个地区常常不能够同时获得 LiDAR 数据和影像。

因而，单独使用 LiDAR 数据进行建筑物影像的标记成为了一个选择。在相关的研究中，使用 LiDAR 数据进行建筑物的标记算法通常分为监督分类和非监督分类两种。监督分类的方法思路主要是收集训练样本以及机器学习算法。在相关的研究中，周亦谦（音译）和诺伊曼（Zhou and Neumann，2008）基于地物不同的建筑物属性和不平衡 SVF 方法；尼迈尔（Niemeyer *et al.*, 2014）结合随机森林算法以及条件随机域框架进行 LiDAR 点云的建筑物标记。对于非监督分类方法，孟雪莲等（Meng *et al.*, 2009）基于大小、形状、高度、建筑物结构以及首次和最后回波的差异等信息，使用分析方法移除非建筑物像素。杜守纪等（Du *et al.*, 2017）使用平坦度、法线方差以及灰度共生矩阵（Gray-level Co-occurrence Matrix, GLCM）纹理特征和图切算法完成建筑物的标记。整体上说，使用单一 LiDAR 的数据能够达到较为理想的建筑物标记精度并且能够有效避免 LiDAR 数据和影像的自动配准问题。因此，选择单一的 LiDAR 数据进行建筑物高程以及标记信息的提取是一种可行的技术方案。

此外，建筑物信息的提取不仅仅局限于建筑物标记信息和高度信息的获取。格网尺度的城市建筑物二三维形态参数以及街区尺度的城市建筑物景观格局指数对于政府管理规划部门同样重要（Huang *et al.*, 2017）。对于格网尺度的建筑物二三维形态参数，是进行城市地表能量平衡研究的重要参数。多项研究报告指出，建筑物的三维形态特征会影响行人层的水平风速（Kubota *et al.*, 2008），日光和太阳辐射的获取（Lam, 2000; Robinson *et al.*, 2006），建筑物的内部温度（Mills, 1997），地表热条件（Streutker, 2003），大气污染物的扩散（Qi *et al.*, 2018）以及地面沉降（Gong *et al.*, 2018）。

对于街区尺度的建筑物景观格局指数，大量的二维景观指标已经创建并应用于城市生态和景观规划（McGarigal and Marks, 1995; Forman and Godron, 1986; Sundell-Turner and Rodewald, 2008; Lausch *et al.*, 2015）。这些研究表明，利用定量的二维景观尺度来评价景观生态过程具有重要意义。但是，通过添加从激光雷达数据中提取的高程信息，可以进一步改进这些二维度量。垂直方向缺乏定量信息将导致对下垫面复杂、高度异质性高的城市地区景观格局的描述不准确或难以区分（Chen *et al.*, 2019；Liu *et al.*, 2017）。然而，大多数城市景观格局的研究都是基于二维视角的。因此，街区尺度的三维建筑物景观分析有待进一步研究。

基于上述分析，本章拟提出一套用于城市区域的多层次建筑物三维信息提取方法（Multi-scale Building 3D Information Extraction, MC3DB），并选择美国纽约市布鲁克林区北部为实验区。为了达到上述目标，本章的研究工作主要包括：（1）利用单一的 LiDAR 数据进行建筑物标记的多特征提取，并将其融合于一个最小能量的图切算法中完成对象级别的建筑物精准标记；（2）进行格网尺度的建筑物二三维形态参数提取并构建适用于城市街区尺度的建筑物三维景观指数；（3）设计面向对象、格网以及街区尺度的建筑物三维信息提取精度评估方法。

6.2 实验数据

收集了实验区 2017 年的 LiDAR 点云数据。该数据可用于进行建筑物轮廓的提取以及多层次建筑物二三维形态参量与景观指数提取。数据来自于纽约市信息技术和电信部，激光雷达数据是使用安装在赛斯纳 402C（Cessna 402C）或赛斯纳大篷车 208B（Cessna Caravan 208B）飞机上的 Leica ALS80 和 Riegl VQ-880-G 激光系统获取的。点云密度≥8.0 点/m^2，采集时间为 2017 年 5 月 3 日至 26 日。数据植被区域和非植被区域在 95%的置信区间上分别为 15.8cm 以及 6.4cm（NYCDTT, 2019）。此外，本章还收集了 2017 年实验区的高分辨率红、绿、蓝、近红外波段的正射影像作为建筑物轮廓提取结果验证的参考。

6.3 实验区概述

图 6-1 显示了本章的实验区，面积约 6.12 km^2，约有 8 000 栋建筑物，8 146 个税收单元（美国称为 Parcel），493 个街区。实验区 DSM 约为–23～384m。土地覆盖类型包括建筑物、植被、道路、裸土以及油罐等。实验区东边和北边是河流。实验区内部建筑物较为复杂，既有大型的中央商务区，也有住宅区。

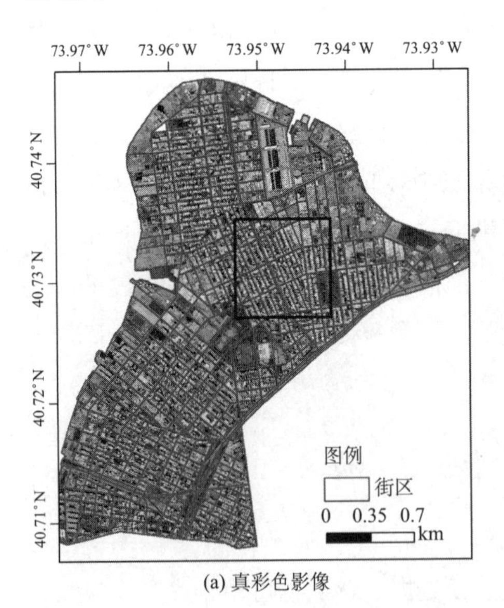

(a) 真彩色影像

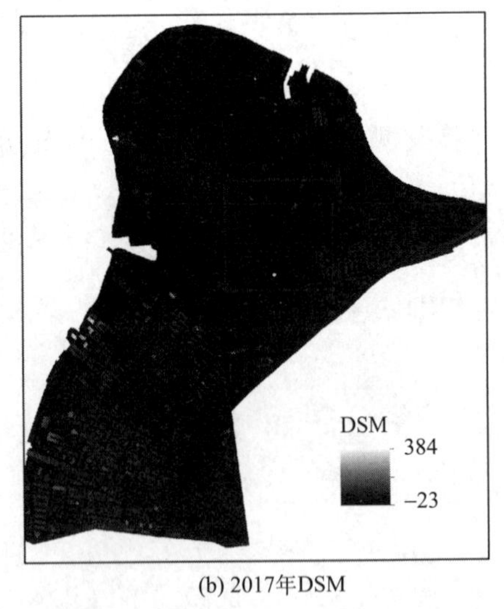

(b) 2017年DSM

(c) 真彩色影像局部放大

(d) 2017年DSM局部放大

图 6-1 实验区概况

6.4 实验方法

6.4.1 实验方法概述

图 6-2 显示了 MC3DB 方法的技术流程图，主要包括五个关键步骤：（1）归一化数字表面模型（normalized DSM, nDSM）与非地面掩膜的构建：首先，对点云数据进行去噪处理；其次，利用滤波算法分离出地面点和非地面点，并通过插值算法生成 DSM 与数字地形（Digital Terrain Model，DTM）；最终，通过 nDSM 生成非地面区域掩膜。（2） 对象尺度建筑物信息提取：提取基于点的特征以及基于格网的特征；然后，将上述特征融合于一个最小能量化的框架——图切算法中，完成候选像素的精准标记，最后进行标记结果的优化。（3） 格网尺度的建筑物三维形态特征参数监测：基于对象尺度的建筑物标记结果，提取包括平面面积指数、迎风面积指数以及 SVF 等格网尺度的建筑物二三维形态参数。（4）街区尺度的建筑物景观指数提取：结合街区数据，提取建筑物二三维景观格局指数。（5）多尺度建筑物信息提取评估方法：分别进行对象、格网以及街区尺度的建筑物二三维信息提取的精度评估。

6.4.2　归一化数字表面模型与非地面掩膜的构建

首先，为了减少点云的噪声点，对两期点云使用软件 Point Cloud Library 的工具“StatisticalOutlier Remove”进行滤波操作（Rusu *et al.*, 2008）。其次，使用改进的体素网格滤波算法去除多余的点。其中体素的网格尺寸值轻微地低于点云的密度值（如：点云密度为 10 个/m^2，则可以设置体素网格尺寸为 $0.1m^2$），并保留体素中心点附近的点云以便保持原始点云的精度。进一步，使用 LasTools 工具将两期原始点云分离成为地面点和非地面点，通过插值算法生成 DSM 以及 DTM。其中，单元格分配类型使用点云高度的平均值。空白处填充方法使用自然邻域法（Natural Neighbor, Dong and Chen, 2018）。利用 DSM 减去 DTM，可以得到研究区的 nDSM，设置 nDSM≤0.2m 的区域为地面范围，制作出点云数据的非地面掩膜，最终可以得到非地面点以及 nDSM 数据。

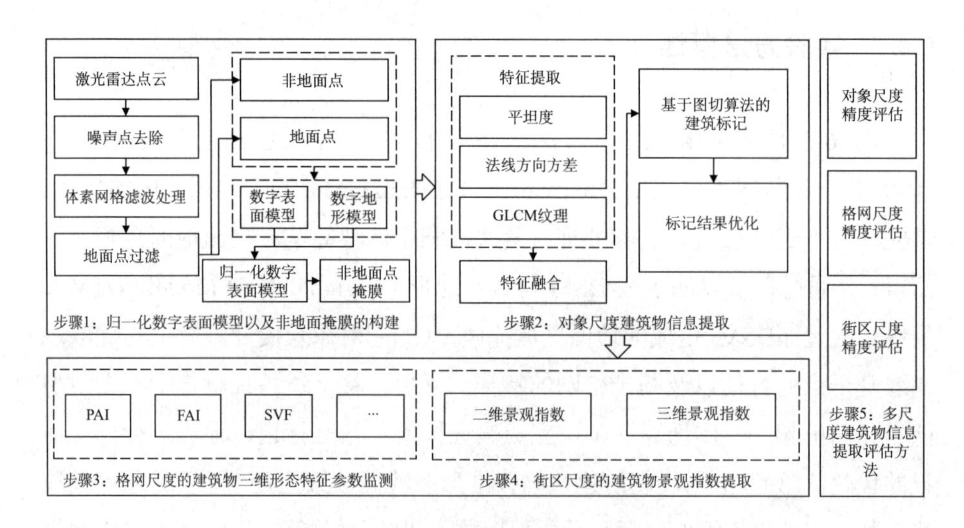

图 6-2　技术路线

6.4.3 对象级建筑物检测

6.4.3.1 多特征提取

表 6-1 详细介绍了本章用到的点云和格网多特征信息。如表 6-1 所示，选择了平坦度（Flatness），法线方向方差（Variance of normal direction，Vnd），以及 nDSM 的灰度共生矩阵（Gray-Level Co-Occurrence，GLCM）纹理三个特征进行建筑物的精准标记。对于平坦度，建筑物屋顶通常表现为平坦的表面，而植被通常由不规则的表面组成；对于 Vnd，植被的法线向量在多个方

表 6-1 本章中涉及的点云和格网多特征信息

特征	公式/计算方法	参考文献
平坦度	$\begin{cases} C_{3\times3}=\dfrac{\sum_{S\epsilon N_S}(S-\bar{S})(S-\bar{S})^{\mathrm{T}}}{\lvert N_s\rvert} \\ F_{\mathrm{fl}}=\lambda_0/(\lambda_0+\lambda_1+\lambda_2) \end{cases}$ 式中，F_{fl} 为非地面点 S_i 的平坦度；$C_{3\times3}$ 为协方差矩阵；N_S 为离 S_i 点最近的 15 个非地面点几何；$\lvert N_S\rvert$ 为 N_S 集合点的个数；$\bar{S}$ 为 N_S 的中心点；λ_0，λ_1，λ_2 （$0\leqslant\lambda_0\leqslant\lambda_1\leqslant\lambda_2$）是 $C_{3\times3}$ 的特征值。	Zhou and Neumann, 2008; Lin *et al.*, 2014
法线方向方差	$\begin{cases} F_{\mathrm{Vnd}}=\dfrac{\xi^2}{u^2} \\ \xi^2=\dfrac{\sum_{i=1}^{n}(n_i-u)}{n} \\ u=\dfrac{\lvert N_S\rvert}{n} \end{cases}$ 式中，F_{Vnd} 为非地面点 S_i 的法线方向方差；n 为方向束的数量，可以设置 n=6；n_i 为方向束 i 的点个数；$\lvert N_S\rvert$ 为参与计算的点数量；选择 S_i 点最邻近的 60 个非地面点参与计算。	Du *et al.*, 2017
nDSM 的 GLCM 纹理特征	$F_{\mathrm{th}}=\sum_{i=1}^{n}\sum_{j=1}^{n}\dfrac{P(i,j,d,\theta)}{1+(i-j)^2}$ 式中，F_{th} 为 nDSM 的 GLCM 纹理；i 和 j 为 nDSM 的灰度级别；d=1 和 $\theta=\{0°,45°,90°,135°\}$ 分别是步长与计算 GLCM 的方向；$P(i,j,d,\theta)$ 为联合条件概率密度；滑动窗口大小设置为 5；最终 F_{th} 是四个方向 GLCM 值的平均值。	Haralick, 1979; Liu *et al.*, 2013

向上分散且不规则，而建筑物的法线向量固定在几个方向上；最后，对于GLCM，在灰度图像中，植被具有丰富的纹理特征，而建筑物则呈现出简单的纹理。

6.4.3.2 特征归一化

上述的特征值有不同的值域范围。因此，使用逻辑斯蒂（logistic）函数进行归一化处理：

$$f(x)=\frac{1}{1+e^{-k(x-t_0)}} \quad \text{（式 6-1）}$$

式中，t_0 是特征阈值，它的取值对标记结果影响较大，具体选择方法见第 6.6.1 节。k 控制 logistic 函数的陡峭程度，对结果影响较小。本研究中，k 对于 f_{fl}，f_{vnd}，f_{th} 的取值分别为–35.0, 2.0, 0.2。

6.4.3.3 建筑物标记

因为平坦度、法线方向方差以及 GLCM 纹理特征都是描述单一像素的特征，没有考虑到像素四周的背景一致性。因此，本章将上述小节提取的三个特征值融合到一个能量最小化的提取框架中。使用图切算法进行建筑物标记，图 6-3 展示了图切算法的过程。图切算法的核心目标是为每个节点找到一个合适的标签，通过如下的能量函数：

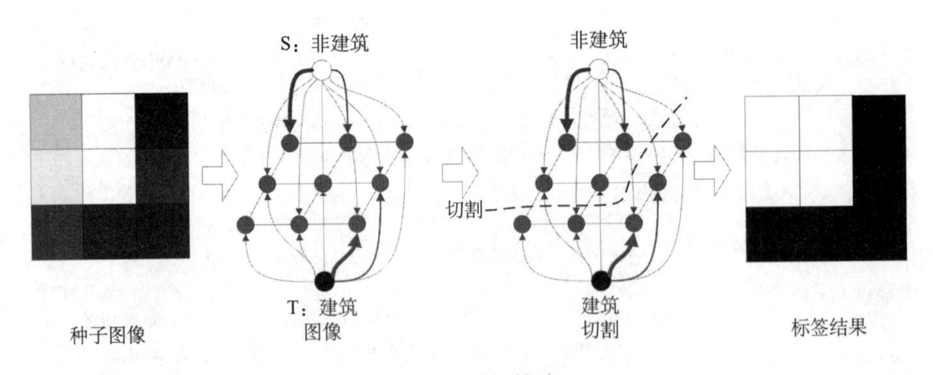

图 6-3 图切算法

$$E(l)=\sum_{p\in P}D_p\left(l_p\right)+\beta\sum_{p,q\in N}V_{p,q}\left(l_p,l_q\right) \qquad \text{（式 6-2）}$$

上式的第一项 $\sum_{p\in P}D_p\left(l_p\right)$ 是数据成本，上式的第二项 $\sum_{p,q\in N}V_{p,q}\left(l_p,l_q\right)$ 是平滑成本。其中 D_p（l_p）是用来测量标签 l_p 与节点 p 的契合度。如图 6-3 所示，本章的标签 l_p 包括{建筑物，非建筑物}。D_p（l_p）计算方法如下式：

$$\begin{cases}D_p\left(l_p=\text{建筑物}\right)=\lambda_{F_{\mathrm{fl}}}\times F_{\mathrm{fl}}+\lambda_{F_{\mathrm{vnd}}}\times F_{\mathrm{vnd}}+\lambda_{F_{\mathrm{th}}}\times F_{\mathrm{th}}\\ D_p\left(l_p=\text{非建筑物}\right)=1-\left(\lambda_{F_{\mathrm{fl}}}\times F_{\mathrm{fl}}+\lambda_{F_{\mathrm{vnd}}}\times F_{\mathrm{vnd}}+\lambda_{F_{\mathrm{th}}}\times F_{\mathrm{th}}\right)\end{cases} \qquad \text{（式 6-3）}$$

式中，F_{fl}，F_{vnd}，F_{th} 分别为平坦度、法线方向方差以及 GLCM 归一化之后的特征值；$\lambda_{F_{\mathrm{fl}}}$，$\lambda_{F_{\mathrm{vnd}}}$，$\lambda_{F_{\mathrm{th}}}$ 分别为 f_F，f_n，f_{th} 的权重值，具体取值设置见第 6.6.1 节。

对于图切算法中的第二项平滑项是代表着某个像素与周围像素的一致性程度。本章使用 DSM 来衡量这种一致性程度。因为建筑物区域的高程差异较小，但建筑物区域与周边的非建筑物区域间的差异较为明显。第二项的计算方法如下：

$$V_{p,q}\left(l_p,l_q\right)=\frac{1}{\left(h_p-h_q\right)^2+\varepsilon^2} \qquad \text{（式 6-4）}$$

式中，h_p 和 h_q 是像素 p 和 q 的高程。常数 ε 是用来保证上式中，分母大于 0 的（Zarea and Mohammadzadeh, 2016），这里设置 ε=0.2 m。

式（6-2）中还有一个参数 β。β 是用来控制平滑项的权重。它与城市环境有关。如果建筑物较为复杂且高大，则需要更多地考虑到平滑项，那么 β 的取值就高，反之，则需要设置一个较小的 β。本章中对实验区划分了 21 个区域（图 6-5），为了更好地提取分类结果，不同的区域设置了不同的 β。具体见表 6-2。

6.4.3.4 标记后处理

对建筑物进行初步标记之后，需要对结果进行后处理。图 6-4 显示了建筑物标记的后处理流程。首先，利用高度阈值去除不相关的低矮建筑物，不同区域的取值见表 6-2；再次，利用面积阈值 T_{area} 去除不相关的面积较小的建筑物块，不同区域的取值见表 6-2。进一步，可能存在将植被区域的像素误标记成建筑物，因此需要使用一个坡度统计阈值来去除这些错误的标签，具体坡度阈值的确定方法见第 6.6.1 节。最后，由于标记结果中建筑物区域存在一些“空洞”，故使用了数学形态学的开操作和闭操作来进一步优化标记的结果。开操作和闭操作的窗口大小设置为 3×3。最终可以获得较为准确的对象尺度建筑物标记结果。

表 6-2　不同区域的参数设置

区域编号	β	T_{height}（m）	T_{area}（m^2）	区域编号	β	T_{height}（m）	T_{area}（m^2）
1	2	1	10	11	2	1	10
2	2	1	10	12	2	1	10
3	1	1	10	13	2	1	2.5
4	1	1	2.5	14	2	1	10
5	2	1	10	15	1	1	10
6	1	1	10	16	1	1	10
7	1	1	10	17	1	1	2.5
8	2	1	2.5	18	1	1	10
9	1	1	2.5	19	2	1	10
10	2	1	10	20	1	1	2.5
				21	1	1	10

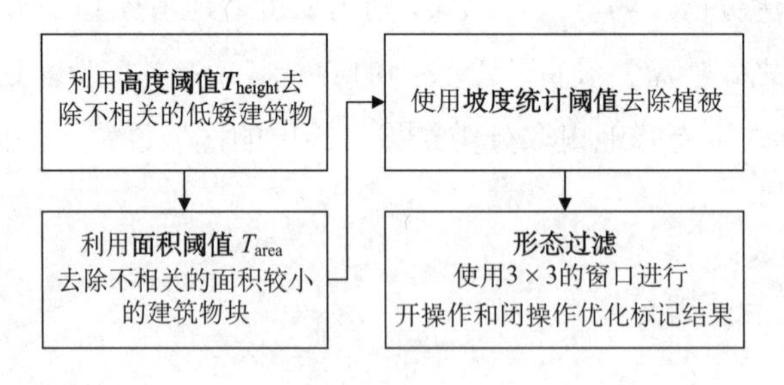

图 6-4　标记结果后处理

6.4.4 格网级建筑物形态参数提取

表 6-3 详细给出了本章中用到的建筑物形态参数和它们的计算方法，主要选择了面积、体积、迎风面积指数、平面面积指数以及天空视域因子等。

表 6-3 本章中用到的建筑物二三维形态参数及其计算方法

参数	简称	公式/计算方法	参考文献
面积	A	$\mathrm{A} = A_{\mathrm{building}}$	Yu *et al.*, 2010
体积	V	$\mathrm{V} = V_{\mathrm{building}}$	Yu *et al.*, 2010
平面面积指数	PAI	$\mathrm{PAI} = A_{\mathrm{building}} / A_{\mathrm{grid}}$	Kanda *et al.*, 2005a
迎风面积指数	FAI	$\mathrm{FAI} = A_{\mathrm{fa}} / A_{\mathrm{grid}}$	Kanda *et al.*, 2005a
街道高度与建筑物宽度比值	H/W	$\mathrm{H} / \mathrm{W} = H_{\mathrm{building}} / W_{\mathrm{building}}$	Kanda *et al.*, 2005b
街区峡谷高宽比	H/L	$\mathrm{H} / \mathrm{L} = H_{\mathrm{building}} / L_{\mathrm{road}}$	Kanda *et al.*, 2005b
屋顶和地面 SVF	RGSVF	$\mathrm{RGSVF} = 1 - \frac{\sum_{i=1}^{n} \sin\gamma_i}{n}$	Zakšek *et al.*, 2011
墙面 SVF	WSVF	$\mathrm{WSVF} = \mathrm{FWVF} \times (1 - \mathrm{PAI}) \times \mathrm{FAI}$	Yang *et al.*, 2015

式中，A_{building} 是一个建筑物的面积，A_{grid} 是一个格网的面积；A_{fa} 是一个格网内建筑物的迎风面积指数；H_{building} 和 W_{building} 是建筑物的高程和宽度；L_{road} 指的是道路长度；n 指的是计算 SVF 的方向数量；γ_i 表示在计算方向 i 上地形水平面的仰角，FWVF 指地面对墙面的视域因子。

6.4.5 地块级建筑物景观指数提取

表 6-4 和表 6-5 分别是指传统的二维建筑物景观指数和本章中用到的新三维建筑物景观指数。 传统的二维建筑物景观指数主要包括建筑物面积占比、平均建筑物面积以及最大斑块指数等。除此之外，本章设置了一系列新建筑物三维景观指数，主要包括高大建筑物所占比例、平均建筑物高程、平均建筑物结构指数以及建筑物容积率等。

表 6-4 街区尺度传统二维建筑物景观指数

指数	简称	计算公式	定义
建筑物面积占比	BAC	$\mathrm{BAC}=\frac{\sum_{i=1}^{N}A_{\mathrm{building}i}}{A_{\mathrm{block}}}$	建筑物总体面积除以街区面积
平均建筑物面积	MBA	$\mathrm{MBA}=\frac{\sum_{i=1}^{N}A_{\mathrm{building}i}}{N}$	一个街区内的建筑物平均面积
建筑物面积标准差	SDBA	$\mathrm{SDBA}=\sqrt{\frac{\sum_{i=1}^{N}\left(A_{\mathrm{building}i}-MBA\right)^2}{N}}$	一个街区内建筑物面积的标准差
最大斑块指数	LPI	$\mathrm{LPI}=\frac{A_{\max}}{\sum_{i=1}^{N}A_{\mathrm{building}i}}$	最大建筑物面积除以总建筑物面积
平均最近邻距离	MNN	$\mathrm{MNN}=\frac{\sum_{i=1}^{N}d_{ni}}{N}$	一个街区内建筑物斑块的平均最邻近距离

上式中，$A_{\mathrm{building}i}$ 是指建筑物 i 的面积；A_{block} 是指街区的面积；$A_{\max}$ 指的是一个街区内最大的建筑物斑块面积；d_{ni} 指的是建筑物 i 到四周建筑物斑块的最邻近距离。

表 6-5 本章中用到的三维建筑物景观指数

指数	简称	计算公式	定义
高楼率	HBR	$\mathrm{HBR}=\frac{N_h}{N}$	超过 22.5 米的建筑物数量除以一个街区的总建筑物数量
平均建筑物高程	MBH	$\mathrm{MBH}=\frac{\sum_{i=1}^{N}h_{\mathrm{building}i}}{N}$	一个街区的平均建筑物高程
面积加权平均建筑物高程	AMBH	$\mathrm{AMBH}=\sum_{i=1}^{N}f_i\times h_{\mathrm{building}i}$	一个街区内按面积加权的平均建筑物高度
建筑物间高程偏差	HDB	$\mathrm{HDB}=\sqrt{\frac{\sum_{i=1}^{N}\left(h_{\mathrm{building}i}-MBH\right)^2}{N}}$	一个街区内建筑物的高度变化
平均建筑物结构指数	MBSI	$\mathrm{MBSI}=\frac{1}{N}*\sum_{i=1}^{N}\frac{A_{\mathrm{building}i}}{h_{\mathrm{building}i}}$	一个街区内建筑物面积除以建筑物高程的平均值
容积率	FAR	$\mathrm{FAR}=\frac{\sum_{i=1}^{N}c_i\times F_i}{A_{\mathrm{block}}}$	建筑物总的楼层面积除以街区面积

上式中，N 代表街区内建筑物的数量; $h_{\text{building}i}$ 和 $A_{\text{building}i}$ 表示建筑物 i 的高程和面积; f_i 代表一个街区内建筑物 i 的面积分量; c_i 和 F_i 代表建筑物 i 楼层的数量和一个楼层的面积。

6.4.6 精度评价

6.4.6.1 对象级分析

（1）基于像素的方法

参考鲁全格（Rutzinger *et al.*, 2009）定义的概念，积极真值（True Positive，TP） 像素表示标记的建筑物像素在参考影像中为建筑物；消极负值（False Negative，FN）像素表示标记的非建筑物像素在参考影像中为建筑物；消极真值（False Positive，FP）像素表示标记的建筑物像素在参考影像中为非建筑物。基于上述定义，三个评估指数被用于评价标记结果的完整性（Completeness, Comp）、正确性（Correctness, Corr） 以及质量（Quality）。它们的计算方法如下所示：

$$Comp = \frac{N_{TP}}{N_{TP} + N_{FN}} \quad \text{（式 6-5）}$$

$$Corr = \frac{N_{TP}}{N_{TP} + N_{FP}} \quad \text{（式 6-6）}$$

$$Quality = \frac{Comp \times Corr}{Comp + Corr - Comp \times Corr} \quad \text{（式 6-7）}$$

式中，N_{TP} 表示 TP 像素的数量；N_{FN} 代表 FN 像素的数量；N_{FP} 代表 FP 像素的数量。

（2）基于对象的方法

对于每个监测的建筑物，将评估监测到的建筑物与参考图像重叠区域的百分比。设置重叠区域的百分比阈值为 70%，以此为依据，将每个监测到的建筑物分类为 TP_{corr} 或 FP。同样的方法，对于每个在参考影像中的建筑物，计算了其与标签图像重叠的建筑物所占的百分比来判断参考影像中的建筑物

是 TP_{comp} 或者 FN。

（3）考虑面积的基于对象的方法

除了基于像素和基于对象的方法外，还使用建筑物面积来加权基于对象的方法，以获得更准确、更全面的建筑物标记结果评估报告。

6.4.6.2 格网和地块尺度评估

对于格网以及街区尺度的结果评估，使用皮尔森相关系数以及回归方程参数来评估格网及街区尺度的结果。回归方程的计算方式如下：

$$y = ax + b \tag{式 6-8}$$

在回归方程中，较高的相关系数（R^2）和较低的 RMSE，以及斜率 a 和截距 b 的值更接近 1 和 0 则表明提取建筑物形态指数/景观格局指数与实际建筑物形态指数/景观格局指数之间的相似度更高。

6.5 实 验 结 果

6.5.1 对象尺度建筑物提取结果

图 6-5 展示了基于像素方法评估的建筑物提取结果。如图 6-5 所示，MC3DB 方法在像素尺度上表现出较好的建筑物标记结果。标记错误的地方主要有以下三类：

（1）面积较小的建筑物未被标记；

（2）平坦的油罐被错分为建筑物；

（3）屋顶上由于覆有植被导致建筑物被错分为植被。这是由于使用单一的 LiDAR 数据不可避免部分理论上的错误。

表 6-6 展示了建筑物标记的评估结果。像上文所提的，研究区被划分为 21 个区域执行建筑物标记。这 21 个区域像素的对象以及面积加权对象评估方法的结果均十分稳定。整个研究区建筑物提取精度在像素级评估中完整性、

正确性以及质量分别为94.49%、95.54%、90.51%；在对象级评估中完整性、

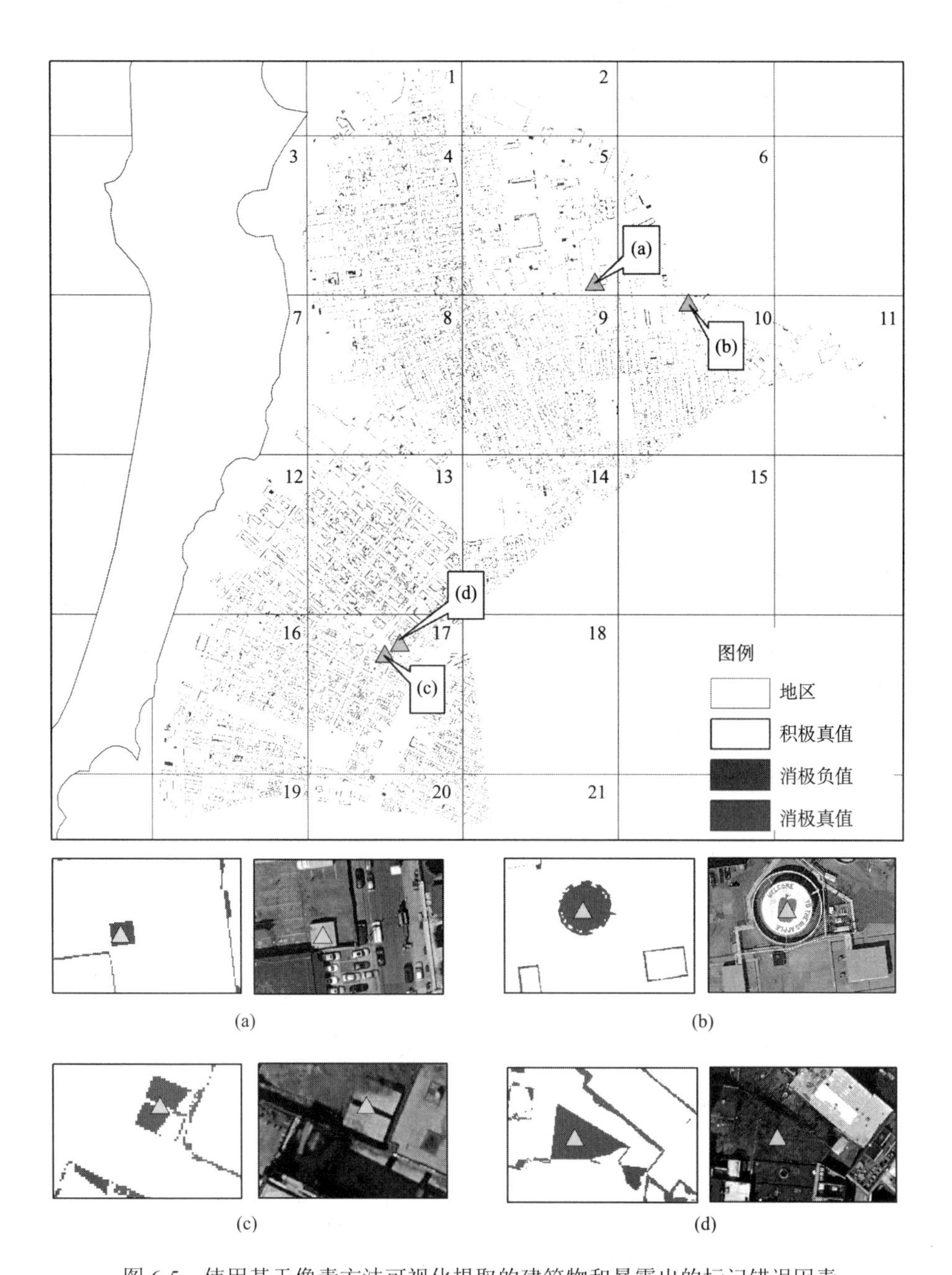

图6-5 使用基于像素方法可视化提取的建筑物和暴露出的标记错误因素

正确性以及质量分别为94.21%、97.99%、92.42%；在面积加权对象评估中完整性、正确性以及质量分别为98.38%、99.41%、97.81%。通过面积加权评估的结果精度较高，这说明 MC3DB 对于较大面积的建筑物提取结果精度良好。这也说明了 MC3DB 方法的可用性，因为它可以减少大面积建筑物的人工干预。

表 6-6 建筑物标记结果评估

序号	像素级评估（%）			对象级评估（%）			面积加权对象级（%）		
	完整性	正确性	质量	完整性	正确性	质量	完整性	正确性	质量
1	95.19	97.06	95.52	92.51	92.91	86.41	98.99	98.84	97.85
2	96.93	97.56	94.63	88.00	86.95	77.73	99.97	99.21	99.18
3	95.04	93.67	89.31	100.00	100.00	100.00	100.00	100.00	100.00
4	92.71	97.00	90.13	94.83	98.89	93.83	97.43	99.37	96.83
5	95.05	96.44	91.83	87.59	92.66	81.91	98.41	98.97	97.41
6	91.67	97.59	89.65	76.67	91.00	71.27	96.32	98.30	94.47
7	99.60	95.92	95.55	100.00	100.00	100.00	100.00	100.00	100.00
8	93.98	97.51	91.78	93.01	98.75	91.93	98.41	99.62	98.04
9	93.11	97.26	90.73	94.11	99.62	93.77	97.80	99.87	97.68
10	94.93	98.18	93.30	96.96	98.25	95.31	99.41	99.41	98.83
11	96.49	98.29	94.40	90.47	82.61	76.00	99.51	99.41	98.93
12	93.99	96.38	90.79	86.34	97.83	84.72	98.94	99.42	98.37
13	96.41	92.04	88.99	94.93	96.09	91.40	98.58	98.76	97.38
14	93.45	96.17	90.10	95.36	99.18	94.61	98.95	99.43	98.39
15	97.40	92.70	90.46	92.53	96.82	90.46	97.41	98.47	95.96
16	92.67	95.12	88.46	92.80	97.71	90.82	97.03	99.54	96.60
17	97.93	90.20	88.51	96.43	98.23	94.78	99.30	99.64	98.95
18	96.00	94.06	90.51	95.05	98.93	94.08	99.37	99.92	99.29
19	94.71	94.42	89.56	96.30	96.85	93.38	99.64	99.55	99.19
20	92.24	94.10	87.19	94.21	98.68	93.04	96.28	99.32	95.65
21	92.30	95.81	88.72	98.43	100.00	98.43	99.20	100.00	99.20
平均	94.49	95.54	90.51	94.21	97.99	92.42	98.38	99.41	97.81

6.5.2 格网尺度形态参数提取结果

图 6-6 展示了 MC3DB 方法提取的格网尺度结果，包括面积、体积、迎风面积指数、平面面积指数、屋顶和地面天空视域因子以及墙面天空视域因子等。

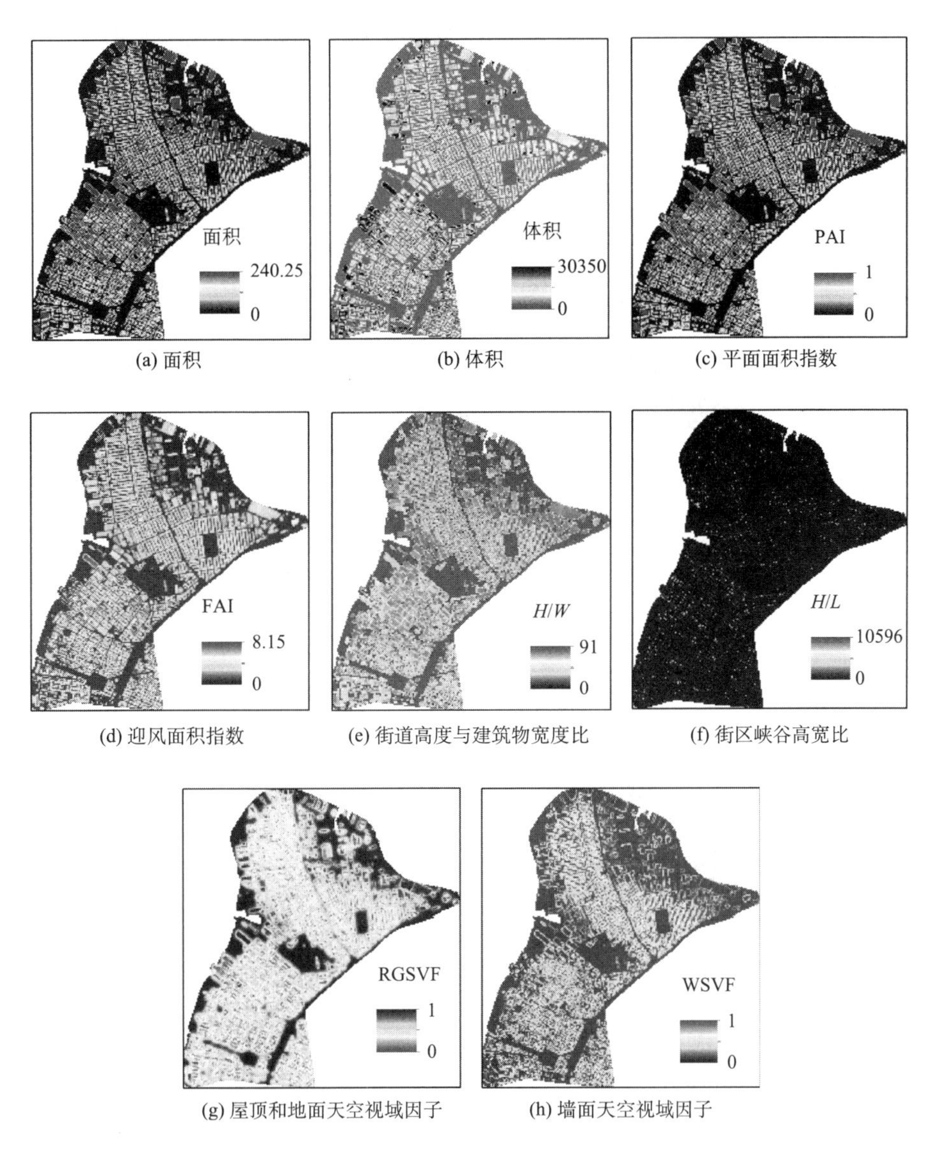

(a) 面积 (b) 体积 (c) 平面面积指数

(d) 迎风面积指数 (e) 街道高度与建筑物宽度比 (f) 街区峡谷高宽比

(g) 屋顶和地面天空视域因子 (h) 墙面天空视域因子

图 6-6 格网尺度建筑物二三维形态学参数提取结果

图 6-7 显示了来自 MC3DB 方法的二三维建筑物形态参数与真实二三维建筑物形态参数的散点图。从中可以看出：

（1）面积、体积、平面面积指数、迎风面积指数、屋顶和地面天空视域因子以及墙面天空视域因子表现出较好的提取精度。R^2 均为 0.92 以上。回归方程系数 a 和 b 接近 1 和 0；

（2）H/W 以及 H/L 精度较低，R^2 为 0.37 和 0.35。这说明 MC3DB 方法提取的建筑物边缘精度较低；

（3）格网尺度的建筑物二三维形态学参数提取结果不可避免地存在“椒盐”现象。

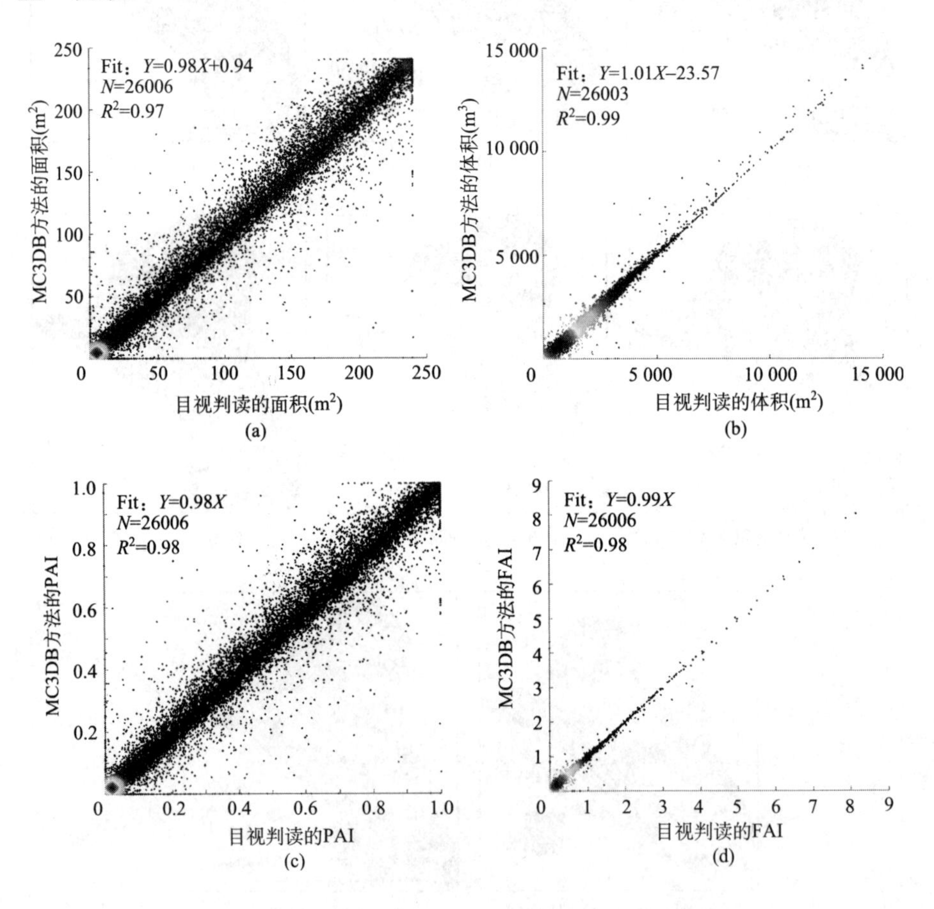

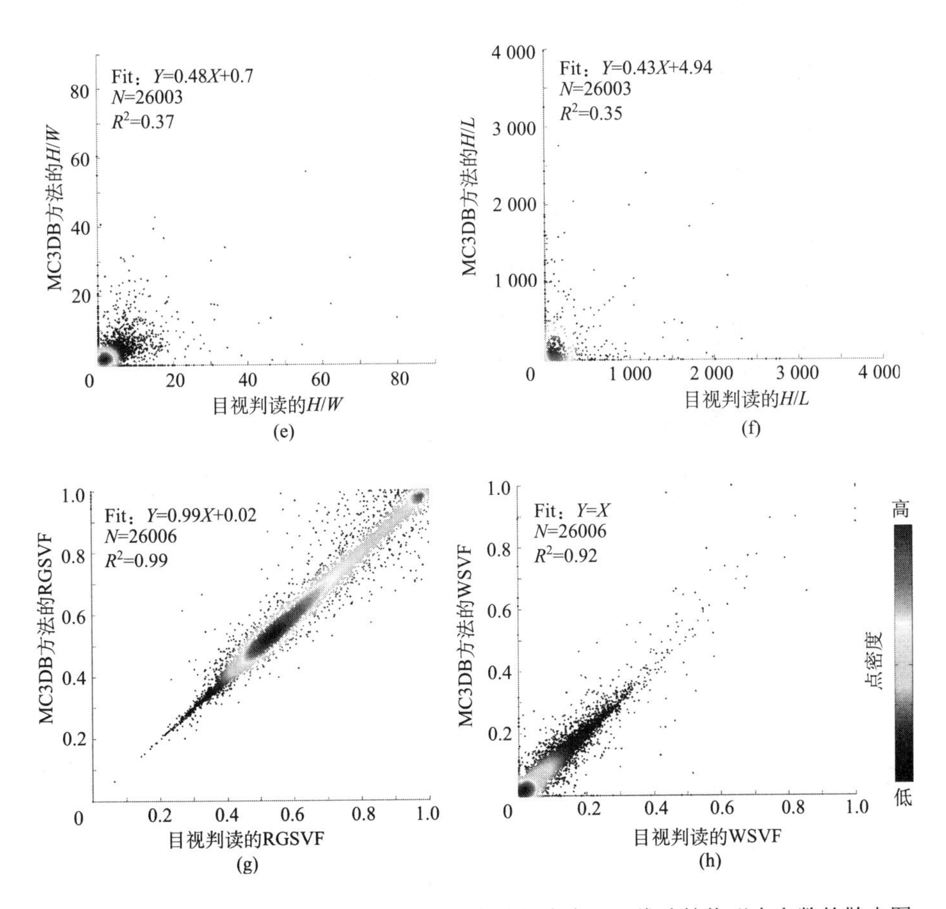

图 6-7　MC3DB 方法的二三维建筑物形态参数与真实二三维建筑物形态参数的散点图

6.5.3　街区尺度建筑物景观尺度提取结果

图 6-8 展示了街区尺度提取的 BAC 和 MBH 的结果。BAC 反映了街区内整体的建筑物面积，而 MBH 反应了街区内整体的平均高程。在图 6-8 中，使用自然断点法进行景观指数等级划分，从中可以看出，

（1）相比于格网尺度的结果，街区尺度的二三维建筑物景观指数结果有效地避免了“椒盐”现象。这说明了街区尺度建筑物监测的优势；

（2）标记点 A 和 B 区域的街区有着相同的 BAC，但是 MBH 确存在较大差异。街区尺度垂直景观的变化通过 MC3DB 方法可以很好地识别出来，

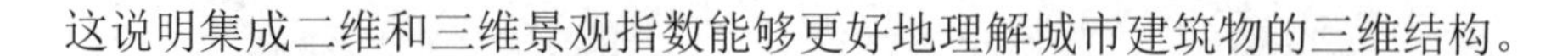

这说明集成二维和三维景观指数能够更好地理解城市建筑物的三维结构。

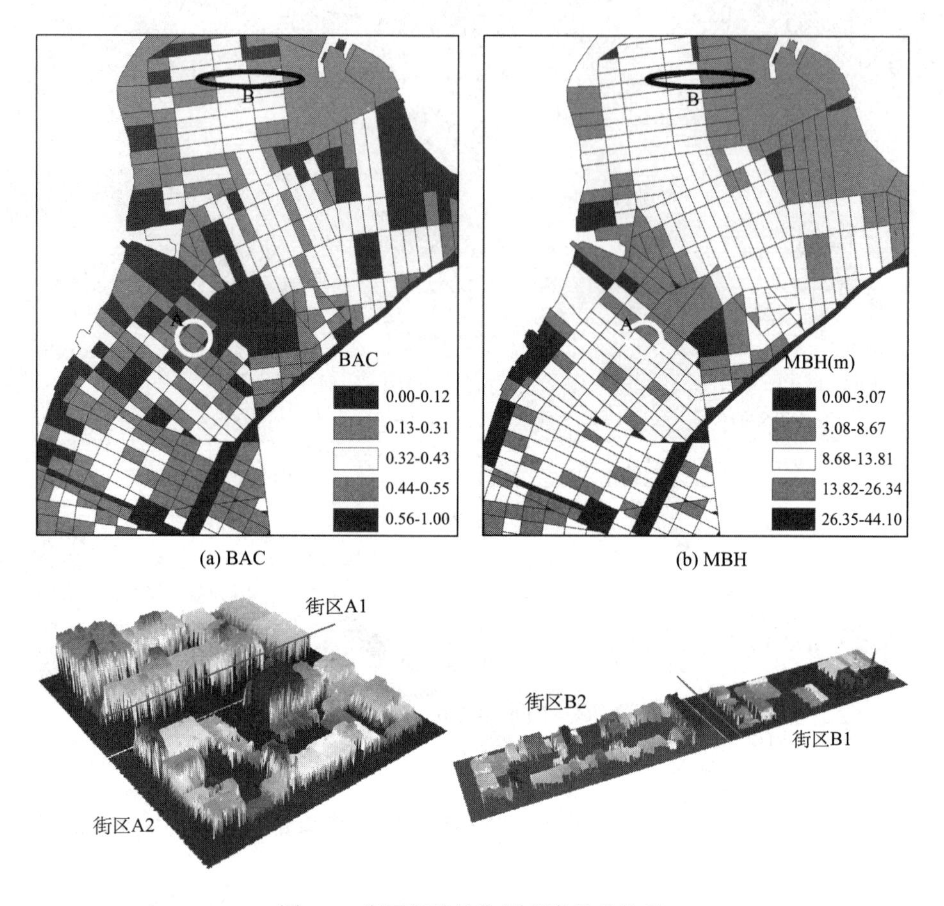

(a) BAC　(b) MBH

图 6-8　街区级建筑物景观度量的结果

图 6-9 对比了街区尺度景观指数从 MC3DB 方法提取的结果与真实结果之间的对比。可以看出，街区尺度的建筑物二三维景观格局指数提取结果整体上取得了较好的精度，其中，AMBH 获得了最高的精度，$R^2 = 0.97$；回归方程为：$y = 0.98x + 0.02$；MBSI 和 LPI 的精度相比于其他指数较低，R^2 为 0.62 和 0.67。

整体上本章提出的 MC3DB 方法在对象级、格网级以及街区级均达到了较好的精度。这说明了 MC3DB 方法应用于城市多尺度建筑物三维信息监测的有效性。

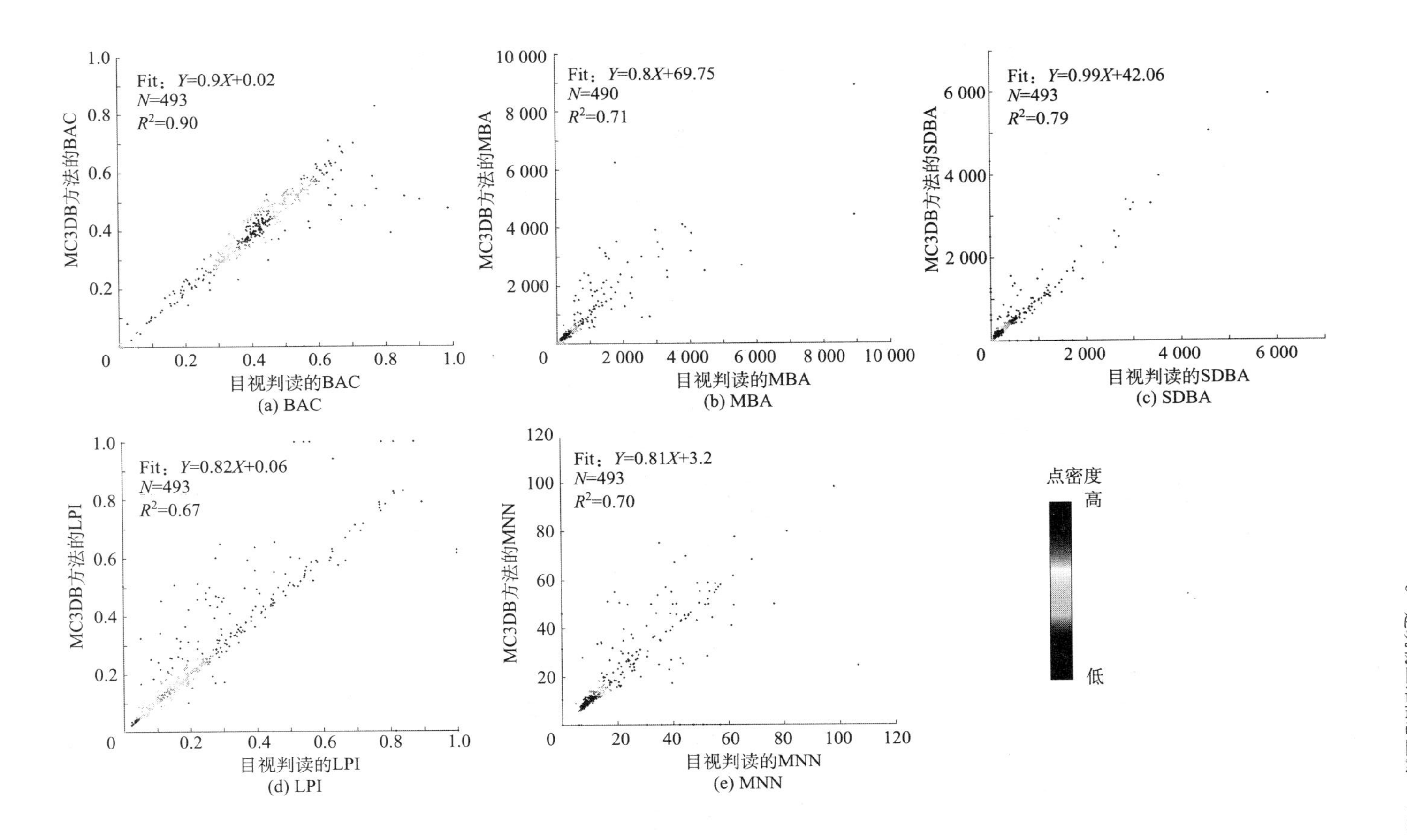
Fit：Y=0.9X+0.02
N=493
R2=0.90
MC3DB方法的BAC
目视判读的BAC
(a) BAC
Fit：Y=0.8X+69.75
N=490
R2=0.71
MC3DB方法的MBA
目视判读的MBA
(b) MBA
Fit：Y=0.99X+42.06
N=493
R2=0.79
MC3DB方法的SDBA
目视判读的SDBA
(c) SDBA
Fit：Y=0.82X+0.06
N=493
R2=0.67
MC3DB方法的LPI
目视判读的LPI
(d) LPI
Fit：Y=0.81X+3.2
N=493
R2=0.70
MC3DB方法的MNN
目视判读的MNN
(e) MNN
点密度
高
低

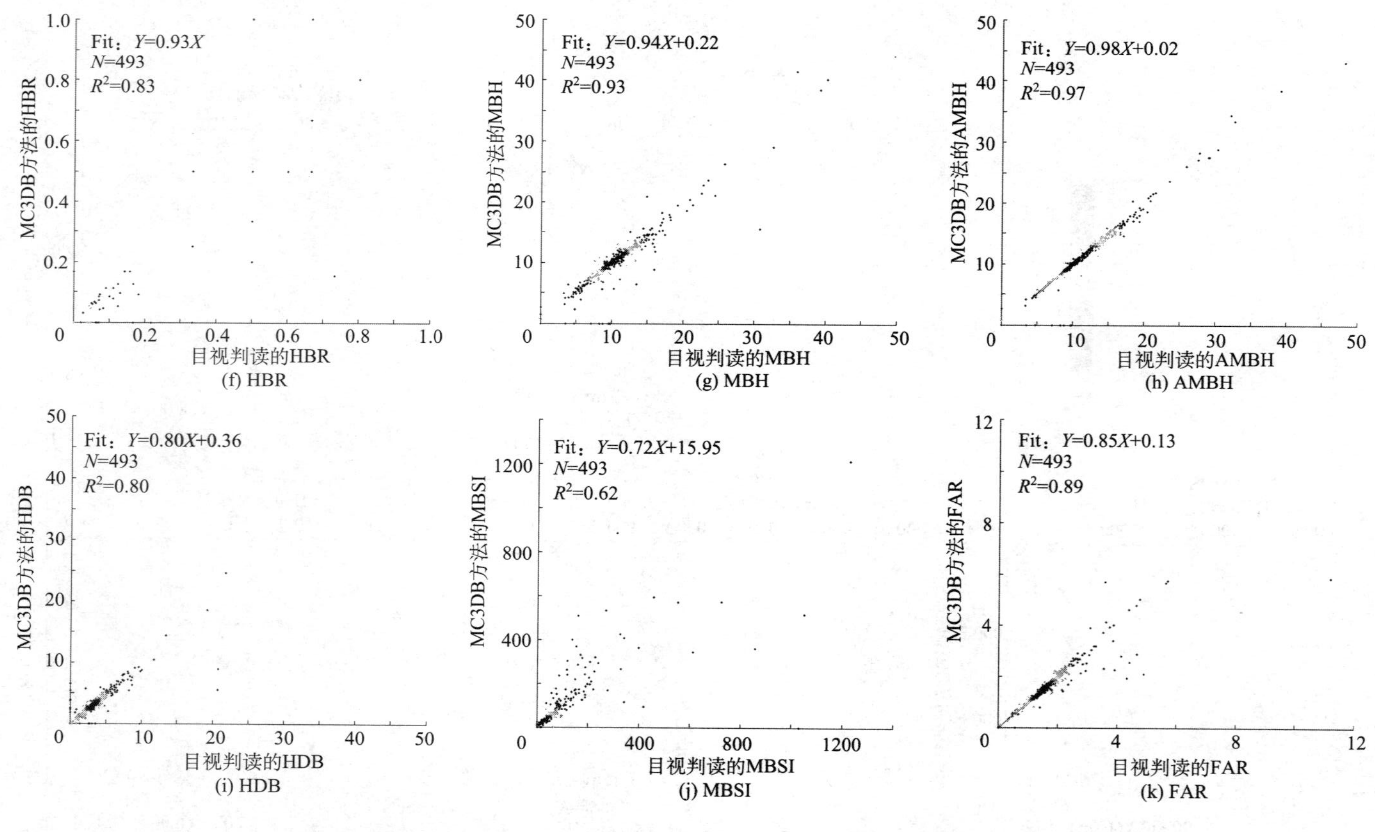

图 6-9 MC3DB 方法的二三维建筑物景观格局指数与真实二三维建筑物景观格局指数的散点图

6.6 实验分析

6.6.1 参数的确定

6.6.1.1 分区平均坡度阈值

本项目中有几个关键的参数影响 MC3DB 方法结果的提取精度，首先是通过图切算法进行建筑物标记之后，结果存在一些小的植被斑块，需要通过一定方法将其去除。这里的坡度统计平均值阈值确定方法是利用植被与建筑物的坡度直方图差异，分别随机选择 1 000 个建筑物轮廓求取其坡度统计平均值，以及选择 1 000 个中高植被点，利用 21×21 窗口（10.5m×10.5m），计算出中高植被点的局部坡度统计平均值直方图（图 6-10）。选取建筑物坡度统计平均值的最大值作为其关键阈值，如图 6-10 所示，坡度统计平均值的阈值设置为 53°。利用该阈值，能够识别出小的植被斑块，并将其移除。

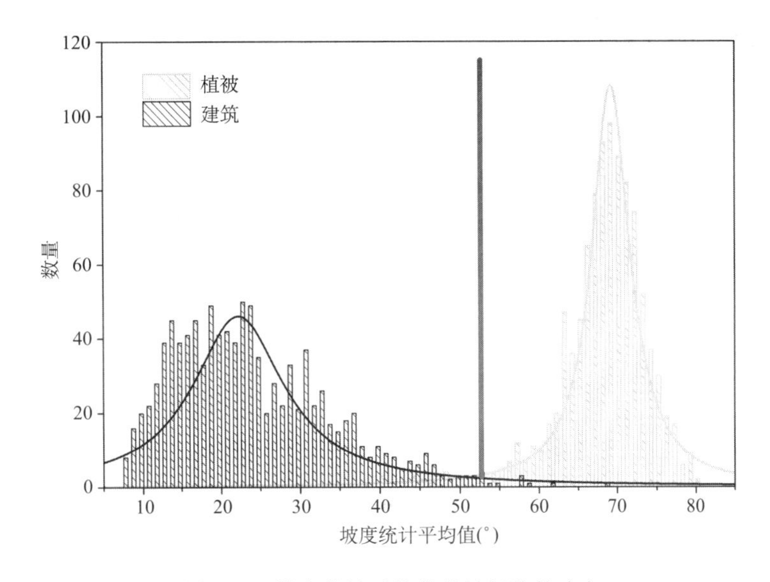

图 6-10 坡度统计平均值关键阈值的确定

6.6.1.2 特征归一化系数

式（6-1）中的 t_0 参数极大地影响了分类的结果。本研究对其进行了分析。本章中选择研究区 21 个区块中两个具有代表性的区块——第 9 个（建筑物面积较小）和第 13 个区块（建筑物面积较大）的实验数据进行特征归一化系数分析。当探索 t_0 对平坦度特征影响时，只使用平坦度特征参与图切算法分类。这样可分别得出不同 t_0 条件下分类结果的完整性、正确性以及质量。图 6-11（a）～（c）分别为平坦度、法线方向方差以及 nDSM 的 GLCM 纹理特征的 t_0 对分类结果的影响分析。从图中可以看出，t_0 对于平坦度、法线方向方差以及 nDSM 的 GLCM 纹理特征取值分别为 0.06、0.8、18。因为在这个取值下，它们的质量精度达到最优。

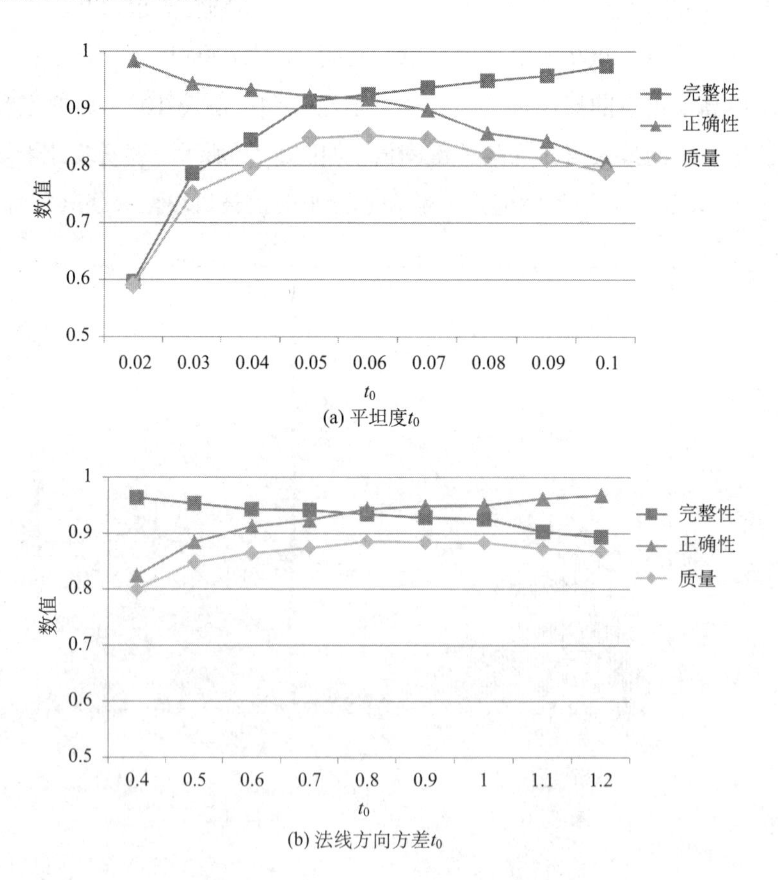

(a) 平坦度t_0

(b) 法线方向方差t_0

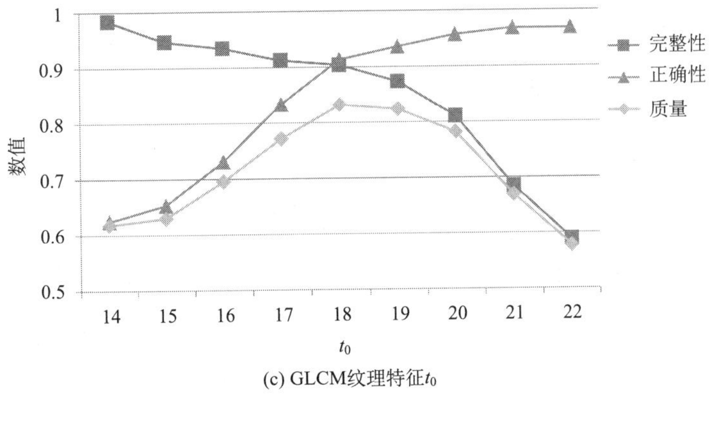

(c) GLCM纹理特征t_0

图 6-11 t_0参数分析

6.6.1.3 特征融合参数

除了 t_0，还有式（6-3）中的$\lambda_{F_{\mathrm{fl}}}$，$\lambda_{F_{\mathrm{vnd}}}$，以及$\lambda_{F_{\mathrm{fth}}}$影响分类的结果。同样选择研究区 21 个区块中的第 9 个和第 13 个区块作为实验区，分析该参数对建筑物标记结果的影响。$\lambda_{F_{\mathrm{fl}}}$，$\lambda_{F_{\mathrm{vnd}}}$，$\lambda_{F_{\mathrm{fth}}}$每个均以 0.1 为间隔从 0 到 1。当$\lambda_{F_{\mathrm{fl}}}=0.4$时候，$\lambda_{F_{\mathrm{vnd}}}$以及$\lambda_{F_{\mathrm{fth}}}$则均为 0.3。实验结果如图 6-12 所示，可以看出，当$\lambda_{F_{\mathrm{vnd}}}=0.5$时候，Quality 的值为最高。因此，可以设置$\lambda_{F_{\mathrm{fl}}}$，$\lambda_{F_{\mathrm{vnd}}}$，$\lambda_{F_{\mathrm{fth}}}$分别为 0.25,0.5,0.25。

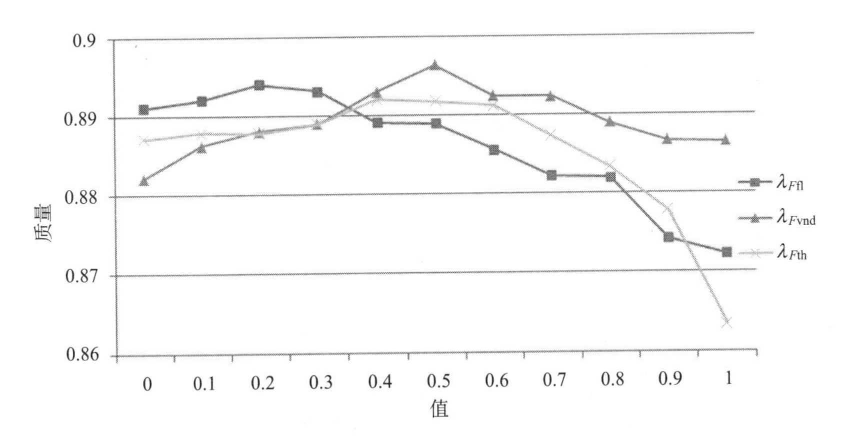

图 6-12 特征融合参数分析

6.6.2 格网大小的确定

本章中标记的影像分辨率为 0.5m。在格网尺度的结果中，格网大小的确定需要综合考虑提取的二三维建筑物形态学参数的精度以及细节的丧失问题（Susaki *et al.*, 2014; Huang *et al.*, 2017）。通常情况下，当一个格网的大小逐渐变大的时候，它的精度会逐步提升，但是它会丧失更多的细节。对于精度衡量，可以使用皮尔森相关系数来度量提取的建筑物密度及其与目视解译的建筑物密度的相似性。对于影像细节的丧失衡量，可以使用库尔贝克-莱布勒信息散度（Kullback-Leibler，KL）值。在本章中，设置了不同的格网尺度，分别是 7×7 像素、11×11 像素、21×21 像素、31×31 像素、41×41 像素以及 51×51 像素。通过对比不同格网尺度与 7×7 像素的建筑物密度在区间[0%,100%]上的分布，分布间隔设置为 1%。某个格网尺度上 KL 值越小，说明该格网尺度的建筑物密度分布与 7×7 像素越接近，即影像细节丧失越小。图 6-13 显示了格网尺度对建筑物二三维形态学参数提取的影响。如图 6-13 所示，皮尔森相关系数在 31×31 像素的时候，增长逐渐变得缓慢，而 KL 值增长仍然明显，考虑到格网尺度参数精度以及细节丧失，本章选择 31×31 像素作为格网的尺度。

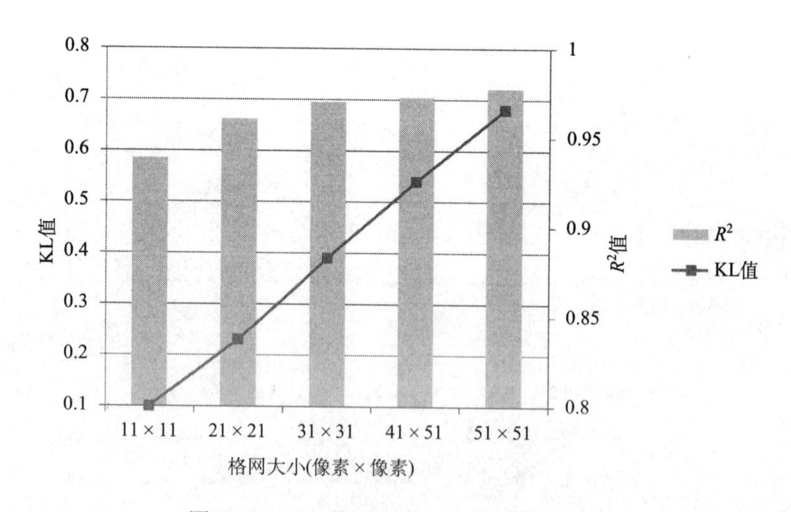

图 6-13　不同格网大小下的监测精度比较

6.6.3 与现有方法的对比

本章提出的 MC3DB 方法利用国际摄影测量与遥感学会（International Society for Photogrammetry and Remote Sensing, ISPRS）网页公开发表的建筑物数据进行了进一步的测试（http://www2.isprs.org/ commissions/comm3/wg4/results.html），以便与其他方法进行比较，然后选择所有单独使用 LiDAR 数据的方法进行比较。它们和 MC3DB 方法在区域编号 1～3 上的对比如表 6-7 所示。从中可以看出，MC3DB 相比于其他提出的现有方法拥有较好的精度

表 6-7 MC3DB 方法与现有方法的对比

方法	像素级评估（%）			对象级评估（%）			对象级>50m^{2}的建筑物评估（%）		
	完整性	正确性	质量	完整性	正确性	质量	完整性	正确性	质量
UMTA	92.3	87.5	81.5	80.0	98.6	79.1	99.1	100.0	99.1
UMTP	92.4	86.0	80.3	80.9	95.8	78.1	98.8	97.2	96.0
MON	92.7	88.7	82.8	82.7	93.1	77.7	99.1	100.0	99.1
MON2	87.6	91.0	80.6	86.3	93.9	81.6	99.1	100.0	99.1
MON4	94.3	82.9	79.0	83.9	93.8	79.3	99.1	100.0	99.1
MON5	89.9	90.3	82.0	87.2	96.3	84.4	99.1	100.0	99.1
VSK	85.8	98.4	84.6	79.7	100.0	79.7	97.9	100.0	97.9
WHUY1	87.3	91.6	80.8	77.6	98.1	76.5	97.4	97.9	95.4
WHUY2	89.7	90.9	82.3	83.0	97.5	81.3	99.1	98.0	97.2
WHU_QC	85.8	98.7	84.8	80.9	99.0	80.3	96.8	100.0	96.8
WHU_YD	89.8	98.6	88.6	87.8	99.3	87.3	99.1	100.0	99.1
HANC1	91.5	92.5	85.2	81.5	72.7	62.4	100.0	95.8	95.8
HANC2	90.2	93.2	84.6	85.1	69.6	61.9	100.0	100.0	100.0
HANC3	91.3	95.9	87.8	85.4	82.2	71.7	100.0	98.9	98.9
MAR1	87.0	97.1	84.8	78.2	96.2	75.7	99.1	100.0	99.1
MAR2	89.7	95.2	85.8	80.6	93.7	76.5	99.1	98.9	98.0
TON	77.7	97.7	76.3	67.5	98.9	66.9	92.7	98.8	91.6
HKP	91.4	97.8	89.6	79.7	96.5	77.6	99.1	100.0	99.1
MC3DB	93.8	94.2	88.7	83.6	100.0	83.6	100.0	100.0	100.0

和提取结果。值得注意的是，在面积大于 50m^2 的基于对象评估方法的建筑物标记结果评估中，MC3DB 方法的 Comp、Corr、Quality 均达到了 100%。面积大于 50m^2 的建筑物提取精度在实际的工程应用中非常重要，因为它能够较大程度上减少人工干预的程度，提高工程的自动化程度，提高作业效率。

6.7　本 章 小 结

本章基于单一的 LiDAR 点云数据开发了一套面向城市区域的多尺度建筑物三维信息的提取方法，并以美国纽约市布鲁克林北部区域完成了算法的测试。通过对面向对象级的建筑物精准标记、格网尺度的建筑物二三维形态参量提取，设计了一套面向城市街区尺度的建筑物三维景观指数，进一步，又设计了一套面向对象尺度、格网尺度以及街区尺度的建筑物二三维信息提取结果的评估方法。本章得出的主要结论如下：

整个实验区对象尺度建筑物提取精度十分稳定，完整性（Comp）、正确性（Corr）以及质量（Quality）在对象级方法评估中分别达到 94.21%、97.99% 以及 92.42%。在格网尺度上的建筑物面积、体积、平面面积指数、迎风面积指数、屋顶和地面天空视域因子以及墙面天空视域因子表现出较好的提取精度，R^2 均为 0.92 以上。回归方程系数 a 和 b 接近 1 和 0。H/W 以及 H/L 精度较低，R^2 为 0.37 和 0.35。这说明 MC3DB 方法提取的建筑物边缘精度较低。街区尺度的建筑物二三维景观格局指数结果整体上取得了较好的提取精度，其中，AMBH 获得了最高的精度，$R^2 = 0.97$。MBSI 和 LPI 的精度相比于其他指数较低，R^2 为 0.62 和 0.67。并且，三维景观格局指数的加入能够更全面的理解相比于传统的 2D 景观指数。本章的研究成果对于政府规划部门的多层次监测管理具有重要的意义，在建筑物多层次 3D 信息提取方面也作出了一定贡献。

参考文献

Adolphe, L., 2001. A simplified model of urban morphology: application to an analysis of the environmental performance of cities. *Environment and planning B—planning and design*, 28(2).

Awrangjeb, M., C.S. Fraser, 2014. Automatic segmentation of raw LiDAR data for extraction of building roofs. *Remote Sensing*, 6(5).

Baltsavias, E. P., 1999. A comparison between photogrammetry and laser scanning. *ISPRS Journal of photogrammetry and Remote Sensing*, 54.

Bouziani, M., K. GoTa and D. C. He, 2010. Automatic change detection of buildings in urban environment from very high spatial resolution images using existing geodatabase and prior knowledge. *ISPRS Journal of photogrammetry and Remote Sensing*, 65(1).

Chen, Z., B. Xu and B. Devereux, 2019. Urban landscape pattern analysis based on 3d landscape models. *Applied Geography*, 55.

Dong P., Q. Chen, 2018. *LiDAR Remote Sensing and Applications*. Boca Raton: CRC Press.

Du, S., Y. Zhang and Z. Zou *et al.*, 2017. Automatic building extraction from lidar data fusion of point and grid-based features. *ISPRS Journal of photogrammetry and Remote Sensing*, 130.

Forman, R. T. T., M. Godron,1986. *Landscape ecology*. New York: Wiley.

Gerke, M., J. Xiao, 2014. Fusion of airborne laser scanning point clouds and images for supervised and unsupervised scene classification. *ISPRS Journal of photogrammetry and Remote Sensing*, 87.

Gong, H., Y. Pan and L. Zheng *et al.*, 2018. Long-term groundwater storage changes and land subsidence development in the north china plain (1971～2015). *Hydrogeology Journal*, 26(5).

Hao, X., L. Cheng and M. Li *et al.*, 2015. Using octrees to detect changes to buildings and trees in the urban environment from airborne lidar data. *Remote Sensing*, 7(8).

Haralick, R. M., 1979. Statistical and structural approaches to texture. *Proceedings of the IEEE*, 67(5).

Huang X., D. Wen, J. Li *et al.*, 2017. Multi-level monitoring of subtle urban changes for the megacities of china using high-resolution multi-view satellite imagery. *Remote sensing of environment*, 196.

Kanda, M., T. Kawai and K. Nakagawa, 2005a. A simple theoretical radiation scheme for regular building arrays. *Boundary-Layer Meteorology*, 114(1).

Kanda, M., T. Kawai and M. Kanega *et al.*, 2005b. A simple energy balance model for regular building arrays. *Boundary-Layer Meteorology*, 116(3).

Kubota, T., M. Miura and Y. Tominaga *et al.*, 2008. Wind tunnel tests on the relationship between building density and pedestrian-level wind velocity: development of guidelines for realizing acceptable wind environment in residential neighborhoods. *Building and Environment*, 43(10).

Lam, J. C., 2000. Shading effects due to nearby buildings and energy implications. *Energy Conversion and Management*, 41(7).

Lausch, A., T. Blaschke and D. Haase *et al.*, 2015. Understanding and quantifying landscape structure—A review on relevant process characteristics, data models and landscape metrics. *Ecological Modelling*, 295.

Lin, C. H., J. Y. Chen, P. L. Su *et al.*, 2014. Eigen-feature analysis of weighted covariance matrices for lidar point cloud classification. *ISPRS Journal of Photogrammetry and Remote Sensing*, 94.

Liu, C., B. Shi and X. Yang *et al.*, 2013. Automatic buildings extraction from LiDAR data in urban area by neural oscillator network of visual cortex. *IEEE Journal of Selected Topics in Applied Earth Observations and Remote Sensing*, 6(4).

Liu, M., Y. Hu and C. Li, 2017. Landscape metrics for three-dimensional urban building pattern recognition. *Applied Geography*, 87.

Liu, X., B. Derudder and P. Taylor, 2014. Mapping the evolution of hierarchical and regional tendencies in the world city network, 2000～2010. *Computers, environment and urban systems*, 43.

Meng, X., L. Wang and N. Currit, 2009. Morphology-based building detection from airborne LiDAR data. *Photogrammetric Engineering and Remote Sensing*, 75(4).

McGarigal, K., B. J. Marks, 1995. Spatial pattern analysis program for quantifying landscape structure. *Gen. Tech. Rep. PNW-GTR-351. US Department of Agriculture, Forest Service, Pacific Northwest Research Station*.

Mills, G., 1997. Building density and interior building temperatures: a physical modelling experiment. *Physical Geography*, 18(3).

Murakami, H., K. Nakagawa and H. Hasegawa *et al.*, 1999. Change detection of buildings using an airborne laser scanner. *ISPRS Journal of Photogrammetry and Remote Sensing*, 54(2).

Niemeyer, J., F. Rottensteiner and U. Soergel, 2014. Contextual classification of LiDAR data and building object detection in urban areas. *ISPRS journal of photogrammetry and remote sensing*, 87.

NYCDTT, 2019. 2017 ALS data. Accessed on Feb. 1, 2019. http://gis.ny.gov/elevation/lidar-coverage.htm.

Pang, S., X. Hu and Z. Wang *et al.*, 2014. Object-based analysis of airborne lidar data for building change detection. *Remote Sensing*, 6(11).

Qi, M., L. Jiang and Y. Liu *et al.*, 2018. Analysis of the characteristics and sources of carbonaceous aerosols in pm2.5 in the Beijing, Tianjin, and Langfang region, China. *International journal of environmental research and public health*, 15(7).

Qin, R., J. Tian and P. Reinartz, 2016. 3D change detection: Approaches and applications. *ISPRS Journal of Photogrammetry and Remote Sensing*, 122.

Robinson, D., 2006. Urban morphology and indicators of radiation availability. *Solar Energy*, 80(12).

Rottensteiner, F., G. Sohn and M. Gerke *et al.*, 2014. Results of the ISPRS benchmark on urban object detection and 3D building reconstruction. *ISPRS journal of photogrammetry and remote sensing*, 93.

Rusu, R. B., Z. C. Marton and N. Blodow *et al.*, 2008. Towards 3D point cloud based object maps for household environment. *Robotics and Autonomous Systems*, 56(11).

Rutzinger, M., F. Rottensteiner and N. Pfeifer, 2009. A comparison of evaluation techniques for building extraction from airborne laser scanning. *IEEE Journal of Selected Topics in Applied Earth Observations and Remote Sensing*, 2(1).

Streutker, D. R., 2003. Satellite-measured growth of the urban heat island of Houston, Texas. *Remote Sensing of Environment*, 85(3).

Sundell-Turner, N. M., A. D. Rodewald, 2008. A comparison of landscape metrics for conservation planning. *Landscape and Urban Planning*, 86.

Susaki, J., M. Kajimoto and M. Kishimoto, 2014. Urban density mapping of global megacities from polarimetric SAR images. *Remote sensing of environment*, 155.

Tian, J., S. Cui and P. Reinartz, 2014. Building change detection based on satellite stereo imagery and digital surface models. *IEEE Transactions on Geoscience and Remote Sensing*, 52(1).

Tian, J., P. Reinartz and P. d'Angelo *et al.*, 2013. Region-based automatic building and forest change detection on cartosat-1 stereo imagery. *ISPRS Journal of Photogrammetry and Remote Sensing*, 79.

Tomljenovic, I., B. Höfle and D. Tiede *et al.*, 2015. Building extraction from airborne laser scanning data: an analysis of the state of the art. *Remote Sensing*, 7(4).

Yang, J., M. S. Wong and M. Menenti *et al.*, 2015. Study of the geometry effect on land surface temperature retrieval in urban environment. *ISPRS journal of photogrammetry and remote sensing*, 109.

Yu, B., H. Liu and J. Wu *et al.*, 2010. Automated derivation of urban building density information using airborne lidar data and object-based method. *Landscape and Urban Planning*, 98(3～4).

Zakšek, K., K. Oštir and Ž. Kokalj, 2011. Sky-view factor as a relief visualization technique. *Remote sensing*, 3(2).

Zarea, A., A. Mohammadzadeh, 2016. A novel building and tree detection method from LiDAR data and aerial images. *IEEE Journal of selected topics in applied Earth Observations and Remote Sensing*, 9(5).

Zhou, Q. Y., U. Neumann, 2008. Fast and extensible building modeling from airborne LiDAR data. *Proceedings of the 16th ACM SIGSPATIAL international conference on Advances in geographic information systems*.

7 建筑物三维变化监测

7.1 概　　述

地球上城市面积占整体面积的 5%，地球上有一半的人口生活在城市区域（Schneider *et al.*, 2009）。作为人类主导的区域，大城市每年有大量的建筑物被拆除、新建或改造。一方面，构建用以描述建筑物变化类型轨迹的模型是地理数据库中地图和三维模型更新的关键步骤（Qin *et al.*, 2015）；另一方面，建筑物的新建、改造和拆除不可避免地会改变城市空间的三维形态特征并带来景观格局的变化，这种变化显著影响着城市的局地气候（Kanda *et al.*, 2005a; Adolphe, 2001）和城市能量收支平衡（Yang *et al.*, 2015; Yu *et al.*, 2010）。因而，从不同尺度进行建筑物类型、三维形态参数以及景观格局的变化监测逐渐成为城市遥感的重要研究热点。

随着遥感技术的发展，城市变化监测研究从二维的粗分辨率景观尺度监测逐步走向二三维一体化的立体监测（Qin *et al.*, 2016）。对于大部分利用高程进行建筑物变化监测的研究，主要有两大类型数据用于生成高度信息：LiDAR 数据（Murakami *et al.*, 1999; Hao *et al.*, 2015; Pang *et al.*, 2014）和 VHR 立体像对数据（Tian *et al.*, 2014; Tian *et al.*, 2013; Qin *et al.*, 2015; Bouziani *et al.*, 2010）。对于 VHR 立体像对数据，城市区域的高程信息提取不可避免地受到人为和自然物体的照明差异、视角变化以及增加的光谱模糊度影响（Baltsavias, 1999）。LiDAR 遥感是城市环境中对建筑物变化监测的技术突破。机载扫描得到的地面物体高程样本比传统摄影测量技术得到的准确、可靠和稠密。

现如今，使用多时相 LiDAR 数据进行建筑物垂直和水平变化监测已日益成为研究热点（Teo and Shih, 2012; Singh *et al.*, 2012）。将 LiDAR 数据应用于建筑物变化监测从方法层面可以分为两大类型：（1）无先验知识的直接监测（Murakami *et al.*, 1999）：通过比较两个时期之间的数据属性直接监测变化。这些属性涉及高程信息和基于高程信息提取的特征。但是，由于阴影和图像空间中的浮雕位移的影响，此方法可能会导致歧义。（2）先验分类知识支持下的监测（Bouziani *et al.*, 2010; Pang *et al.*, 2014）：该方法的思路是先进行多时相建筑物分类，然后比较两个时期之间同类的相似性。这种方法的优点是，在比较两个时期的相应区域时，可以利用有关土地覆盖的先验知识。大量研究表明城市变化监测是一个非常复杂的过程，因而通过加入一定先验分类知识能够有效提升变化监测的精度（Dong *et al.*, 2018; Wu *et al.*, 2014; Wu *et al.*, 2016; Teo and Shih, 2012）。

在相关的研究中，村上（Murakami *et al.*, 1999）使用多时空机载激光雷达数据，通过直接表面比较来监测建筑物的变化。他们还使用收缩和膨胀滤镜去除了由激光雷达数据中水平误差引起的小区域。为了研究如何从多时相 LiDAR 数据确定变化类型信息，马丛勇等（音译，Vu *et al.*, 2004）使用机载激光雷达和自然彩色的航空影像，根据高程和强度信息对建筑物进行检测和分类。来自激光雷达数据的强度信息与来自航空影像的红色波段组合在一起，以排除植被区域。董平梁等（音译，Dong *et al.*, 2018）提出了一个基于地块（Parcel，美国的税收单元）数据与后时相建筑物轮廓的变化监测方法用以支持城市规划以及土地管理。该方法通过比较前后时相的建筑物体积变化以及坡度变化来进行城市建筑物变化类型的确定，但是该方法需要提供后续时相建筑物轮廓的先验知识。此外，由于前时相建筑物轮廓数据的缺失，可能无法保证建筑物在前时相存在，而后时相被拆除的情况。由于 ALS 数据具有 1 点/ m^2 或更佳分辨率，可以准确提取建筑物足迹 （Du *et al.*, 2017; Zarea and Mohammadzadeh, 2015; Lin *et al.*, 2014 and Liu *et al.*, 2014），因而开发一套直接基于 ALS 数据，通过提取前后时相建筑物轮廓的分类先验知识，然后利用类间的形态特征差异进行建筑物变化类型轨迹建模是一种可行和较好的技术手段。

此外，变化监测需求不仅仅局限于城市复杂场景下的建筑物精确的变化类型，城市建筑物的二三维形态参数的变化热点在格网尺度以及城市建筑物景观格局指数在城市街区尺度对于研究社区以及政府管理规划部门同样重要（Huang *et al.*, 2017）。对于格网尺度的建筑物二三维形态参数，一方面，它可以让城市规划管理部门全面了解建筑物二三维形态学参数变化的强度、方向以及空间分布；另一方面，这些城市建筑物二三维形态学参数是进行城市地表能量平衡研究的重要参数。多项研究报告指出，建筑物的三维形态特征会影响行人层的水平风速（Kubota *et al.*, 2008），日光和太阳辐射的获取（Lam, 2000; Robinson *et al.*, 2006），建筑物的内部温度（Mills, 1997），地表热条件（Streutker, 2003），大气污染物的扩散（Qi *et al.*, 2018） 以及地面沉降（Gong *et al.*, 2018）。对于城市街区尺度的建筑物景观格局指数，一方面，它能够提供城市规划管理部门街区尺度的建筑物面积占比，以及城市建筑物的团聚或者离散程度等宏观信息；另一方面，已经有学者研究发现，街区尺度的建筑物生态景观指数能够直接影响城市的热岛效应 （Peng *et al.*, 2011）以及人口分布 （Tatem *et al.*, 2007）。那么，就有必要提出一套城市的多层次（Object-Grid-City Block）建筑物变化监测的模型。

本章因此提出对象—格网—街区建筑物变化（Object-Grid-Block Building Changes，OGB_BC）方法来满足不同层次的建筑物变化监测需求。该模型方法有 4 个特点：（1）它能够刻画建筑物对象变化类型轨迹的捕获，探测格网二三维建筑物形态学参数的变化以及进行城市街区尺度的建筑物景观格局变化的描述。（2）在建筑物对象变化轨迹的刻画中，该方法提出一种“双临界值”的建筑物变化识别模型。它能够考虑并识别出五种建筑物变化的类型，比如从建筑物到植被、裸土到建筑物或者一层建筑物到二层或多层建筑物。（3）在格网建筑物二三维形态学参数变化的刻画中它能考虑包括平面面积指数、迎风面积指数以及天空视域因子在内的 9 种建筑物形态参量变化。（4）在城市街区尺度能够进行包括建筑物景观的变化监测。本章同样选择纽约市布鲁克林北部的城市区域作为实验区，对提出的方法模型进行了应用和精度评估。

7.2 实验数据

7.2.1 激光雷达点云

本章收集了两期实验区的 LiDAR 点云数据，包括 2013 年与 2017 年美国纽约布鲁克林北部的航空 LiDAR 数据。该数据用于进行建筑物轮廓的提取以及进行建筑物变化监测。其中，2013 年的 LiDAR 数据来自于美国地质调查局，该数据使用赛斯纳（Cessna）404 和赛斯纳（Cessna）310 飞机上搭载的 Leica ALS70 系统收集得到的，点云密度约为 7～10 点/m^2, 采集时间为 2013 年 8 月 5 日至 15 日。水平位置精度在 95%的置信度下小于 42 cm。垂直位置精度在 95%的置信度下为 11.3cm 到 12.1cm（USGS, 2019）。

2017 年的数据来自于纽约市信息技术和电信部，该数据使用安装在赛斯纳 402C（Cessna 402C）或赛斯纳大篷车 208B（Cessna Caravan 208B）飞机上的 Leica ALS80 和 Riegl VQ-880-G 系统收集得到的，点云密度≥8.0 点/m^2，采集时间为 2017 年 5 月 3 日至 26 日。数据植被区域和非植被区域在 95%的置信度下分别为 15.8cm 以及 0.208 英尺（≈0.064 米）（NYCDTT, 2019）。

7.2.2 补充数据

除了机载 LiDAR 数据外，本章还收集了纽约市的地块数据，使用地块数据来进行建筑物的分类以及分类结果的优化。此外还收集了 2017 年实验区的高分辨率红、绿、蓝、近红外波段的正射影像作为建筑物轮廓提取结果验证的参考。

7.3 实验区概述

选择了美国纽约布鲁克林北部作为实验区，面积约 6.12 km^2，约有 8 000 栋建筑物，8 146 个地块，493 个街区。实验区 DSM 约为–23～384m。实验区内土地覆盖类型包括建筑物、植被、道路、裸土以及油罐等。实验区东边和北边是东河。实验区内建筑物较为复杂，既有大型的城市中央商务区，也有住宅区。同时，2013～2017 年，实验区内建筑物相较于纽约市其他区域变化较为剧烈，建筑物新建以及拆迁情况较为明显。

7.4 实验方法

7.4.1 实验方法概述

OGB_BC 方法流程见图 7-1。它主要包括三个关键步骤：（1）多时相 nDSM 和非地面点云生成：首先，对点云数据进行去噪处理，然后进行两期点云分布的一致性处理；其次，利用点云滤波算法进行点云地面点与非地面点的分离，形成 DSM 以及 DTM，最后利用 nDSM 进行非地面掩膜的提取，得到 2013 以及 2017 年的非地面掩膜;（2）精准的前后时相建筑物轮廓提取：在这一部分使用的方法与第 6 章相同，首先进行平坦度、法线方向方差和 nDSM 的 GLCM 纹理特征提取，然后将三个特征融合于一个能量最小化的图切算法框架，完成两期建筑物的标记工作；（3）多尺度建筑物二三维信息的变化监测：在这一部分，本章完成了一个基于“双临界值法”的建筑物变化类型的建模工作。其次，在格网尺度，进行了建筑物二三维形态学参数的变化监测工作。最后，在城市街区尺度，对建筑物二维的景观格局指数进行了变化监测。

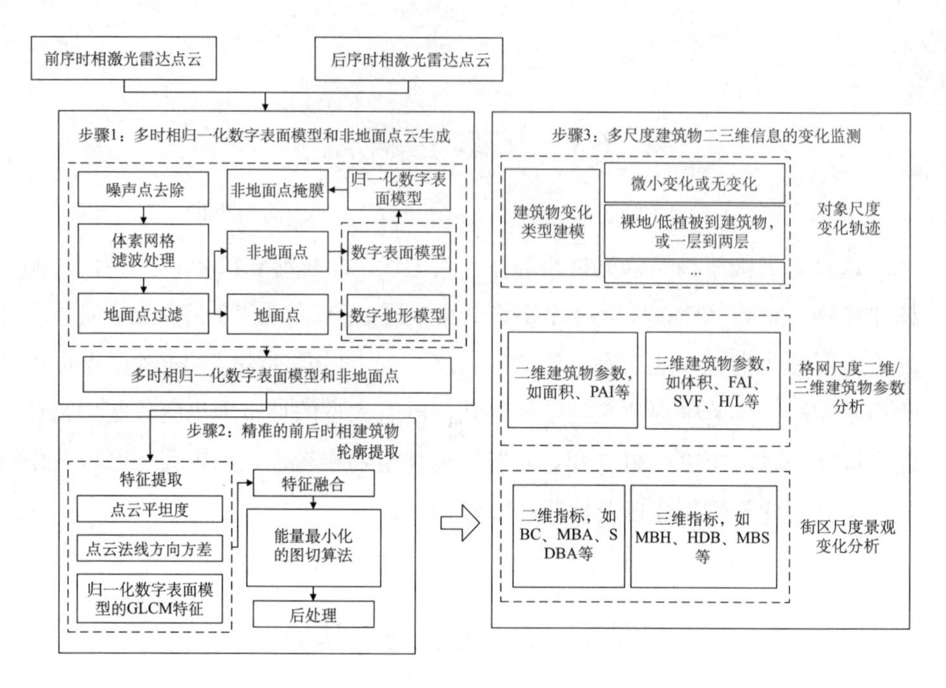

图 7-1 OGB_BC 模型技术流程

7.4.2 多层次建筑物动态监测

7.4.2.1 建筑物变化轨迹

城市建筑物的变化存在不同的轨迹。这里，本章定义了五种建筑物变化的轨迹。如图 7-2 所示，类型 1 指的是从中/高植被到建筑物；类型 2 指的是从裸土到建筑物，或者建筑物从一层到二层；类型 3 指的是建筑物无变化或者变化很小；类型 4 指的是从建筑物到裸土，或者建筑物从二层变为一层；类型 5 指的是从建筑物到中/高植被。

本章开发了一个“双临界值”法来识别上述五种类型的不同建筑物变化轨迹。这个方法的具体流程如图 7-3 所示。首先，利用第一个阈值从前序时相建筑物轮廓中识别出类型 5 以及从后序时相建筑物轮廓中识别出类型 1。具体来说，基于前序时相的建筑物轮廓数据，利用区域分析（zonal）工具分别对其 2013 年和 2017 年的平均坡度值进行计算得到 $Forward\ Slope_{2017}$ 与 $Forward\ Slope_{2013}$，找出建筑物区域和植被区域的差异。如果 $Forward\ Slope_{2017}$ 大于平均坡度的阈值 T_{slope}，并且 $Forward\ Slope_{2017}$ 以及 $Forward\ Slope_{2013}$ 两者差别较大，那么就可以判断出变化为类型 5，即 2013 年是建筑物，但是 2017 年变为植被的情况。同样的步骤，可以从后续时相的建筑物轮廓中识别出类型 1。

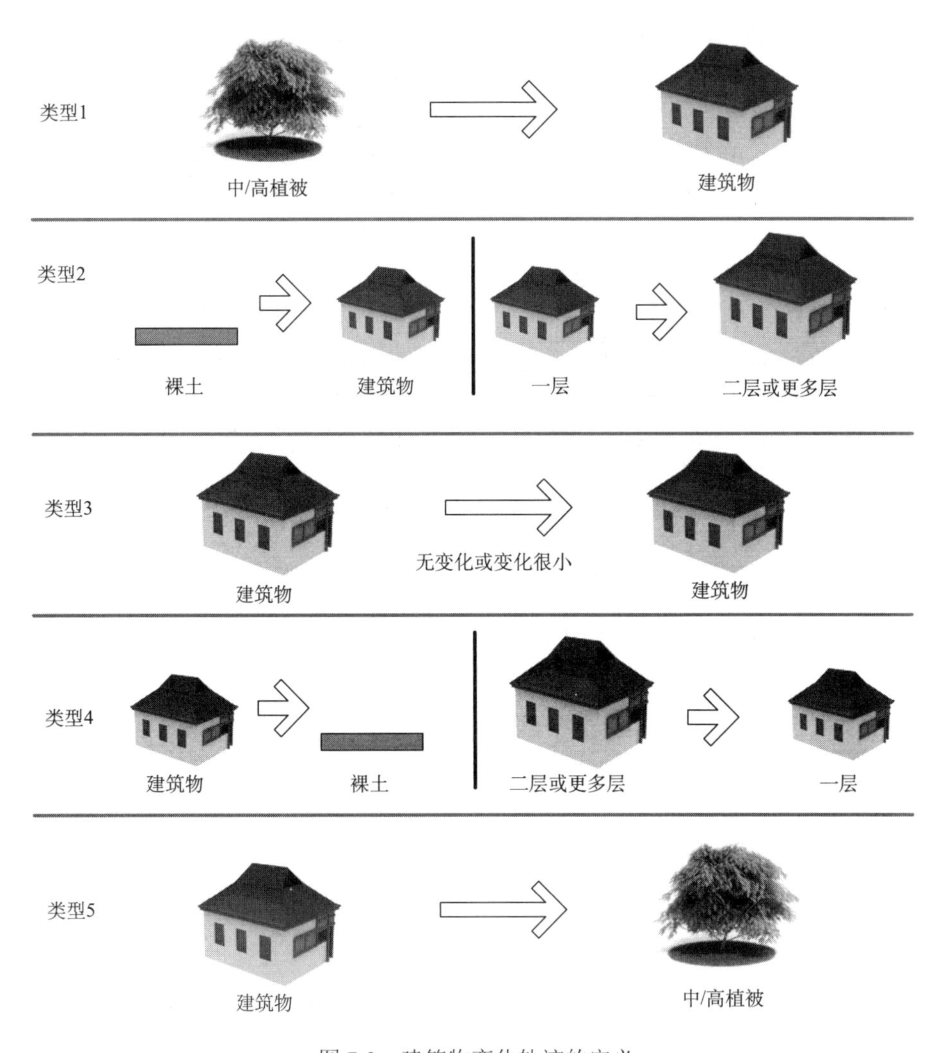

图 7-2 建筑物变化轨迹的定义

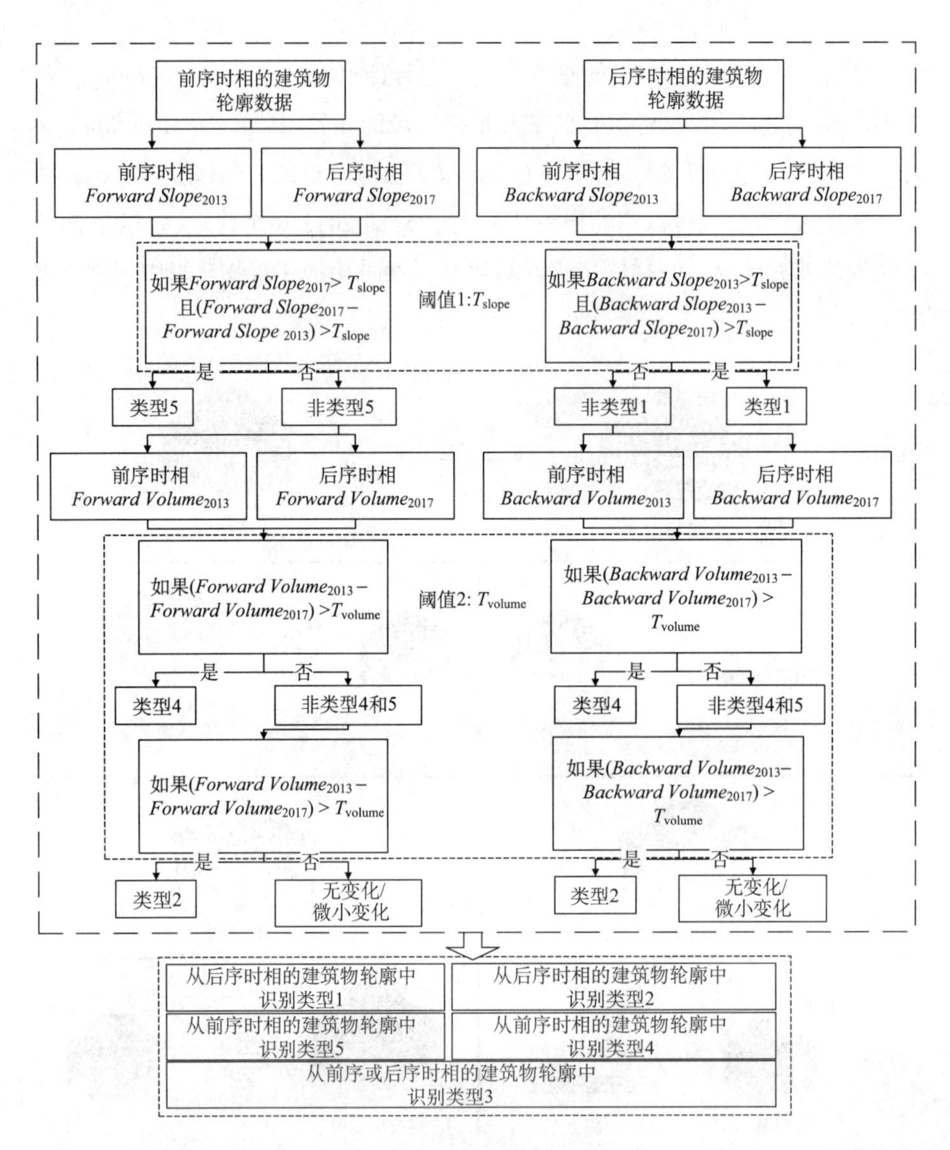

图 7-3 “双临界值”建筑物变化类型识别技术流程

这里阈值 T_{slope} 的确定方法是利用植被与建筑物的坡度直方图差异，分别随机选择 1 000 个前序时相和后序时相的建筑物轮廓数据以及在 2013 年和 2017 年的坡度影像上分别随机选择 1 000 个中/高植被点，利用 21×21 窗口（10.5m×10.5m），做出 2013 年和 2017 年两期的建筑物轮廓的区域分布平均坡度直方图以及中/高植被的焦点统计平均坡度直方图。选取建筑物区域分析平均坡度的最大值作为第一个临界值。

其次，利用第二个阈值从后序时相建筑物轮廓中识别出类型 4，以及从前序时相建筑物轮廓中识别出类型 2。具体来说，利用前序或者后序时相的建筑物轮廓数据分别在 2013 年的 nDSM 以及 2017 年的 nDSM 中使用区域分析求和，求解出两期建筑物体积为 $Volume_{2017}$ 与 $Volume_{2013}$。如果建筑物 i 的 $Volume_{2013}-Volume_{2017}$ 大于体积的阈值 T_{volume}，即面积×2.2。这里，可以近似认为一层楼的高度为 2.2m，那么也就是说明建筑物 i 的楼层变低了，属于类型 4。由于在后序建筑物轮廓中，可能存在 2013 年是建筑物，但 2017 年变为裸土这种难以识别的情况，所以这里的类型 4 需要从前序时相的建筑物轮廓中提取。

同理，如果建筑物 i 的 $Volume_{2017}-Volume_{2013}$>面积×2.2，那么就说明建筑物 i 变高变大了，则属于类型 2。由于存在 2013 年是裸土，2017 年变为建筑物的情况，那么前序时相的建筑物轮廓中可能无法识别此种类型。所以，这里的类型 2 需要从后序时相的建筑物轮廓中提取出来。当识别出类型 1、类型 2、类型 4 以及类型 5 之后，那么剩下的就是类型 3，即无变化或者变化很小。

7.4.2.2 二三维建筑物形态参数

格网尺度的变化分析不同于建筑物变化轨迹的识别。在格网尺度，OGB_BC 方法考虑二三维的建筑物形态学参数的变化分析。该步骤首先需要将标签影像划分成为一系列的格网。表 7-1 详细介绍了本章用到的二三维建筑物形态学参数及其计算方法，包括建筑物面积（A）、体积（V）、平面面积指数（PAI）等。

表 7-1 本章使用的二三维建筑物形态学参数变化分析

参数	简称	定义或者计算方法	参考文献
建筑物面积	A	$A=\sum_{i=1}^{n}A_{\text{building}i}$	Yu *et al.*, 2010
建筑物体积	V	$V=\sum_{i=1}^{n}V_{\text{building}i}$	Yu *et al.*, 2010

续表

参数	简称	定义或者计算方法	参考文献
平面面积指数	PAI	$\mathrm{PAI}=A_{\mathrm{building}}/A_{\mathrm{grid}}$	Kanda *et al.*, 2005a
迎风面积指数	FAI	$\mathrm{FAI}=WH/A_{\mathrm{grid}}$	Kanda *et al.*, 2005a
街道高度与建筑物宽度比值	H/W	$H/W=H_{\mathrm{building}}/W_{\mathrm{building}}$	Kanda *et al.*, 2005b
街区峡谷高宽比	H/L	$H/L=H_{\mathrm{building}}/L_{\mathrm{road}}$	Kanda *et al.*, 2005b
屋顶和地面天空视域因子	RGSVF	屋顶或地面的天空视域因子，可以视为室外天空视域因子	Zakšek *et al.*, 2011
墙面天空视域因子	WSVF	垂直墙面的天空视域因子，可以视为室内天空视域因子	Yang *et al.*, 2015
像素天空视域因子	PSVF	$\mathrm{PSVF}=f_{\mathrm{rooftop}}\times\mathrm{SVF}_{\mathrm{rooftop}}+f_{\mathrm{road}}\times\mathrm{SVF}_{\mathrm{road}}+f_{\mathrm{wall}}\times\mathrm{SVF}_{\mathrm{wall}}$	Yang *et al.*, 2015

上式中，n 指的是一个街区内建筑物的数量；$A_{\mathrm{building}i}$ 指的是建筑物 i 的面积；$V_{\mathrm{building}i}$ 指的是建筑物 i 的体积；H 指的是建筑物的高程；W 指的是建筑物的宽度；L 指的是道路的宽度；$\mathrm{SVF}_{\mathrm{rooftop}}$，$\mathrm{SVF}_{\mathrm{road}}$，$\mathrm{SVF}_{\mathrm{wall}}$ 分别指的是屋顶、道路以及墙面的天空视域因子；f_{rooftop}，f_{road}，f_{wall} 指的是屋顶、道路和墙面所占场景的分量。

RGSVF 指的是地面和屋顶的天空视域因子，详细的计算方法见参考文献 Zakšek *et al.*, 2011。在 OdSVF 计算过程中，设置搜索半径为 100 像素（50m）以及搜索方向为 32。然后，计算 OdSVF 的平均值为格网的 OdSVF。WSVF 指的是墙面的天空视域因子，可以使用平面面积指数和迎风面积指数计算该指数（Kanda *et al.*, 2005b）：

$$\mathrm{WSVF}=\mathrm{FWVF}\times(1-\mathrm{PAI})\times\mathrm{FAI} \qquad \text{（式 7-1）}$$

式中，FWVF 是地面对墙面的视域因子，它也等于（1–SVF）；PAI 指的是平面面积指数；FAI 指的是迎风面积指数。同样将 WSVF 升尺度到格网尺度，最终格网的 SVF 是地面、墙面以及屋顶三者按照它们的面积占比进行融合的结果（Kanda *et al.*, 2005a; Yang *et al.*, 2015），墙面的面积占比为：

$$f_{\mathrm{wall}}=\frac{\mathrm{FAI}}{\mathrm{FAI}+1} \qquad \text{（式 7-2）}$$

而屋顶以及地面的面积占比可以按照下式计算：

$$f_{\text{rooftop}} = 1 - f_{\text{road}} \quad \text{（式 7-3）}$$

需要注意的是，标记的影像分辨率为 0.5m，格网的大小确定则需要综合考虑提取的二三维建筑物形态学参数的提取精度以及细节的丧失问题（Susaki *et al.*, 2014; Huang *et al.*, 2017）。通常情况下，当一个格网的大小逐渐变大的时候，它的精度会逐步提升，然而它会丧失更多的细节。对于精度问题，可以使用 Pearson 相关系数来度量提取的建筑物密度及其与目视解译的建筑物密度。对于影像的细节丧失，使用 KL 值来表征：

$$D(P \| Q) = \sum_i P(i) \times \log \frac{P(i)}{Q(i)} \quad \text{（式 7-4）}$$

式中，D（$P\|Q$）指的是 KL 值，P 和 Q 分别为具有精细空间分辨率的真实建筑物密度和具有粗糙空间分辨率的评估建筑物密度的离散概率分布。在本章中，设置了不同的格网尺度，分别为 7×7 像素、11×11 像素、21×21 像素、31×31 像素、41×41 像素以及 51×51 像素。对比不同的格网尺度与 7×7 像素的建筑物密度在区间[0%,100%]上的分布，分布间隔设置为 1%。D（$P\|Q$）越小，说明 P 与 Q 的建筑物密度分布越接近，即细节丧失越少。

7.4.2.3 景观格局指数

在城市街区尺度，本章重点关注建筑物的景观格局指数变化。一般来说，城市街区尺度的景观参数分析是城市管理和规划最为重要的参考（Leitão, 2012）。景观格局指数通常包括两种：景观组成和景观配置。景观组成反映了土地覆被的组分。景观配置反映了斑块的排列、分布及空间特征（McGarigal and Marks, 1995）。

本章中，景观组成主要分析建筑物面积占比。此外，设置了一系列的建筑物景观配置参数如表 7-2 所示。对于建筑物斑块主要包括三种类型，区域边缘、形状和聚集。本章的景观指数计算使用的是 Fragstats3.4 软件。

表 7-2 城市街区尺度用到的景观配置参数

类别	指数	描述
区域边缘	最大斑块指数（LPI）	LPI 等于一个街区中最大斑块所占总景观的百分比
	边缘密度（ED）	ED 指的是相对于一个街区的景观区域的边缘量
形状	平均斑块面积（MPA）	MPA 是一个街区中的平均建筑物面积
	斑块面积标准偏差（SDPA）	SDPA 是一个街区中建筑物斑块面积的标准偏差。
	平均形状指数 （MSI）	MSI 是一个街区中建筑物斑块的平均形状复杂度
	形状指数的标准偏差（SDSI）	SDSI 是一个街区中建筑物 MSI 的标准偏差
聚集	平均最近邻居距离（MNN）	MNN 是测算一个街区中建筑物斑块的分离度，单个斑块的最近邻距离是到相似斑块（边到边）的最短距离，平均最近邻距离是一个街区中所有建筑物斑块最近邻距离（米）的平均值。
	平均最近邻距离的标准偏差（SDMNN）	SDMNN 是街区中建筑物斑块 MNN 的标准偏差
	斑块密度（PD）	PD 指的是单位面积内建筑物斑块的数量
	内聚指数（CI）	CI 反映了一个街区内建筑物斑块的连通性

7.5 实验结果

7.5.1 建筑物监测

基于点和格网的特征值，利用图切算法提取了两期（2013 年及 2017 年）实验区的建筑物轮廓数据（图 7-4）。在 2013 年识别了 7 993 栋建筑物，在 2017 年识别了 8 082 栋建筑物。

表 7-3 显示了前后序时相建筑物提取的精度。像素级别、对象级别以及面积加权对象级别均展示出一个较好的提取精度。在像素级别中，Comp、Corr 以及 Quality 在 2013 年分别为 95.54%、94.86%和 90.80%，在 2017 年分别为 94.49%、95.54%和 90.51%。在对象级别，Comp，Corr 以及 Quality 在 2013 年分别为 94.37%、94.21%以及 92.78%，在 2017 年分别为 94.21%、97.99%

和 92.42%。总之，提取的建筑物精度较为稳健，并且能够用于后续的多时相变化监测分析。

(a) 2013年　(b) 2017年
(c) 局部放大1　(d) 局部放大2

图 7-4　多时相建筑物提取

表 7-3 前后序时相建筑物提取结果的准确性

ID	像素级别（%）			对象级别（%）			面积加权对象级别（%）		
	完整性	正确性	质量	完整性	正确性	质量	完整性	正确性	质量
前序时相	95.54	94.86	90.80	94.37	98.21	92.78	98.38	99.50	97.91
后序时相	94.49	95.54	90.51	94.21	97.99	92.42	98.38	99.41	97.81

7.5.2 建筑物类型变化

在对象级别建筑物变化监测中 OGB_BC 使用了一个“双临界值”方法。第一个临界值利用了建筑物统计平均坡度与植被的局部平均坡度之间的直方图差异。图 7-5 展示了这种差异，可以将其阈值设置为 53°用以区分建筑物和植被。此外，当从建筑物到植被或从植被到建筑物时，统计坡度平均值将发生显著变化。所以，这里加了一个限制条件，当两个时相的区域平均坡度值变化超过 10°时类型 5 以及类型 1 才能被识别。

建筑物类型变化的识别结果如图 7-6 所示。类型 1～5 在图中被标记成不同的颜色。类型 2 和类型 4 的变化主导了 2013～2017 年实验区建筑物的主要变化类型。而其他的变化类型很少发生。例如，从建筑物到中/高植被或者从中/高植被到建筑物的类型 1、类型 2、类型 4、类型 5 的数量分别为 3、251、89、4。

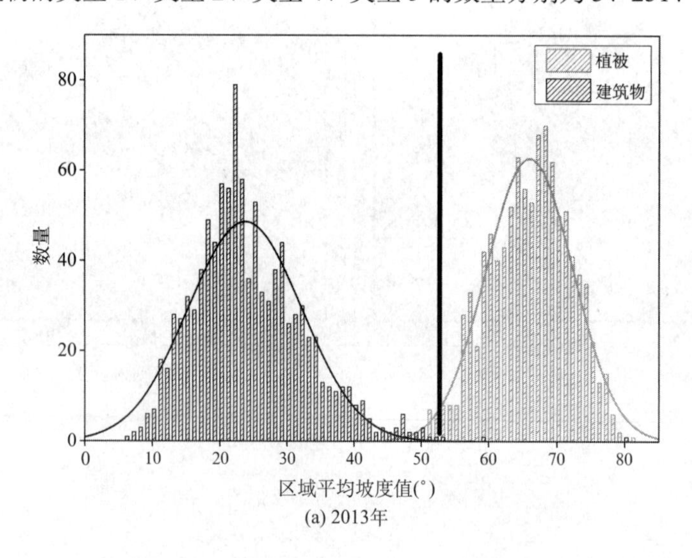

(a) 2013年

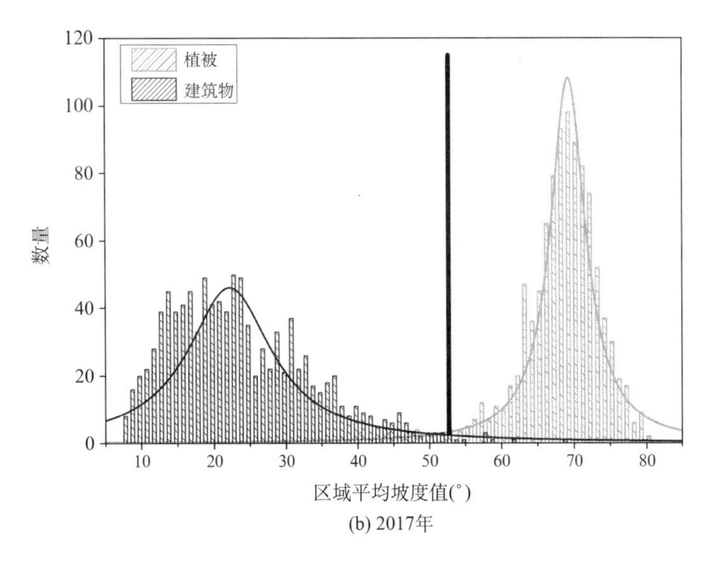

图 7-5 建筑物和植被区域平均坡度直方图

表 7-4 详细展示了类型 1～5 在像素级别的精度。所有五种建筑物变化类型的准确性都非常高。这证明了"双临界值"法应用于城市建筑物变化监测的可行性。

表 7-4 建筑物变化类型精度评估

类型	完整性（%）	正确性 （%）	质量（%）	面积	数量
1	95.19	97.06	95.52	223.73 m^2	3
2	96.93	97.56	94.63	135 986.44 m^2	251
3	95.43	95.57	91.48	1.98 km^2	7 813
4	95.04	93.67	89.31	63 988.28 m^2	89
5	92.71	97.00	90.13	1 285.95 m^2	4

7.5.3 二三维建筑物形态学参数分析

图 7-7 显示了格网大小对二三维建筑物形态学参数提取结果的影响。当皮尔森相关系数在 31×31 像素时候，增长逐渐变得缓慢，而 KL 值增长仍然

明显。所以，综合提取精度以及细节丧失，选择 31×31 像素作为格网分析的大小。

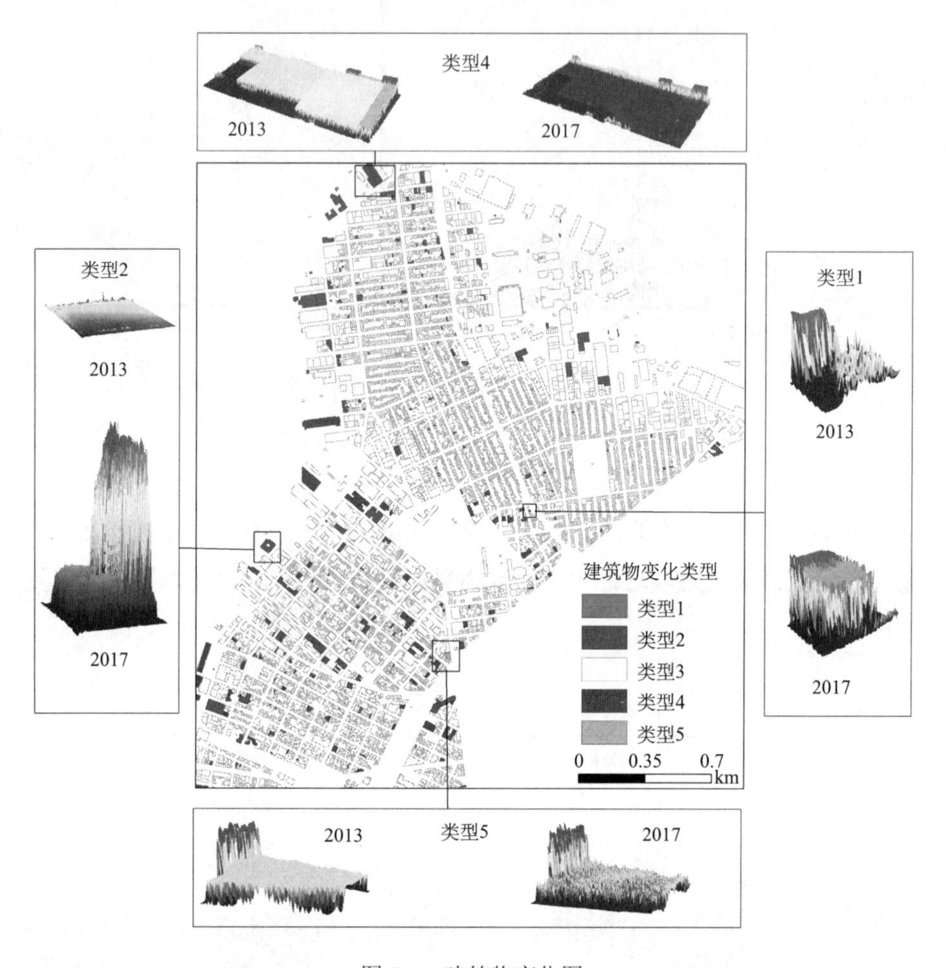

图 7-6 建筑物变化图

进一步，提取了包括建筑物面积、建筑物体积、RGSVF、平面面积指数、迎风面积指数、PSVF、街道高度和建筑物宽度比、街区峡谷高宽比以及 WSVF（图 7-8、7-9、7-10）。不同于对象级别的变化轨迹识别，在格网尺度的建筑物二三维信息变化中，OGB_BC 方法可以全面揭示建筑物二三维形态学参数的变化强度、变化方向（增长或者降低）以及这些参数变化的空间分布。对照实验区的功能区划图可以看出，二三维建筑物形态学参数变化的热点区域大多为西部沿岸的住宅区以及南部和北部的制造业区。整体上商业区以及公园区的建筑物形态学参数变化不大。

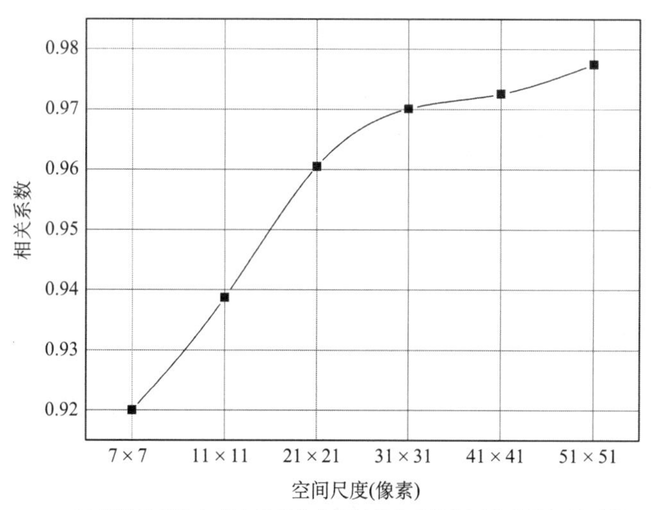

(a) 提取建筑物与真实建筑物之间计算的建筑物覆盖率的相关系数

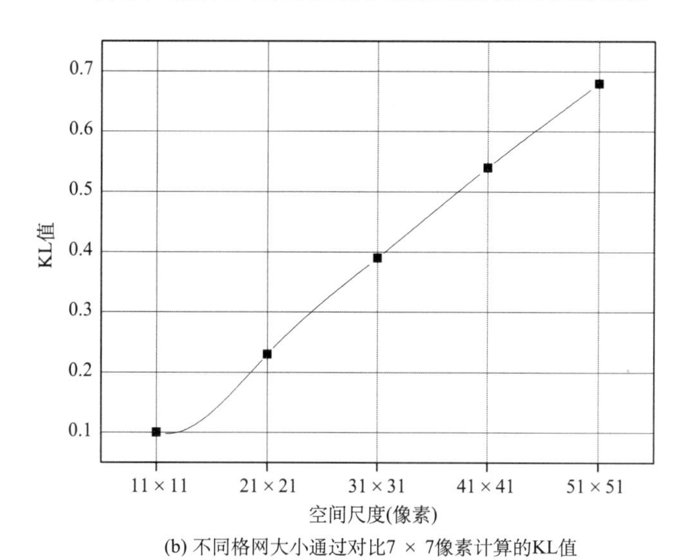

(b) 不同格网大小通过对比7 × 7像素计算的KL值

图 7-7 格网大小对二三维建筑物形态学参数提取结果的影响

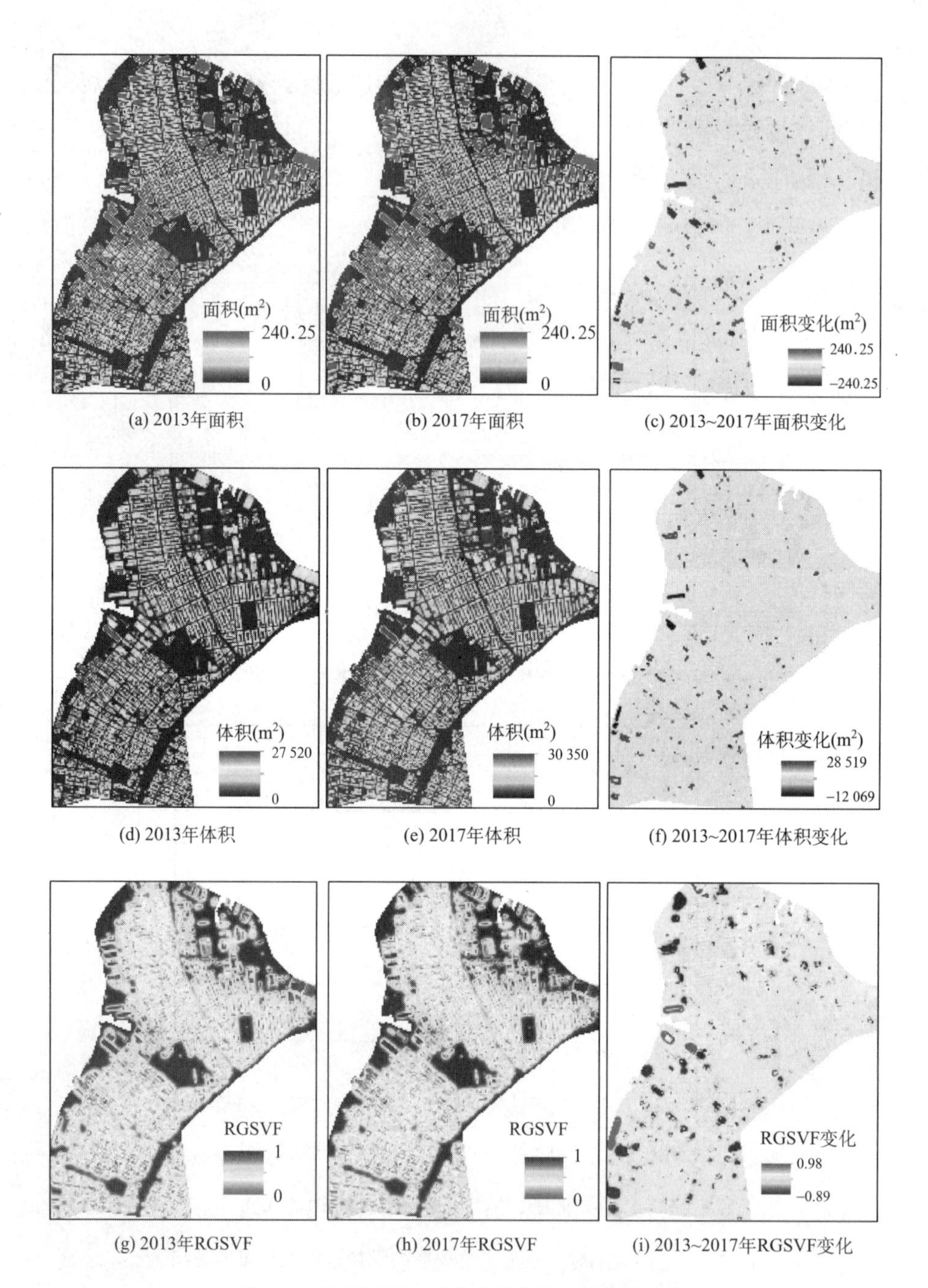

(a) 2013年面积 (b) 2017年面积 (c) 2013~2017年面积变化

(d) 2013年体积 (e) 2017年体积 (f) 2013~2017年体积变化

(g) 2013年RGSVF (h) 2017年RGSVF (i) 2013~2017年RGSVF变化

图 7-8 格网尺度二三维建筑物形态学参数变化

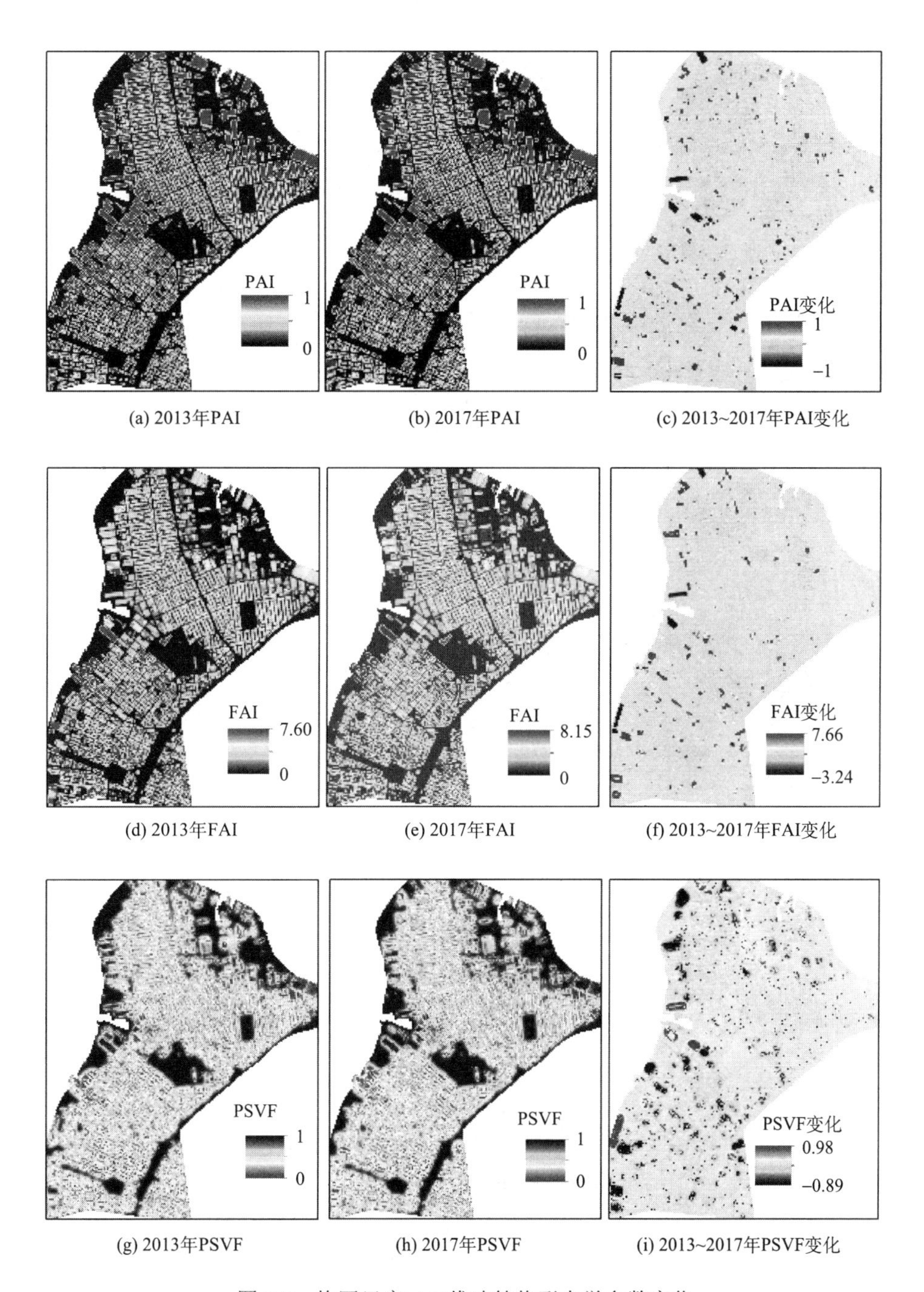

(a) 2013年PAI (b) 2017年PAI (c) 2013~2017年PAI变化

(d) 2013年FAI (e) 2017年FAI (f) 2013~2017年FAI变化

(g) 2013年PSVF (h) 2017年PSVF (i) 2013~2017年PSVF变化

图 7-9 格网尺度二三维建筑物形态学参数变化

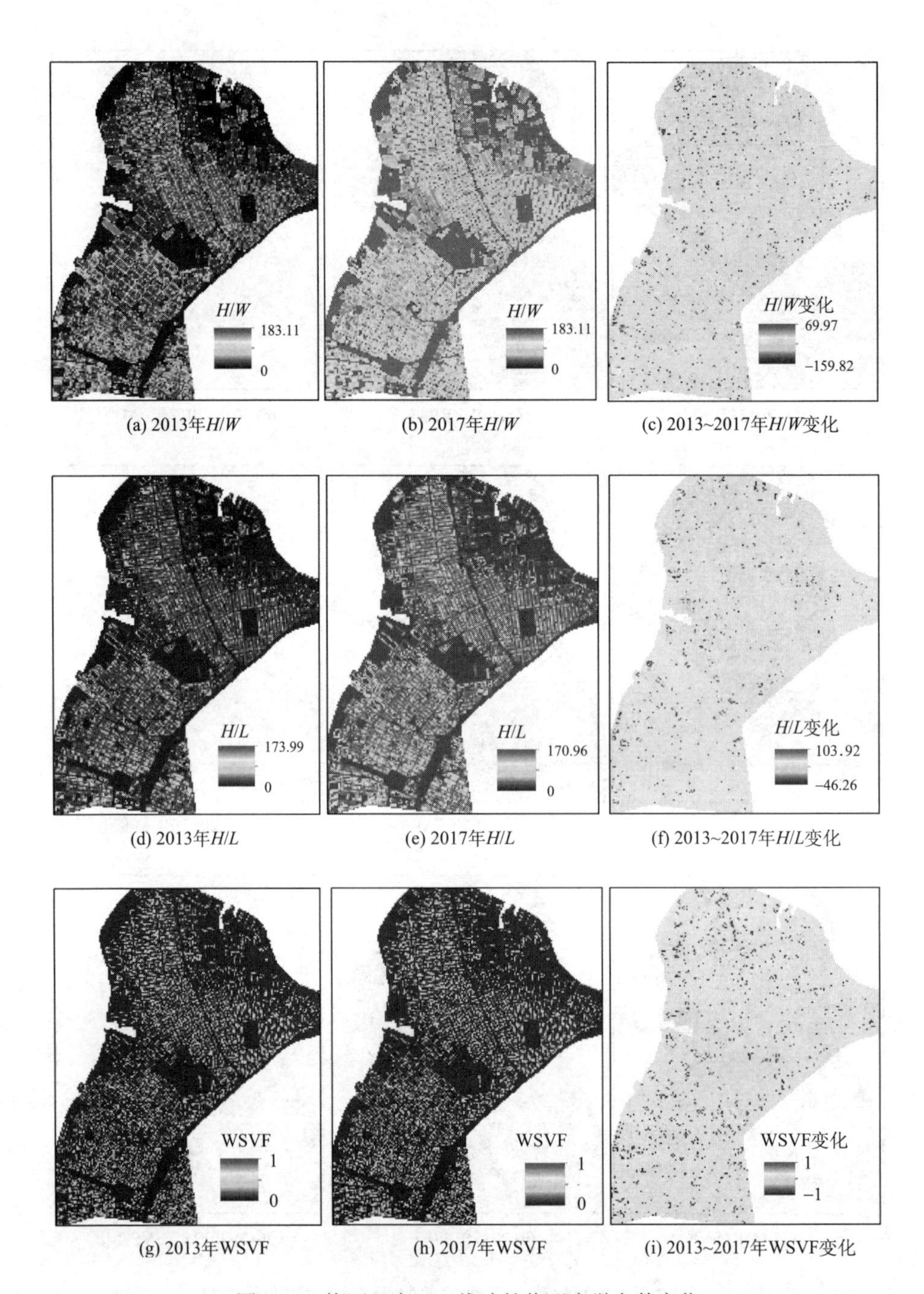

图 7-10　格网尺度二三维建筑物形态学参数变化

7.5.4 景观格局指数分析

建筑物面积占比是监测城市生态环境和人居环境的重要指标。图 7-11 给出了 2013 年的建筑物面积占比以及 2017 年的建筑物面积占比。如图 7-11 所示，2013～2017 年间，美国纽约市布鲁克林北部建筑物面积占比较高的区域主要位于制造区，其次为住宅区和商业区，建筑物面积占比较低的区域为公园。同时图 7-11（c）的分级特征是使用自然断点法区分变化等级。其[–0.51, –0.14），[–0.14, –0.01），[–0.01, 0.03），[0.03,0.14），[0.14,0.5]区间分别为降低、轻微降低、无变化、轻微增长、增长。从图 7-11（c）中可以很好地监测街区建筑物面积占比的增长、轻微增长、轻微降低以及降低，并且能够有效地避免格网尺度的“椒盐”现象。这体现出城市街区尺度三维变化监测的优势。

同时，进一步分析了实验区的街区尺度建筑物景观格局指数 LPI（图 7-12）。LPI 指的是最大建筑物斑块所占街区的面积。LPI 越大，说明建筑物在该街区是其优势土地覆盖类型。从图 7-12（a）和（b）中可以看出，建筑物的优势类型主要位于中部和北部的制造区。它的变化强弱反映了人类活动的作用方向和强度，即建筑物增长或减少的强度。MPA 指的是拼块级别上等

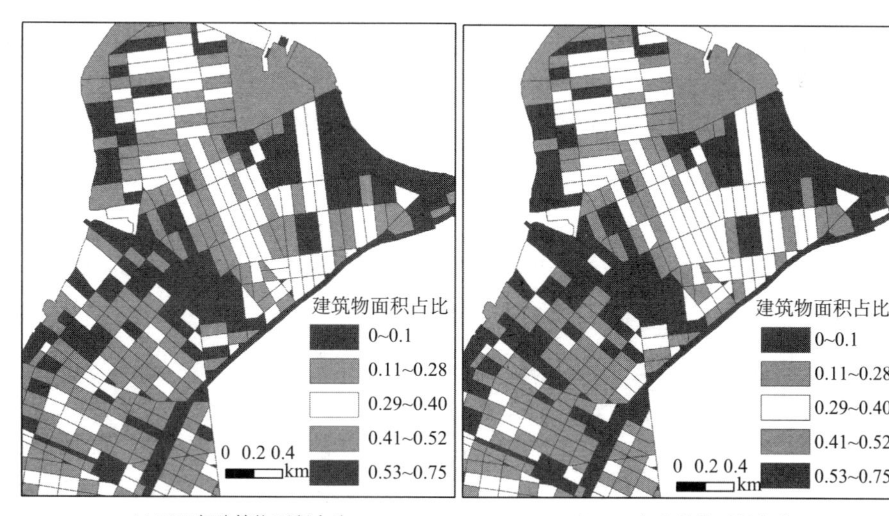

(a) 2013年建筑物面积占比　　(b) 2017年建筑物面积占比

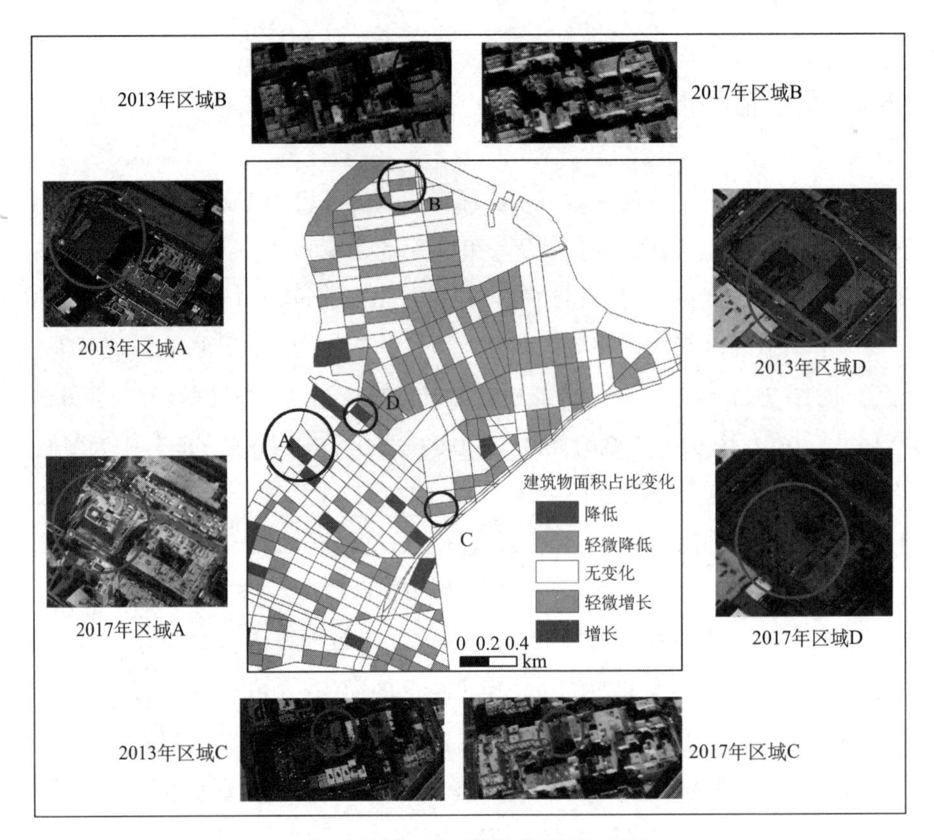

(c) 2013~2017年建筑物面积占比变化

图 7-11　街区尺度建筑物面积占比变化

于某一拼块类型的总面积除以该类型的拼块数目。MPA 越小，表示该街区的建筑物越破碎。从图 7-12（d）和（e）中可以看出，北部和南部的商业区表现出较高的建筑物破碎度，而住宅区和制造区表现出较低的建筑物破碎度。MNN 在拼块级别上等于从斑块到同类型拼块的最近距离之和除以具有最近距离的拼块总数。一般来说 MNN 值越大，反映出同类型斑块间相隔距离越远，分布越离散；反之，说明同类型斑块间相隔距离越近，分布越集聚。从图 7-12（g）和（h）中可以看出，实验区内部呈现出建筑物的集聚分布，而外围则呈现出建筑物的离散分布。而且建筑物集聚程度的变化主要发生在实验区的外围（图 7-12（c））。

(a) 2013年LPI (b) 2017年LPI (c) 2013~2017年LPI变化

(d) 2013年MBA (e) 2017年MBA (f) 2013~2017年MBA变化

(g) 2013年MNN (h) 2017年MNN (i) 2013~2017年MNN变化

图 7-12 街区尺度建筑物景观指数变化

7.6 本章小结

随着 LiDAR 技术的发展，LiDAR 逐渐成为城市场景下建筑物变化监测的重要技术手段。城市微小的变化监测越来越得到研究者的关注，而微小的变化很难被粗分辨率或者中分辨率的遥感数据所捕获（Qin *et al.*, 2016）。同时相比于高分辨率的立体像对影像，LiDAR 获取的数据不会受到人为和自然物体的照明差异、视角变化以及增加的光谱模糊度影响（Baltsavias, 1999; Yu *et al.*, 2010），因而它应用于城市微小的建筑物变化监测具有巨大的优势。

同时，需要注意的是，城市建筑物变化监测需求不仅仅局限于复杂场景下的建筑物精确的变化类型，城市格网尺度的建筑物二三维形态学参数的变化热点以及城市街区尺度的建筑物景观格局指数变化监测对于研究社区以及政府管理规划部门同样重要（Huang *et al.*, 2017; Leitão, 2012）。基于此，本章仅利用了 ALS 数据，构建了一套适用于大城市场景的建筑物多层次变化监测方法模型 OGB_BC 方法。该方法完成了建筑物尺度的变化类型监测，格网尺度的二三维建筑物形态学参数的变化监测以及街区尺度的建筑物景观格局指数监测。本章的研究成果使城市多层次建筑物的变化监测从二维走向三维。

相比于同类研究，有学者利用 ZY-3 高分辨率多视角立体像对影像完成了城市像素—格网—街区尺度的土地覆盖类型二维多层次变化监测。由于 ZY-3 立体像对生成的 nDSM 精度问题难以获取城市建筑物真实的高程信息，因而难以实现城市建筑物的三维变化监测（Huang *et al.*, 2017）。本章提出的 OGB_BC 方法利用 LiDAR 数据在一定程度上填补了这个应用空白，实现了多层次城市建筑物变化监测从二维走向三维。在建筑物变化类型监测上，本章提出的“双临界值”方法，利用标记的前后序时相建筑物标签影像的区域平均坡度值变化以及建筑物体积变化，实现了五种建筑物类型的变化监测捕获，相比于董平梁等（音译，Dong *et al.*, 2018）仅仅利用后序时相的建筑物标记影像，能够更加有效地识别出建筑物被拆除或者损毁的情形，即前序时相标签影像上存在建筑物，而后序时相标签影像缺失的情形。

值得注意的是，OGB_BC 提取的建筑物变化类型的监测精度依赖于前后序时相的建筑物提取精度。使用单一的 ALS 数据进行建筑物变化监测不可避免地存在一些理论误差。例如，屋顶上的植被导致屋顶漏分现象或者平坦高大的油罐错分成建筑物的情形。因而，未来的研究方向是综合多源遥感数据（例如，移动 LiDAR 点云）共同进行城市多层次建筑物三维变化监测。

参考文献

Adolphe, L., 2001. A simplified model of urban morphology: application to an analysis of the environmental performance of cities. *Environment and Planning B—Planning and Design*, 28 (2).

Baltsavias, E. P., 1999. A comparison between photogrammetry and laser scanning. *ISPRS Journal of Photogrammetry and Remote Sensing*, 54(2–3).

Bouziani, M., K. GoTa and D. C. He, 2010. Automatic change detection of buildings in urban environment from very high spatial resolution images using existing geodatabase and prior knowledge. *ISPRS Journal of Photogrammetry and Remote Sensing*, 65(1).

Dong, P., Q. Chen, 2018. *LiDAR Remote Sensing and Applications*. Boca Raton: CRC Press.

Dong, P., R. Zhong and A. Yigit, 2018. Automated parcel-based building change detection using multitemporal airborne LiDAR data. *Surveying and Land Information Science*, 77, 1.

Du, S., Y. Zhang, Z. Zou *et al.*, 2017. Automatic building extraction from lidar data fusion of point and grid-based features. *ISPRS Journal of Photogrammetry and Remote Sensing*, 130.

Gong, H., Y. Pan, L. Zheng *et al.*, 2018. Long-term groundwater storage changes and land subsidence development in the north china plain (1971～2015). *Hydrogeology Journal*,(1).

Hao, X., C. Liang, L. Manchun *et al.*, 2015. Using octrees to detect changes to buildings and trees in the urban environment from airborne lidar data. *Remote Sensing*, 7(8).

Huang X., D. Wen, J. Li *et al.*, 2017. Multi-level monitoring of subtle urban changes for the megacities of china using high-resolution multi-view satellite imagery. *Remote Sensing of Environment*, 196.

Kanda, M., T. Kawai and K. Nakagawa, 2005a. A simple theoretical radiation scheme for regular building arrays. *Boundary-Layer Meteorology*, 114(1).

Kanda, M., T. Kawai, M. Kanega *et al.*, 2005b. A simple energy balance model for regular building arrays. *Boundary-Layer Meteorology*, 116(3).

Kubota, T., M. Miura, Y. Tominaga *et al.*, 2008. Wind tunnel tests on the relationship between building density and pedestrian-level wind velocity: development of guidelines for realizing acceptable wind environment in residential neighborhoods. *Building and Environment*, 43(10).

Lam, J. C., 2000. Shading effects due to nearby buildings and energy implications. *Energy Conversion and Management*, 41(7).

Leitão, A. B., J. Miller, J. Ahern *et al.*, 2012. *Measuring Landscapes: A Planner's Handbook*. Island Press.

Lin, C. H., J. Y. Chen, P. L. Su *et al.*, 2014. Eigen-feature analysis of weighted covariance matrices for lidar point cloud classification. *ISPRS Journal of Photogrammetry and Remote Sensing*, 94.

Liu, C., B. Shi, X. Yang *et al.*, 2014. Automatic buildings extraction from lidar data in urban area by neural oscillator network of visual cortex. *IEEE Journal of Selected Topics in Applied Earth Observations and Remote Sensing*, 6(4).

McGarigal, K., B. J. Marks, 1995. *Spatial pattern analysis program for quantifying landscape structure*. Gen. Tech. Rep. PNW-GTR-351. US Department of Agriculture, Forest Service, Pacific Northwest Research Station.

Mills, G., 1997. Building density and interior building temperatures: a physical modelling experiment. *Physical Geography*, 18(3).

Murakami, H., K. Nakagawa, H. Hasegawa *et al.*, 1999. Change detection of buildings using an airborne laser scanner. *ISPRS Journal of Photogrammetry and Remote Sensing*, 54(2).

NYCDTT, 2019. 2017 ALS data. Accessed on Feb. 1, 2019. http://gis.ny.gov/elevation/lidar-coverage.htm.

Pang, S., X. Y. He, Z. Z. Wang *et al.*, 2014. Object-based analysis of airborne lidar data for building change detection. *Remote Sensing*, 6(11).

Peng, S., S. Piao, P. Ciais *et al.*, 2011. Surface urban heat island across 419 global big cities. *Environmental Science and Technology*, 46(2).

Qi, M., L. Jiang, Y. Liu *et al.*, 2018. Analysis of the characteristics and sources of carbonaceous aerosols in pm2.5 in the Beijing, Tianjin, and Langfang region, China. *International Journal of Environmental Research and Public Health*, 15(7).

Qin, R., X. Huang, A. Gruen *et al.*, 2015. Object-based 3D building change detection on multitemporal stereo images. *IEEE Journal of Selected Topics in Applied Earth Observations and Remote Sensing*, 8(5).

Qin, R., J. Tian and P. Reinartz, 2016. 3D change detection: Approaches and applications. *ISPRS Journal of Photogrammetry and Remote Sensing*, 122.

Robinson, D., 2006. Urban morphology and indicators of radiation availability. *Solar Energy*, 80(12).

Schneider, A., M. A. Friedl and D. Potere, 2009. A new map of global urban extent from MODIS satellite data. *Environmental Research Letters*, 4(4).

Singh, K. K., J. B. Vogler, D. A. Shoemaker *et al.,* 2012. Lidar-Landsat data fusion for large-area assessment of urban land cover: balancing spatial resolution, data volume and mapping accuracy. *ISPRS Journal of Photogrammetry and Remote Sensing*, 74.

Streutker, D. R., 2003. Satellite-measured growth of the urban heat island of Houston, Texas. *Remote Sensing of Environment*, 85(3).

Susaki, J., K. Muneyoshi *et al.*, 2014. Urban density mapping of global megacities from polarimetric SAR images. *Remote Sensing of Environment.*

Tatem, A. J., A. M. Noor, C. von Hagen *et al.*, 2007. High resolution population maps for low income nations: combining land cover and census in east Africa. *Plos One*, 2(12).

Teo, T. A., T. Y. Shih, 2013. Lidar-based change detection and change-type determination in urban areas. *International Journal of Remote Sensing*, 34(3).

Tian, J., S. Cui and P. Reinartz, 2014. Building change detection based on satellite stereo imagery and digital surface models. *IEEE Transactions on Geoscience and Remote Sensing*, 52(1).

Tian, J., P. Reinartz, P. d'Angelo *et al.*, 2013. Region-based automatic building and forest change detection on cartosat-1 stereo imagery. *ISPRS Journal of Photogrammetry and Remote Sensing*, 79.

USGS, 2019. 2013 ALS data. Accessed on Feb. 1, 2019. http://gis.ny.gov/elevation/lidar-coverage.htm.

Vu, T., M. Matsuoka and F. Yamazaki, 2004. LIDAR-Based Change Detection of Buildings in Dense Urban Areas. *IEEE International Geoscience Remote Sensing Symposium*, 5.

Wu, B., J. Yang, Z. Zhao *et al.,* 2014. Parcel-based change detection in land-use maps by adopting the holistic feature. *IEEE Journal of Selected Topics in Applied Earth Observations and Remote Sensing*, 7(8).

Wu, B., Y. Liu, J. Zhu *et al.,* 2016. Research of optimal parameters for parcel-based change detection. *2016 IEEE International Geoscience and Remote Sensing Symposium.*

Yang, J., M. S. Wong, M. Menenti *et al.* 2015., Study of the geometry effect on land surface temperature retrieval in urban environment. *ISPRS Journal of Photogrammetry and Remote Sensing*, 109.

Yu, B., H. Liu, J. Wu *et al.*, 2010. Automated derivation of urban building density information using airborne lidar data and object-based method. *Landscape and Urban Planning*, 98(3～4).

Zakšek, K., K. Oštir and Ž. Kokalj, 2011. Sky-view factor as a relief visualization technique. *Remote Sensing*, 3(2).

Zarea, A., A. Mohammadzadeh, 2015. A novel building and tree detection method from lidar data and aerial images. *IEEE Journal of Selected Topics in Applied Earth Observations and Remote Sensing*, 9(5).

8　城市地表反射率与短波辐射分量反演

8.1　实 验 数 据

为准确评估 USSR 模型对城市地表反射率以及短波辐射分量的反演效果，本章选择了春、夏、秋、冬四季的影像进行城市地表反射率反演以及城市卫星过境时刻辐射收支计算。本章使用的卫星遥感数据如表 8-1 所示，影像的获取时间分别为 2015 年 2 月 11 日（冬季）、2015 年 5 月 18 日（春季）、2017 年 7 月 10 日（夏季）以及 2014 年 10 月 6 日（秋季），影像类型为覆盖北京主城区的陆地资源卫星 8 号（Landsat 8 Operational Land Imager，OLI）影像。四景卫星的轨道号均为 123/32。

表 8-1　卫星数据简介

影像类型	轨道号（Path/Row）	影像获取时间	卫星过境时刻太阳天顶角/方位角
Landsat 8 OLI 数据	123/32	2015-02-11 10:53	58.70°/153.09°
Landsat 8 OLI 数据	123/32	2015-05-18 10:52	26.6°/136.04°
Landsat 8 OLI 数据	123/32	2017-07-10 10:53	25.53°/128.81°
Landsat 8 OLI 数据	123/32	2014-10-06 10:53	47.97°/157.03°

8.2　实验区概述

本章实验区选择北京市主要区域。北京市属于典型的平原城市，市内海拔变化不大，约为21～55m。其市内建筑物密集（既包括生活区的建筑物，也有中央商务区的建筑物），近郊区包括部分耕地和建筑物。本章拟将第三章构建的USSR模型应用于北京市主要区域反演。

8.3 基于城市地表短波辐射传输模型的城市地表反射率反演

8.3.1 城市地表反射率反演方法

图8-1展示了城市地表反射率的反演流程。城市地表反射率反演步骤为：（1）卫星传感器数据的辐射定标；（2）大气校正；（3）城市场景辐射传输建模；（4）城市地表反射率反演。

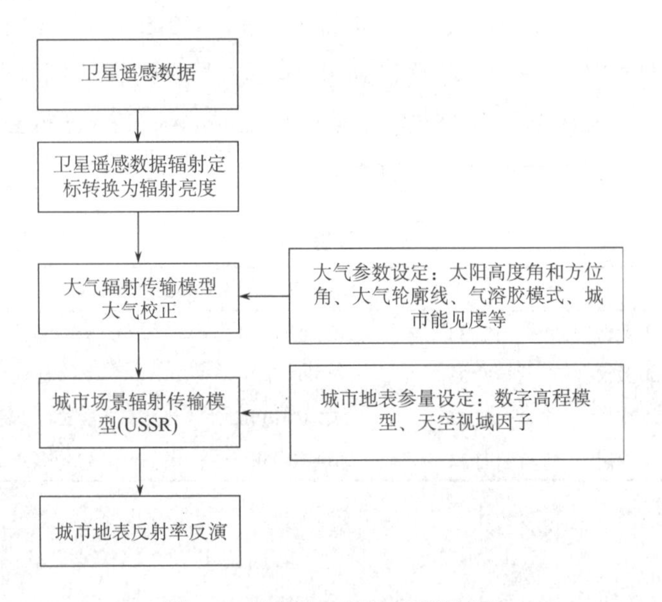

图8-1 城市地表反射率反演流程

8.3.2 卫星影像的大气校正

表 8-2、表 8-3、表 8-4、表 8-5 分别展示了利用 6S 模型对 2015 年 2 月 11 日、2015 年 5 月 8 日、2017 年 7 月 10 日以及 2014 年 10 月 6 日卫星影像进行大气校正的参数信息。其中，大气参数分别选择中纬度冬季与夏季，气溶胶类型选择城市气溶胶类型，能见度根据 550nm 处大气光学厚度确定。

表 8-2 2015 年 2 月 11 日的 6S 模型大气参数

参数	设置	参数	设置
太阳天顶角	58.70°	能见度	14.58km
太阳方位角	153.09°	目标高度	0km
卫星天顶角	0.00°	传感器高度	–1 000（星载卫星）
卫星方位角	0.00°	表面类型	0
月份	2	方向效应	0
天	11	地表朗伯特性	0
大气模式	中纬度冬季	反射率	0.14
气溶胶类型	城市气溶胶类型		

表 8-3 2015 年 5 月 18 日的 6S 模型大气参数

参数	设置	参数	设置
太阳天顶角	26.6°	能见度	13.27km
太阳方位角	136.04°	目标高度	0km
卫星天顶角	0.00°	传感器高度	–1 000（星载卫星）
卫星方位角	0.00°	表面类型	0
月份	5	方向效应	0
天	18	地表朗伯特性	0
大气模式	中纬度夏季	反射率	0.14
气溶胶类型	城市气溶胶类型		

表 8-4 2017 年 7 月 10 日的 6S 模型大气参数

参数	设置	参数	设置
太阳天顶角	25.53°	能见度	13.28km
太阳方位角	128.81°	目标高度	0km
卫星天顶角	0.00°	传感器高度	–1 000（星载卫星）
卫星方位角	0.00°	表面类型	0
月份	7	方向效应	0
天	10	地表朗伯特性	0
大气模式	中纬度夏季	反射率	0.14
气溶胶类型	城市气溶胶类型		

表 8-5 2014 年 10 月 6 日的 6S 模型大气参数设置

参数	设置	参数	设置
太阳天顶角	47.97°	能见度	14.56km
太阳方位角	157.03°	目标高度	0km
卫星天顶角	0.00°	传感器高度	–1 000（星载卫星）
卫星方位角	0.00°	表面类型	0
月份	10	方向效应	0
天	06	地表朗伯特性	0
大气模式	中纬度冬季	反射率	0.14
气溶胶类型	城市气溶胶类型		

8.3.3 基于城市地表短波辐射传输模型的混合像素辐射校正

根据上一章的 USSR 模型构建，对于一个要素 i，它的接收辐射可以用下式表示：

$$R^{\leftarrow}{}_{i} = R_{(\mathrm{dir},i)} + R_{(\mathrm{as},i)} + R_{(\mathrm{adj},i)} \quad \text{（式 8-1）}$$

式中，$R^{\leftarrow}{}_{i}$ 为要素 i 接收到的太阳短波辐射之和；$R_{(\mathrm{dir},i)}$、$R_{(\mathrm{as},i)}$、$R_{(\mathrm{adj},i)}$ 分别为要素 i 接收到的太阳直接辐射、太阳天空漫辐射、周围墙面的反射。这三个部分的场景建模以及量化方案已经在第三章进行过介绍，这里不做过多叙述。

要素 i 的反射辐射可以用下式表示：

$$R^{\rightarrow}{}_{i} = \frac{\rho_{\mathrm{t}} \times \mathrm{RGSVF} \times \left(R_{(\mathrm{dir},i)} + R_{(\mathrm{as},i)} + R_{(\mathrm{adj},i)}\right)}{1-\left(1-\mathrm{RGSVF}\right)^{2} \rho_{\mathrm{t}}\rho_{\mathrm{e}}} \qquad \text{（式 8-2）}$$

式中，$R^{\rightarrow}{}_{i}$ 为要素 i 的反射辐射；RGSVF 为要素 i 在半球空间内的 SVF；ρ_{t} 为要素 i 的地表反射率；ρ_{e} 为要素 i 所在半球空间的墙面平均反射率。

由于陆地卫星 Landsat 8 OLI 辐射亮度数据为 30m 分辨率，那么在城市会存在大量的混合像素。而前面章节，已经利用高分辨率遥感影像提取了 2m 分辨率的 DSM 以及 SVF 数据，那么就能够利用高分辨率的城市复杂下垫面形态参数，进行 30m 中分辨率像素的辐射估算。以下三个小节分别介绍了 30 米像素尺度的直接辐射、漫辐射以及周围环境辐射的估算。

8.3.3.1 考虑建筑物阴影的混合像素直接辐射估算

如果考虑城市复杂地表的建筑物遮挡作用产生的阴影，由于太阳的直射方向与卫星的观测方向不同，因此会产生不同的观测状态。这里，本章着重考虑了如下的情形：

如图 8-2 所示，在不同建筑物遮挡情况下卫星观测的像素状态存在如下情形：

情形（1）：太阳直射方向与卫星观测方向均无遮挡。

在情形（1）条件下，不需要考虑建筑物阴影对像素接收的直接辐射影响，卫星观测到的像素接收的太阳直接辐射为：

$$R_{(\mathrm{dir},j)} = E_0 \cos\theta s \times \mathrm{e}^{-\frac{\tau}{\cos\theta s}} \qquad \text{（式 8-3）}$$

式中，$R_{(\mathrm{dir},j)}$ 为 30 米像素 j 接收的直接辐射，单位为 Wm^{-2}；E_0 为大气层顶的太阳辐射通量；τ 为整体的大气光学厚度；θs 为太阳的天顶角；$\mathrm{e}^{-\frac{\tau}{\cos\theta s}}$ 为大气下行的消光系数。

情形（2）：太阳直射方向被完全遮挡而卫星观测方向无遮挡。

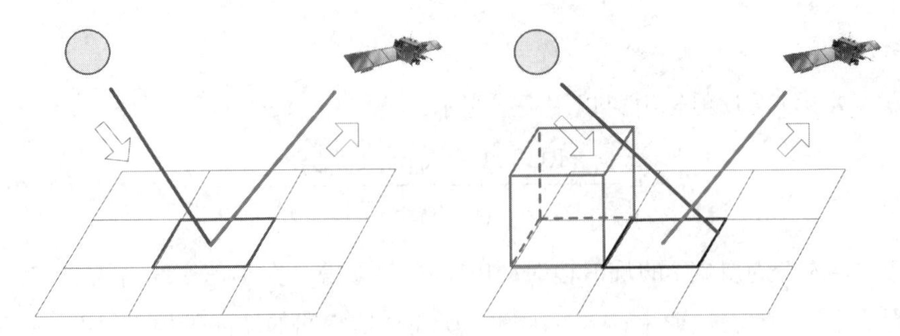

(a) 太阳直射方向与卫星观测方向均无遮挡　(b) 太阳直射方向被完全遮挡而卫星观测方向无遮挡

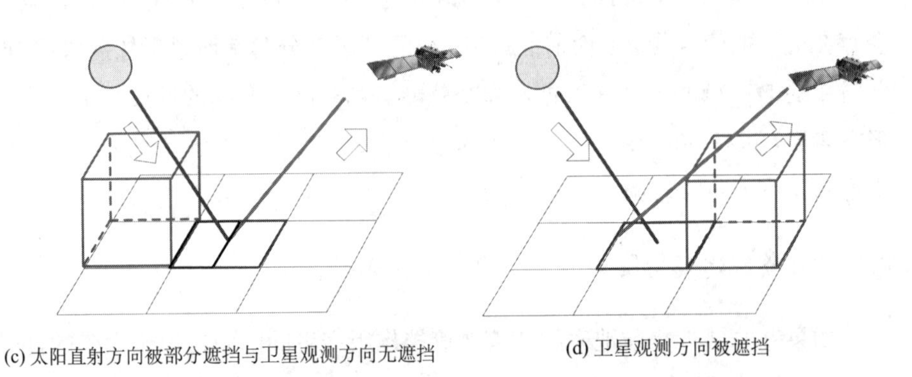

(c) 太阳直射方向被部分遮挡与卫星观测方向无遮挡　(d) 卫星观测方向被遮挡

图 8-2　在不同建筑物遮挡情形下卫星观测的像素状态

在情形（2）条件下，像素完全被建筑物的阴影遮挡，此时像素没有接收到太阳的直接辐射，那么卫星观测到的像素接收的太阳直接辐射为零。

情形（3）：太阳直射方向被部分遮挡而卫星观测方向无遮挡。

在情形（3）条件下，像素部分存在建筑物阴影，而另一部分为被太阳直接照射的非阴影区。同时，这种情形下随着卫星观测方向的不同又有三种情况：（a）卫星只观测到像素非阴影区；（b）卫星只观测到像素阴影区域；（c）卫星同时观测到像素的阴影区与非阴影区。但是本章使用的数据是 Landsat 8 OLI。该数据的来源陆地卫星观测地表接近正视。因而，这种情形下，卫星能够观测到像素内所有阴影区与非阴影区。此时，像素被卫星观测到的太阳直接辐射可以用下式表示：

$$R_{(\mathrm{dir},j)}=\sum_{i=1}^{N}\frac{\Phi_i E_0\cos\theta s\times \mathrm{e}^{-\frac{\tau}{\cos\theta s}}\mathrm{d}S_i}{\mathrm{d}S_j} \qquad \text{（式 8-4）}$$

式中，$R_{(\mathrm{dir},j)}$ 为 30m 像素 j 接收到的太阳直接辐射，单位为 Wm^{-2}；Φ_i 为要素 i（2m 分辨率）的阴影指数。当要素 i 接收到太阳辐射时，Φ_i 取值为 1，反之取值为 0；$\mathrm{d}S_i$ 为要素 i 的面积，取值为 $4\mathrm{m}^2$；$\mathrm{d}S_j$ 为像素 j 的面积，取值 $900\mathrm{m}^2$；N 为一个 30m 像素 j 中所包含的 2m 像素中的个数，即 N=225。

情形（4）：卫星观测方向被遮挡。

由于本章使用的数据为 Landsat 8 OLI，该数据的来源陆地卫星观测地表接近正视。因而，不存在这种情形。如果卫星不是正视的情况，则可能存在情形（4），此时，卫星不能观测到像素接收的直接辐射或漫辐射。那么，这个像素的反射率很难通过卫星数据进行反演。这种情况下，可以利用周边相邻的像素进行替代。

进行 30 米像素的直接辐射修正，第一步是阴影区域的精确识别。通过前述章节的方法，已经构建了较为准确的城市增强型 DSM 数据。山区考虑数字地形模型进行阴影区域的提取方法技术已经较为成熟。山区的阴影区域识别考虑两个问题：（1）自投影（Self-Shadowed）：当一个像素太阳入射角的余弦值小于或者等于 0；（2）投影（Cast-Shadowed）：利用光线追踪法识别像素阴影（Proy *et al.*, 1989; Coquillart and Gangnet, 1984; Li *et al.*, 2016）。图 8-3 中展示了城市由于建筑物造成阴影遮蔽情况。从中可以看出，城市的自投影主要是阴面墙面，因而其在地表上长度为零。城市主要是由于投影造成的地表阴影。城市的阴影长度可以通过下式求解：

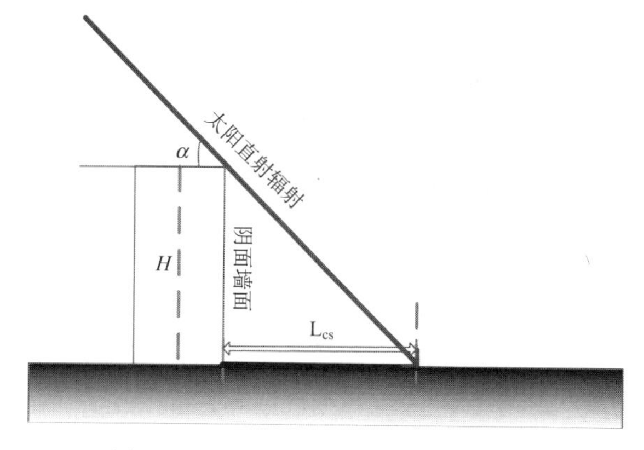

图 8-3　城市阴影示意

$$L_{CS} = H / \tan(\alpha) \qquad \text{（式 8-5）}$$

式中，L_{CS} 为由于城市建筑物遮挡造成的地表阴影，H 为建筑物高度；α 为太阳的高度角。

图 8-4 展示了利用光线追踪法求算的城市 2 月 11 日与 5 月 18 日 Landsat 卫星过境时刻的阴影空间分布以及相应的卫星对应时刻红绿蓝真彩色表观的辐射亮度影像。从中可以看出，城市的阴影对卫星观测到的表观辐射亮度值有很大影响。尤其是 2 月 11 日为冬季，存在大量的阴影像素。

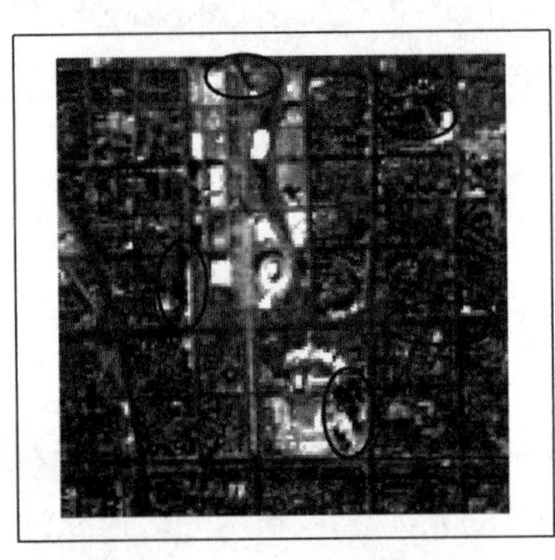

(a) 2015年2月11日表观辐射亮度

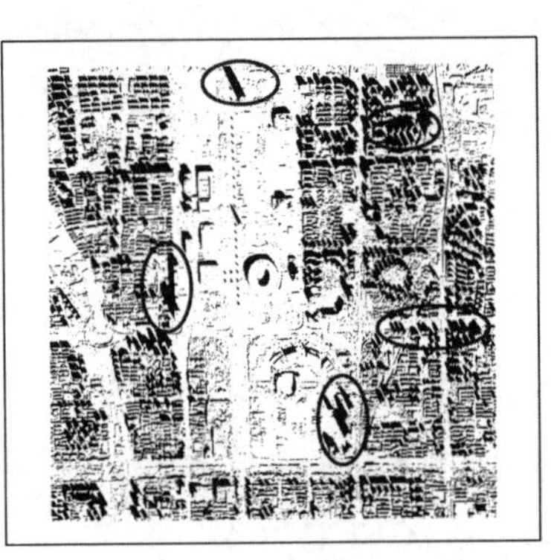

(b) 2015年2月11日阴影分布

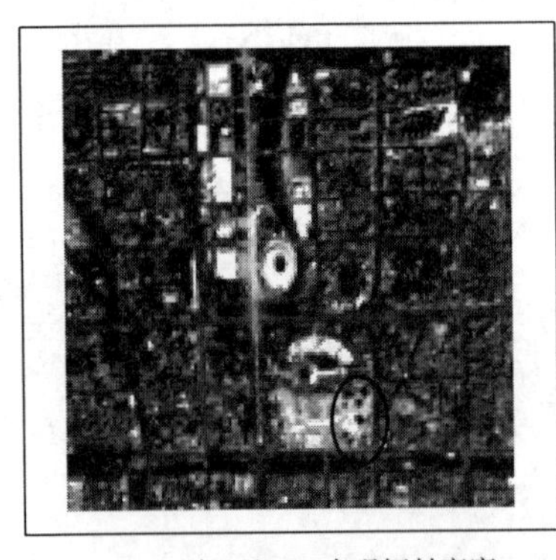

(c) 2015年5月18日表观辐射亮度

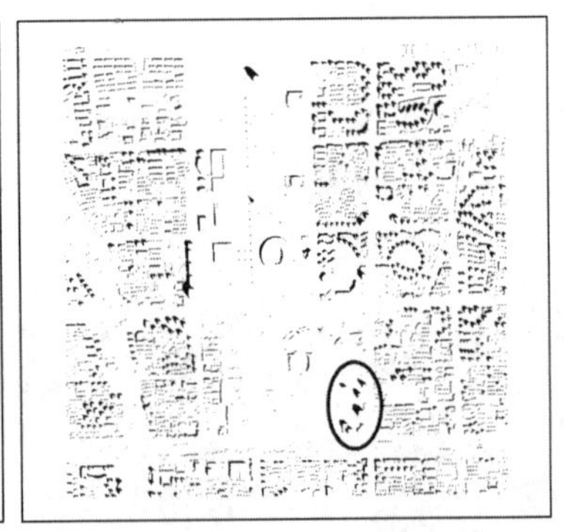

(d) 2015年5月18日阴影分布

图 8-4　利用光线追踪法求取城市不同时间的阴影分布

8.3.3.2　考虑天空视域因子的混合像素漫辐射估算

30m 混合像素 j 卫星观测到的天空漫辐射可以用下式表示：

$$R_{(\mathrm{as},j)} = \sum_{i=1}^{N} \frac{V_{(i,\mathrm{sky})} R_{\mathrm{sky}} \mathrm{d}S_i}{\mathrm{d}S_j} \qquad (式 8\text{-}6)$$

式中，$R_{(\mathrm{as},j)}$ 是 30m 像素 j 接收到的天空漫辐射，单位为 Wm^{-2}；$V_{(i,\mathrm{sky})}$ 是要素 i（2m 分辨率）的天空视域因子。

8.3.3.3　混合像素周围墙面反射辐射的估算

30m 混合像素 j 卫星观测到的周围墙面的反射辐射可以用下式表示：

$$R_{(\mathrm{adj},j)} = \sum_{i=1}^{N} \frac{\left(1 - V_{(i,\mathrm{sky})}\right)\rho_{\mathrm{e}}\left(\frac{1}{2}E_0 \sin\theta s \mathrm{e}^{-\frac{\tau}{\cos\theta s}} + R_{\mathrm{as}}\right)\mathrm{d}S_i}{\mathrm{d}S_j} \qquad (式 8\text{-}7)$$

式中，$R_{(\mathrm{adj},j)}$ 是 30m 像素 j 接收到的周围墙面反射辐射；ρ_{e} 是墙面反射率。在一个 30m 像素 j 中，则可以认定像素 j 的反射率处处相等（对像素内的组分，空间分布格局进行同质化处理），即墙面反射率等于地表反射率。

8.3.4　不同反射机制下城市地表反射率反演

为了对比不同情形下城市地表反射率反演的效果，本章设计了 6 组对照试验（表 8-6）。实验 1～3 是基于 USSR 模型反演的城市地表反射率。它们均未考虑地气之间的交互作用，主要聚焦于城市复杂地表影响下的墙地多路反射以及环境辐射。实验 4～6 是当前地表反射率的反演，主要是考虑地气交互作用与环境辐射。按照实验方案设计，每组不同的卫星观测的表观辐射亮度计算如下。

（1）实验 1

此种情形下，考虑墙地多路反射以及环境辐射，那么卫星传感器在大气层顶接收的表观辐射亮度则可以用下式表示：

$$L_{(\mathrm{TOA},\,j)}=\sum_{i=1}^{N}\frac{\left(R_{(\mathrm{dir},i)}+R_{(\mathrm{as},i)}+R_{(\mathrm{adj},i)}\right)\mathrm{d}S_i}{\left(1-\left(1-V_{(i,\mathrm{sky})}\right)^2\rho_{\mathrm{t}}\rho_{\mathrm{e}}\right)\mathrm{d}S_j}\times\frac{\rho_{\mathrm{t}}\left(\mathrm{e}^{-\frac{\tau}{\cos\theta v}}+t_{\mathrm{d}}(\theta v)\right)}{\pi}+L_{\mathrm{p}} \quad （式 8-8）$$

式中，$L_{(\mathrm{TOA},\,j)}$为卫星观测的 30m 像素 j 的辐射亮度；$R_{(\mathrm{dir},i)}$，$R_{(\mathrm{as},i)}$，$R_{(\mathrm{adj},i)}$分别为要素 i（2m 分辨率）接收到的直接辐射、漫辐射以及墙面反射辐射；$\mathrm{e}^{-\frac{\tau}{\cos\theta v}}$为大气上行的消光系数；$t_{\mathrm{d}}(\theta v)$为大气漫辐射透过率，根据互易原理，它等于 $t_{\mathrm{d}}(\theta s)$；$\left(\mathrm{e}^{-\frac{\tau}{\cos\theta v}}+\mathrm{t}_{d}(\theta v)\right)$为大气整体上行透过率；$L_{\mathrm{p}}$为 6S 模拟的大气程辐射。根据式（8-8），可以反演实验 1 情形下的地表反射率。

表 8-6　不同情境下城市地表反射率反演实验方案

USSR 模型反演城市地表反射率				地表反射率反演　（平坦地表处理方式）			
实验编号	墙地多路反射	环境辐射	是否进行像素辐射校正	实验编号	地气交互	环境辐射	是否进行像素辐射校正
1	✓	✓	✓	4	✓	✓	×
2	×	✓	✓	5	×	✓	×
3	✓	×	✓	6	✓	×	×

（2）实验 2

此种情形下，不考虑墙地多路反射，那么卫星传感器在大气层顶接收的表观辐射亮度则可以用下式表示：

$$L_{(\mathrm{TOA},\,j)}=\frac{\rho_{\mathrm{t}}\left(R_{(\mathrm{dir},j)}+R_{(\mathrm{as},j)}+R_{(\mathrm{adj},j)}\right)}{\pi}\left(\mathrm{e}^{-\frac{\tau}{\cos\theta v}}+\mathrm{t}_{\mathrm{d}}(\theta \mathrm{v})\right)+L_{\mathrm{p}} \quad （式 8-9）$$

式中，$L_{(\mathrm{TOA},\,j)}$为卫星观测的 30m 像素 j 的辐射亮度；$R_{(\mathrm{dir},j)}$，$R_{(\mathrm{as},j)}$，$R_{(\mathrm{adj},j)}$分别为像素 j（30m 分辨率）接收到的直接辐射，漫辐射以及墙面反射辐射。根据式 8-9，可以反演实验 2 情形下的地表反射率。

（3）实验 3

此种情形下，不考虑环境辐射，那么卫星传感器在大气层顶接收的表观辐射亮度则可以用下式表示：

$$L_{(\mathrm{TOA},\, j)} = \sum_{i=1}^{N} \frac{\left(R_{(\mathrm{dir},i)} + R_{(\mathrm{as},i)} + R_{(\mathrm{adj},i)}\right)\mathrm{d}S_i}{\left(1-\left(1-V_{(i,\mathrm{sky})}\right)^2 \rho_{\mathrm{t}}\rho_{\mathrm{e}}\right)\mathrm{d}S_j} \times \frac{\rho_{\mathrm{t}} \mathrm{e}^{-\frac{\tau}{\cos\theta v}}}{\pi} + L_{\mathrm{p}} \qquad （式 8-10）$$

根据式 8-10，可以反演实验 3 情形下的地表反射率。

（4）实验 4

此种情形下，为平坦地表处理方式。考虑地气相互作用，卫星传感器在大气层顶接收的表观辐射亮度则可以用下式表示：

$$L_{(\mathrm{TOA},\, j)} = \frac{\rho_{\mathrm{t}}\left(R_{(\mathrm{dir},j)} + R_{(\mathrm{as},j)}\right)}{\left(1-\rho_{\mathrm{t}}S\right)\pi}\left(\mathrm{e}^{-\frac{\tau}{\cos\theta v}} + t_{\mathrm{d}}(\theta v)\right) + L_{\mathrm{p}} \qquad （式 8-11）$$

式中，S 为大气向下半球反照率，此种情形下，跟 6S 地表反射率反演相同。

（5）实验 5

此种情形下，为平坦地表处理方式。不考虑地气相互作用，卫星传感器在大气层顶接收的表观辐射亮度则可以用下式表示：

$$L_{(\mathrm{TOA},\, j)} = \frac{\rho_{\mathrm{t}}\left(R_{(\mathrm{dir},j)} + R_{(\mathrm{as},j)}\right)}{\pi}\left(\mathrm{e}^{-\frac{\tau}{\cos\theta v}} + t_{\mathrm{d}}(\theta v)\right) + L_{\mathrm{p}} \qquad （式 8-12）$$

根据式 8-12，可以反演实验 5 情形下的地表反射率。

（6）实验 6

此种情形下，为平坦地表处理方式。考虑地气相互作用，但是不考虑环境辐射，卫星传感器在大气层顶接收的表观辐射亮度则可以用下式表示：

$$L_{(\mathrm{TOA},\, j)} = \frac{\rho_{\mathrm{t}}\left(R_{(\mathrm{dir},j)} + R_{(\mathrm{as},j)}\right)}{\left(1-\rho_{\mathrm{t}}S\right)\pi}\mathrm{e}^{-\frac{\tau}{\cos\theta v}} + L_{\mathrm{p}} \qquad （式 8-13）$$

根据式 8-13，可以反演实验 6 情形下的地表反射率。

8.4　基于城市地表短波辐射传输模型的城市地表短波辐射收支估算

利用上述反演的30m像素反射率，即可进一步完成城市的短波辐射收支。城市像素j接收到的短波辐射可以用下式表示：

$$R^{\downarrow}{}_{j}=\sum_{i=1}^{N}\frac{\left(R_{(\mathrm{dir},i)}+R_{(\mathrm{as},i)}+R_{(\mathrm{adj},i)}\right)\mathrm{d}S_{i}}{\mathrm{d}S_{j}} \qquad \text{（式 8-14）}$$

式中，$R^{\downarrow}{}_{j}$为像素j接收到的太阳短波辐射。

城市像素j反射的短波辐射可以用下式表示：

$$R^{\uparrow}{}_{j}=\sum_{i=1}^{N}\frac{\left(R_{(\mathrm{dir},i)}+R_{(\mathrm{as},i)}+R_{(\mathrm{adj},i)}\right)\rho_{\mathrm{t}}V_{(i,\mathrm{sky})}\mathrm{d}S_{i}}{\left(1-\left(1-V_{(i,\mathrm{sky})}\right)^{2}\rho_{\mathrm{t}}\rho_{\mathrm{e}}\right)\mathrm{d}S_{j}} \qquad \text{（式 8-15）}$$

式中，$R^{\uparrow}{}_{j}$为像素j反射的太阳短波辐射；ρ_{t}为像素j的宽波段反射率；ρ_{e}为像素j墙面的宽波段反射率，此处等于ρ_{t}。

城市像素j的净辐射可以用下式表示：

$$R_{(\mathrm{net},\,j)}=R^{\downarrow}{}_{j}-R^{\uparrow}{}_{j} \qquad \text{（式 8-16）}$$

由于大气窗口的存在，卫星观测的反射率数据都是窄波段反射率，因而需要通过一定方法将其转换为宽波段反照率。本章利用梁顺林等（Liang *et al.*, 2001）的方法在 SBDART （Santa Barbara DISORT Atmospheric Radiative Transfer）大气辐射传输模型大量数据的基础上提出了针对 Landsat 卫星的窄波段向宽波段反照率转化的方法。

8.5　实 验 结 果

8.5.1　城市大气辐射传输过程模拟结果

表 8-7～8-10 分别模拟了 2 月 11 日、5 月 18 日、7 月 10 日以及 10 月 6

日的 Landsat 8 卫星过境时刻的各波段的上行透过率、下行透过率、太阳直接辐射、天空漫辐射以及程辐射，同时也展示了宽波段（0.3～3μm）的太阳短波达到地表直接辐射与天空漫辐射值。其中大气下行透过率计算方法为 $e^{-\frac{\tau}{\cos\theta s}}$；大气上行透过率计算方法为 $e^{-\frac{\tau}{\cos\theta v}}$。

表 8-7　2 月 11 日 Landsat 8 波段信息及其对应的大气辐射传输模拟结果

波段	波谱范围（μm）	大气上行透过率	大气下行透过率	地表太阳直接辐射（$Wm^{-2}\mu m^{-1}$）	地表天空漫辐射（$Wm^{-2}\mu m^{-1}$）	程辐射（$Wm^{-2}\mu m^{-1}sr^{-1}$）
蓝波段	0.450～0.515	0.570	0.340	358.883	250.825	32.990
绿波段	0.525～0.600	0.640	0.424	418.295	192.469	19.644
红波段	0.630～0.680	0.718	0.528	444.565	142.697	10.807
近红外波段	0.845～0.885	0.827	0.694	363.012	62.342	3.143
短波红外波段 1	1.560～1.651	0.909	0.837	110.719	5.144	0.178
短波红外波段 2	2.100～2.300	0.925	0.866	38.209	0.791	0.023
短波辐射模拟	波谱范围（μm）	太阳达到地表直接辐射（Wm^{-2}）			天空漫辐射（Wm^{-2}）	
宽波段	0.3～3.0	339.746			98.533	

表 8-8　5 月 18 日 Landsat 8 波段信息及其对应的大气辐射传输模拟结果

波段	波谱范围（μm）	大气上行透过率	大气下行透过率	地表太阳直接辐射（$Wm^{-2}\mu m^{-1}$）	地表天空漫辐射（$Wm^{-2}\mu m^{-1}$）	程辐射（$Wm^{-2}\mu m^{-1}sr^{-1}$）
蓝波段	0.450～0.515	0.556	0.519	895.768	343.035	42.650
绿波段	0.525～0.600	0.627	0.594	958.943	262.254	23.414
红波段	0.630～0.680	0.704	0.676	931.427	187.044	12.893
近红外波段	0.845～0.885	0.817	0.815	682.167	77.370	3.832
短波红外波段 1	1.560～1.651	0.903	0.893	193.590	6.236	0.213
短波红外波段 2	2.100～2.300	0.902	0.892	64.494	0.927	0.027
短波辐射模拟	波谱范围（μm）	太阳达到地表直接辐射（Wm^{-2}）			天空漫辐射（Wm^{-2}）	
宽波段	0.3～3.0	665.715			133.742	

表 8-9 7月10日 Landsat 8 波段信息及其对应的大气辐射传输模拟结果

波段	波谱范围（μm）	大气上行透过率	大气下行透过率	地表太阳直接辐射（$Wm^{-2}\mu m^{-1}$）	地表天空漫辐射（$Wm^{-2}\mu m^{-1}$）	程辐射（$Wm^{-2}\mu m^{-1}sr^{-1}$）
蓝波段	0.450～0.515	0.556	0.522	899.848	341.031	42.494
绿波段	0.525～0.600	0.627	0.597	962.097	260.610	23.334
红波段	0.630～0.680	0.705	0.678	933.350	185.741	12.847
近红外波段	0.845～0.885	0.815	0.797	682.533	76.756	3.815
短波红外波段 1	1.560～1.651	0.903	0.894	193.472	6.183	0.212
短波红外波段 2	2.100～2.300	0.902	0.893	64.449	0.919	0.027
短波辐射模拟	波谱范围（μm）	太阳达到地表直接辐射（Wm^{-2}）			天空漫辐射（Wm^{-2}）	
宽波段	0.3～3.0	667.238			132.975	

表 8-10 10月6日 Landsat 8 波段信息及其对应的大气辐射传输模拟结果

波段	波谱范围（μm）	大气上行透过率	大气下行透过率	地表太阳直接辐射（$Wm^{-2}\mu m^{-1}$）	地表天空漫辐射（$Wm^{-2}\mu m^{-1}$）	程辐射（$Wm^{-2}\mu m^{-1}sr^{-1}$）
蓝波段	0.450～0.515	0.571	0.433	572.727	289.031	35.808
绿波段	0.525～0.600	0.640	0.514	635.925	220.440	19.266
红波段	0.630～0.680	0.718	0.609	643.406	159.863	10.724
近红外波段	0.845～0.885	0.827	0.753	494.520	67.646	3.251
短波红外波段 1	1.560～1.651	0.909	0.869	144.442	5.485	0.181
短波红外波段 2	2.100～2.300	0.925	0.893	49.456	0.839	0.023
短波辐射模拟	波谱范围（μm）	太阳达到地表直接辐射（Wm^{-2}）			天空漫辐射（Wm^{-2}）	
宽波段	0.3～3.0	486.203			113.603	

8.5.2 基于城市地表短波辐射传输模型的城市地表反射率反演结果

图 8-5 展示了地表反射率反演的实验 1 以及实验 4 地表反射率反演的真彩色影像。其中，实验 1 和 4 分别代表了基于 USSR 模型反演的反射率以及 6S（平坦地表处理方式）模型合成影像。从图 8-5 中可以看出，基于 USSR 模型反演的反射率合成影像能够更加清晰地反映地表高大建筑物的轮廓和形态，而平坦地表处理方式的反演结果由于地表阴影混合像素导致高大建筑物

的轮廓和形态并不明显。同时，USSR 模型能够很好地恢复阴影像素反射率。

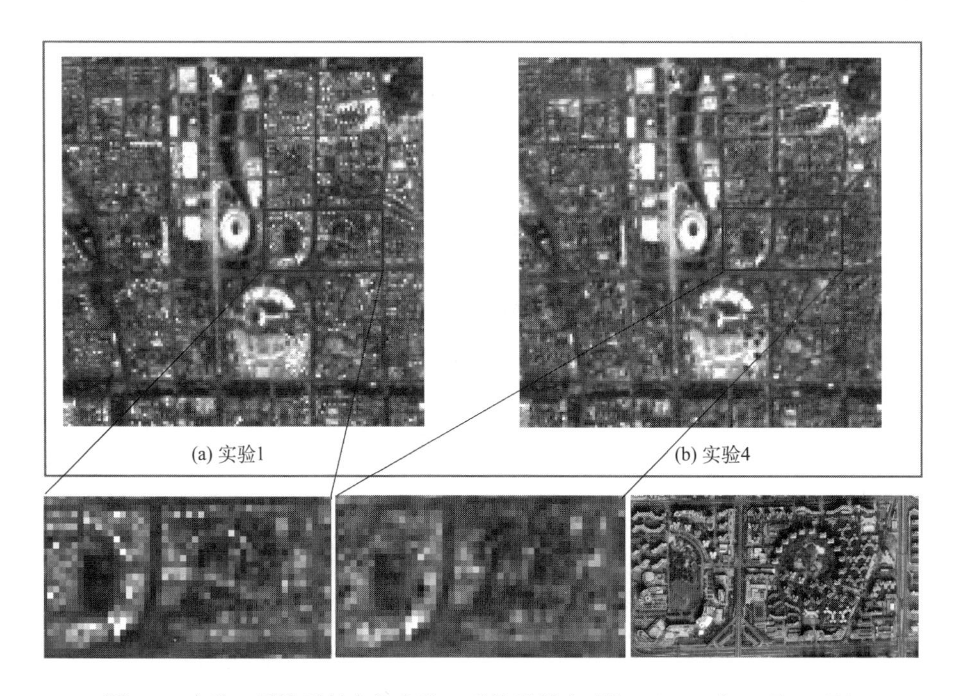

图 8-5 实验 1 反演反射率与实验 4 反演反射率对比 （2015 年 5 月 18 日）

图 8-6 展示了实验 1～6 蓝波段的直方图，其中（a），（b），（c）为基于 USSR 模型利用高分辨率城市下垫面参量进行像素接收辐射的尺度校正；（d），（e），（f）为未进行像素接收辐射的尺度校正。其中（a）的反射机制为墙地多路反射并考虑环境辐射，而（d）的反射机制为地气多路反射并考虑环境辐射；（b）和（e）为平坦地表反射机制以及考虑环境辐射；（c）和（f）分别为墙地多路反射机制以及地气多路反射机制，并且不考虑环境辐射。

从图 8-6 中可以看出，进行像素辐射的接收校正反演的地表反射率整体大于未进行尺度校正的，并且前者波峰低于后者。这说明考虑接收辐射尺度校正的地物类型更加丰富。同时，（a）和（b）以及（d）与（e）之间差别不大。这说明墙地反射机制与地气反射机制与平坦地表反射机制相比，对地表反射率反演结果影响不大；而（c）与（a）相比以及（f）与（d）相比，反射率均显著提高且波峰变低，说明环境辐射对地表反射率影响较大。

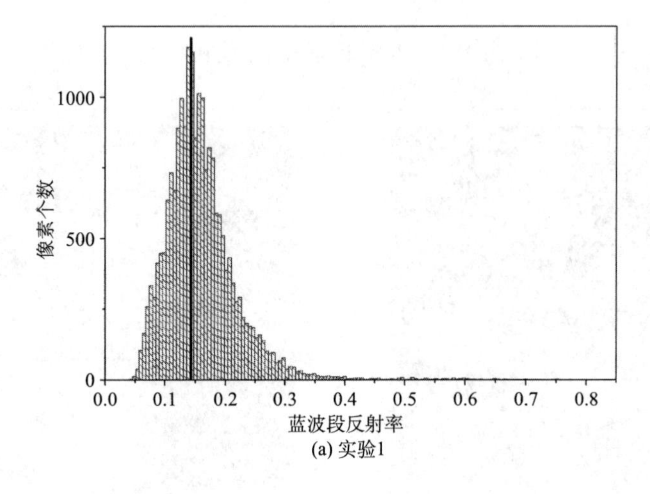

(a) 实验1

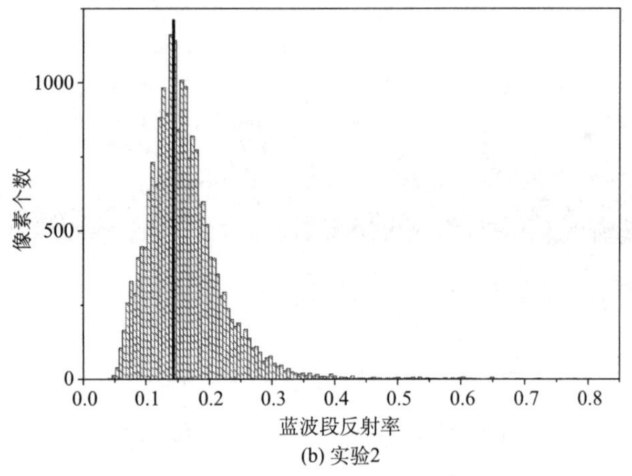

(b) 实验2

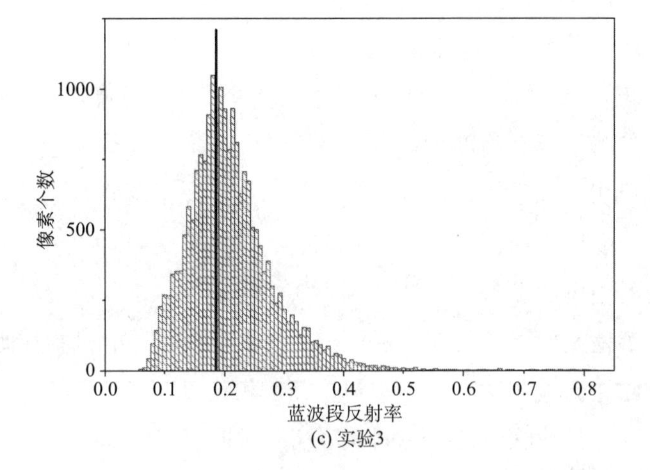

(c) 实验3

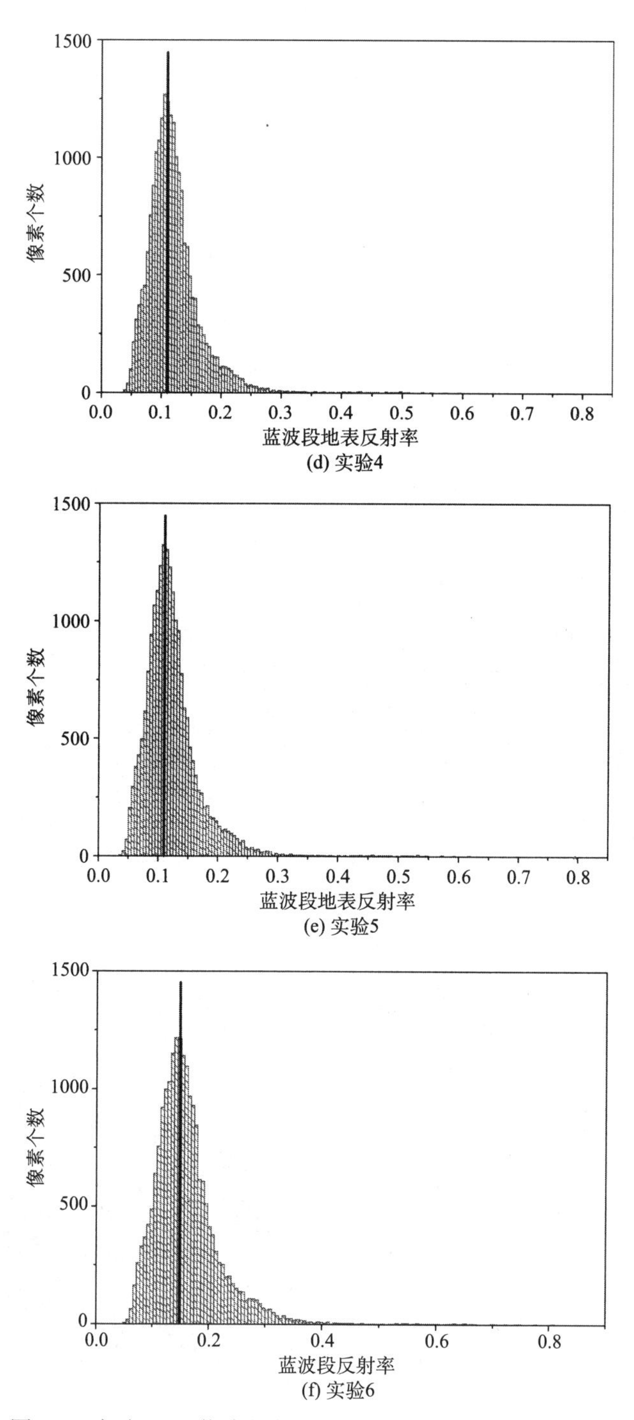

图 8-6 实验 1～6 蓝波段直方图对比 （2015 年 5 月 18 日）

图 8-7 展示了不同季节 USSR 模型地表反射率反演的合成影像。从图中可以看出，不同季节的地表反射率反演差别较大，这是由于不同季节卫星过境的太阳高度角与方位角不同，因而地表的阴影像素占比产生差异。这导致了各个季节反演的地表反射率有所差异。此外，地表反射率的差异除了受到地表阴影像素占比的影响外，不同季节的植被覆盖度不同，可能也会对地表反射率产生影响。图 8-8 展示了不同季节地表 30m 像素阴影占比。对比图 8-7 以及图 8-8 可以发现，地表反射率的真彩色合成影像受到阴影占比的空间分布影响。

(a) 春季(5月)

(b) 夏季(7月)

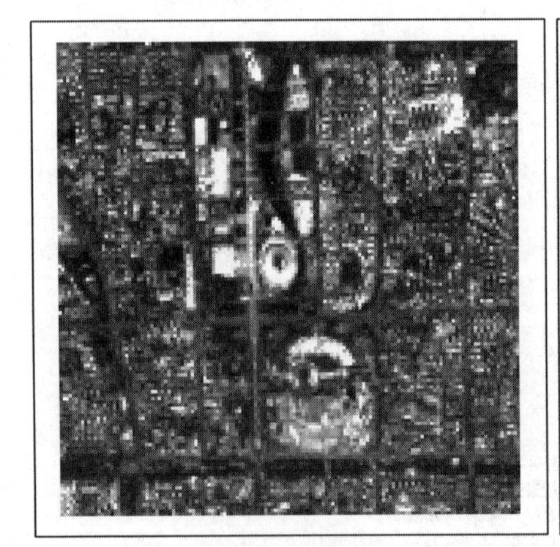

(c) 秋季(10月)

(d) 冬季(2月)

图 8-7 不同季节 USSR 模型地表反射率反演合成影像

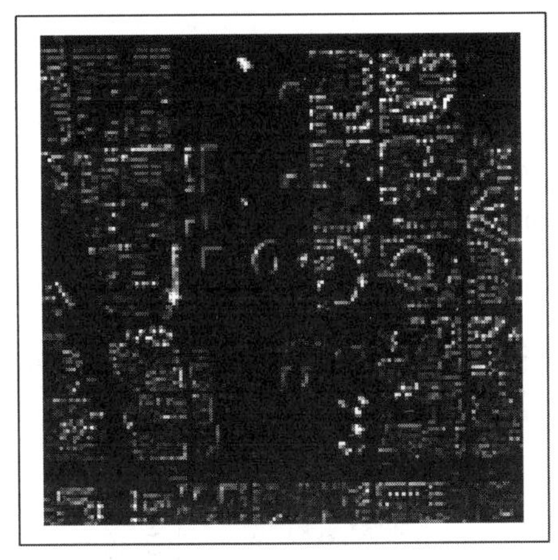

(a) 春季(5月)

(b) 夏季(7月)

(c) 秋季(10月)

(d) 冬季(2月)

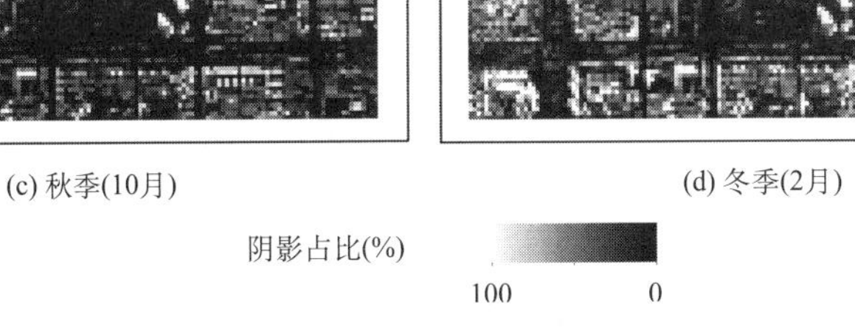

图 8-8 不同季节地表 30m 像素阴影占比

为了进一步探究地表反射率反演的影响因素，制作了实验 1 与实验 4 像素反射率的二维特征空间。图 8-9 揭示了阴影对 USSR 模型反演地表反射率影响。其中（a)、(b)、(c)、(d）分别是 5 月、7 月、10 月、2 月蓝波段反射率实验 1 与实验 4 的散点图。图 8-9 横坐标为实验 1 反演的地表蓝波段反射率，纵坐标为实验 4 反演的地表蓝波段反射率。从图 8-9 中可以看出，同

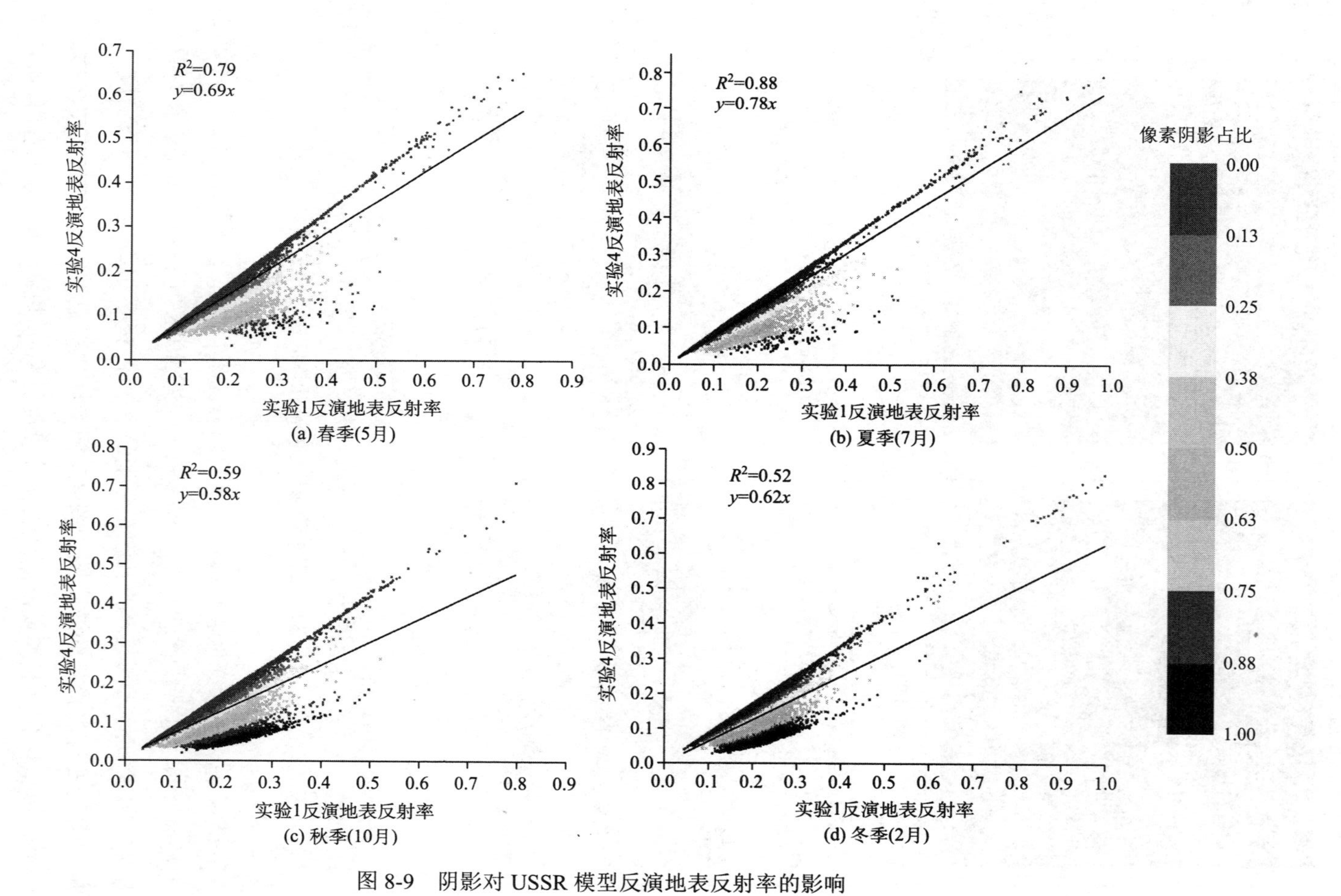

图 8-9 阴影对 USSR 模型反演地表反射率的影响

一季节随着阴影占比的增加，实验 1 与实验 4 地表反射率的差距越来越大。这说明基于 USSR 模型反演的地表反射率能够很好地恢复阴影区的地表反射率。同时，随着春夏秋冬太阳高度角的降低，实验 1 与实验 4 地表反射率的 R^2 相关性降低。这说明基于 USSR 模型反演的地表反射率能够很好地刻画由不同季节太阳高度角变化导致的地表反射率变化。

图 8-10 揭示了城市下垫面参量天空视域因子对地表反射率的影响。图 8-10 的横坐标为实验 1 反演的地表蓝波段反射率，纵坐标为实验 4 反演的地表蓝波段反射率。需要注意的是：这里二维特征空间选择的像素均为像素阴影占比为 0 的像素，也就是说，这些区域反演的地表反射率排除了地表阴影的影响。从图 8-10 中可以看出，实验 1 和实验 4 反演的地表反射率差别不大。随着 SVF 的降低，实验 1 反演的地表反射率会轻微地降低。这是由于卫星观测的是方向辐射亮度，而 Landsat 卫星基本接近正视，因而观测的是地表像素接收的辐射亮度（墙地多路反射机制会增加地表的接收辐射）。

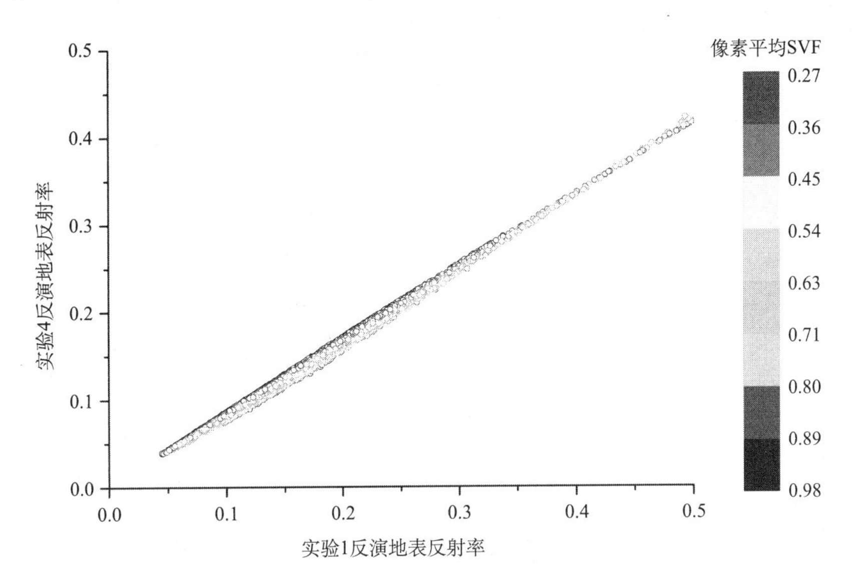

图 8-10 天空视域因子对 USSR 模型反演地表反射率的影响

8.5.3 基于城市地表短波辐射传输模型的城市地表短波辐射收支结果

8.5.3.1 基于城市地表短波辐射传输模型的卫星地表短波辐射收支空间分布

图 8-11 展示了基于 USSR 模型的卫星地表辐射收支合成影像图。其中，红色通道为地表净辐射；绿色通道为地表反射辐射；蓝色通道为地表接收辐射。从图中可以看出，基于 USSR 模型反演的地表辐射收支分布能够很好地反映地表形态特征对地表辐射收支过程的影响。其中城市峡谷街道等储能特征以及阴影区的“三低”状态（低接收辐射、低反射辐射、低净辐射）均能够很好地刻画出来。

图 8-11 辐射收支地表净辐射（红）—地表反射辐射（绿）—地表接收辐射（蓝）合成影像（10 月份）

同时，为了对比基于 USSR 模型以及平坦地表处理方式辐射收支方案的区别，进一步，反演了平坦地表处理方式得到的辐射收支方案。图 8-12 展示了两者的区别，从中可以很明显地看出，基于 USSR 模型反演的地表反射辐

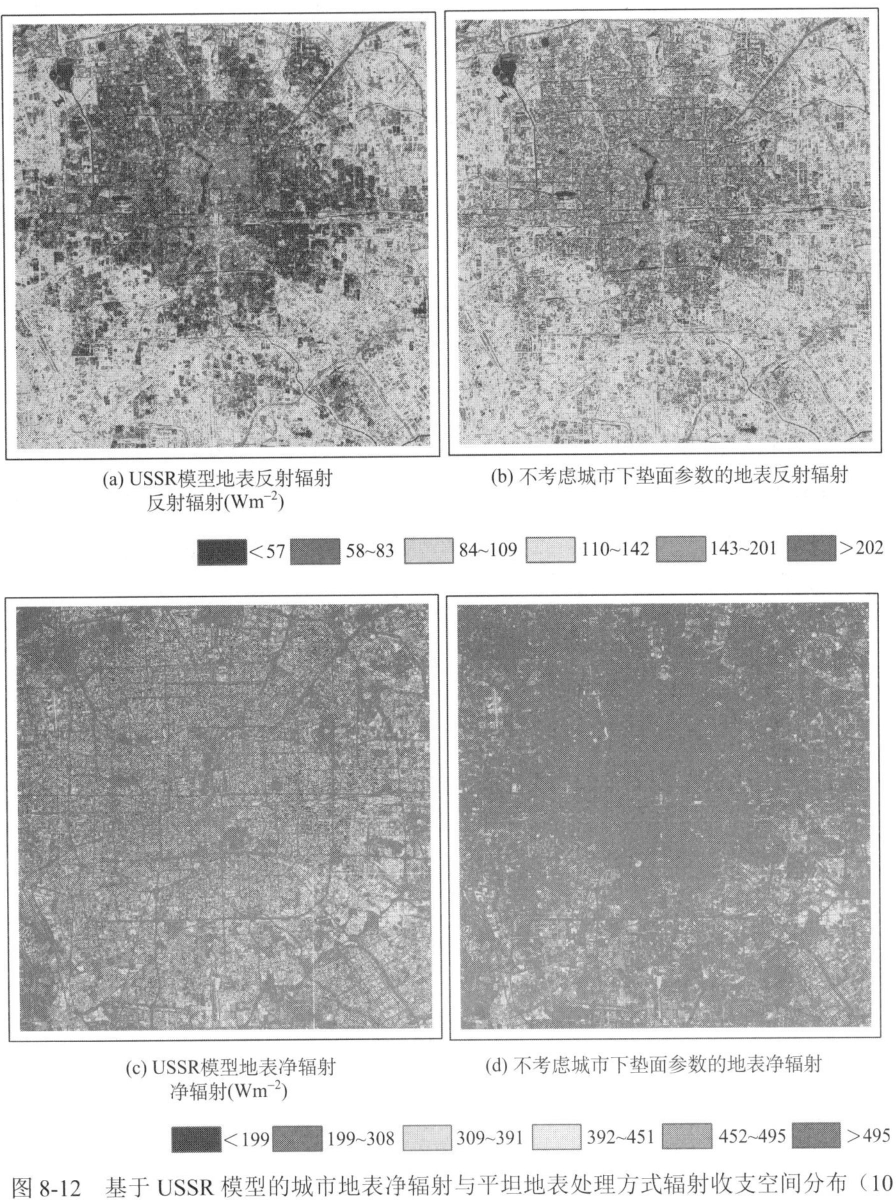

(a) USSR模型地表反射辐射　(b) 不考虑城市下垫面参数的地表反射辐射

(c) USSR模型地表净辐射　(d) 不考虑城市下垫面参数的地表净辐射

图 8-12　基于 USSR 模型的城市地表净辐射与平坦地表处理方式辐射收支空间分布（10 月份）

射在城中心整体上低于平坦地表的辐射收支方案（刻画了城市地表的储能特征）。此外，净辐射两者对比结果显示，基于 USSR 模型反演的地表净辐射更加精细地刻画了城市阴影的低净辐射，凸显了城市街道峡谷的储能特性。而平坦地表处理方式的城市中心地表净辐射呈现出明显的“高原”特征，不能很好地刻画出城市复杂下垫面三维形态对城市地表辐射收支的影响。

8.5.3.2　基于城市地表短波辐射传输模型的地表短波辐射收支结果特征

为了进一步分析城市地表阴影占比以及天空视域因子对城市辐射收支的影响，故制作了基于 USSR 模型的地表净辐射以及不考虑城市复杂下垫面参数的地表辐射二维特征空间散点图（图 8-13）。

从图 8-13（a）中可以看出，不考虑城市复杂下垫面参数的地表净辐射整体上高于基于 USSR 模型反演的地表净辐射。像素阴影占比对城市地表净辐射产生较大的影响。随着地表阴影占比的增加，基于 USSR 模型反演的地表净辐射呈大幅降低趋势。同时，基于 USSR 模型与平坦地表辐射收支处理方式之间的净辐射之差最大可达到 500Wm^{-2}。城市下垫面三维特征参数对于地

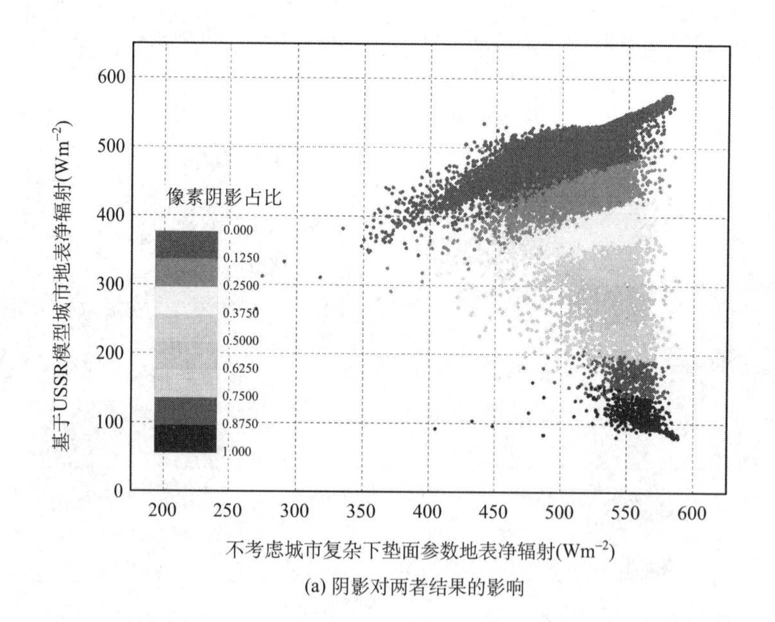

(a) 阴影对两者结果的影响

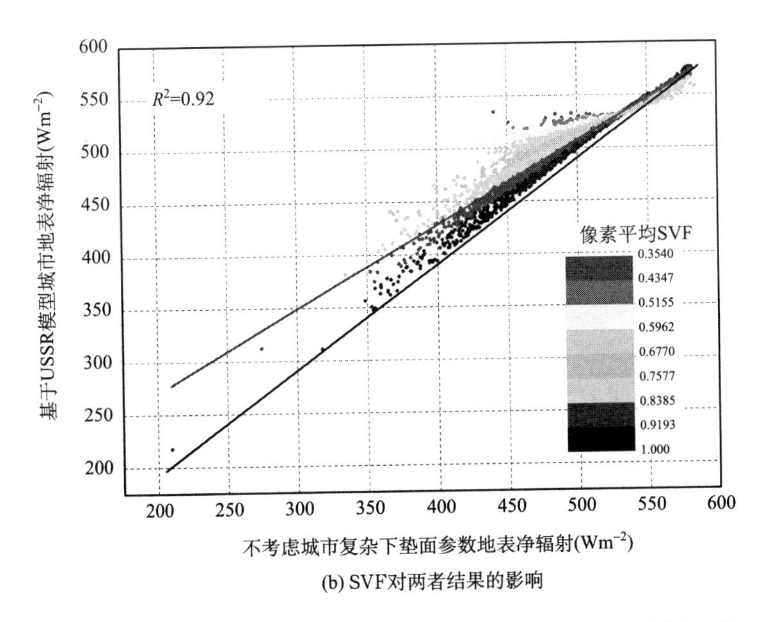

(b) SVF对两者结果的影响

图 8-13　基于 USSR 模型的地表净辐射与平坦地表反演净辐射散点图

表辐射收支的影响不可忽略。图 8-13（b）揭示了地表天空视域因子对地表净辐射的影响（图 8-13（b）中的像素点完全无建筑物阴影遮挡，也就是说这种情形下不需要考虑地表阴影占比的影响）。从中可以看出，随着像素平均天空视域因子的减小，基于 USSR 模型反演的地表净辐射呈现显著的增加趋势（地表的储能特性增加）。

图 8-14 揭示了地表天空视域因子对地表反射辐射的影响。从中可以看出，随着像素平均天空视域因子的减小，基于 USSR 模型反演的地表反射辐射呈现出明显的减少趋势，同样表明了天空视域因子影响城市的地表储能特征。

8.5.3.3　不同季节城市地表短波辐射收支结果分析

图 8-15 展示了不同季节的地表辐射收支空间分布情况。从中可以看出，基于 USSR 模型能够很好地反映随着太阳高度角的降低，地表阴影区域的变化情况。其中，2 月地表阴影区域最多（2 月的太阳高度角低于其他月份）。

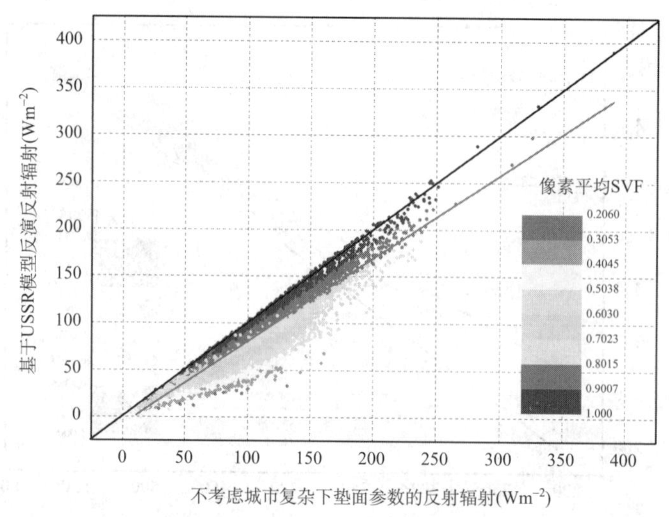

图 8-14　基于 USSR 模型的地表净辐射与平坦地表反演地表净辐射散点图

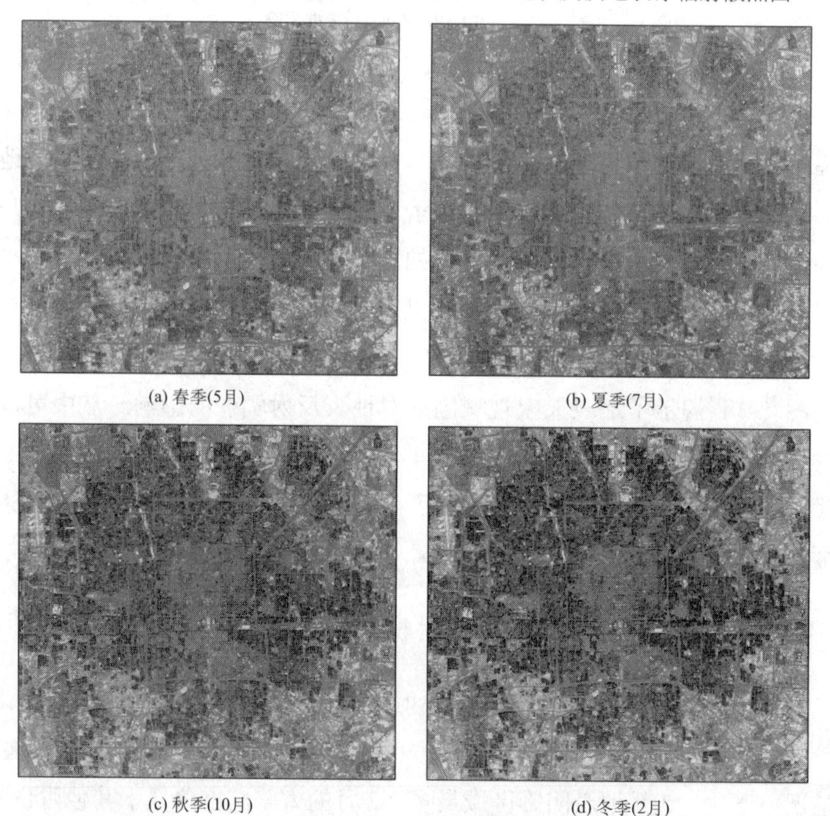

图 8-15　不同季节短波辐射收支合成影像（红通道：地表净辐射；绿通道：地表反射辐射；蓝通道：地表接收辐射）

进一步，为了揭示不同季节城市地表短波辐射收支的状况，制作出不同季节的地表接收辐射、反射辐射以及净辐射的直方图（图 8-16）。从中可以看出：

（1）5 月与 7 月由于太阳高度角相近，地表接收辐射情况基本相同，峰值约为 780Wm^{-2}。10 月地表接收辐射峰值约为 590Wm^{-2}。2 月地表接收辐射峰值约为 430Wm^{-2}。不同季节的辐射收支差异主要是太阳高度角不同导致的到达近地表的直接辐射和漫辐射不同。同时，不同季节太阳高度角不同产生的像素阴影占比变化也显著地影响了地表接收辐射。

（2）反射辐射的差异主要取决于像素的接收辐射以及地表反照率。5 月与 7 月的地表反射辐射接近，约为 100Wm^{-2} 左右，但是 5 月地表反射辐射略微高于 7 月。这是由于地表植被覆盖度不同导致的差异。10 月地表反射辐射峰值约为 60Wm^{-2}，2 月地表反射辐射峰值约为 40Wm^{-2}。同时，值得注意的是，冬季由于大量阴影像素的存在，地表反射辐射存在很强的聚集效应，整体上波峰较高，波宽较窄，不同像素的地表反射辐射相对较为集中。

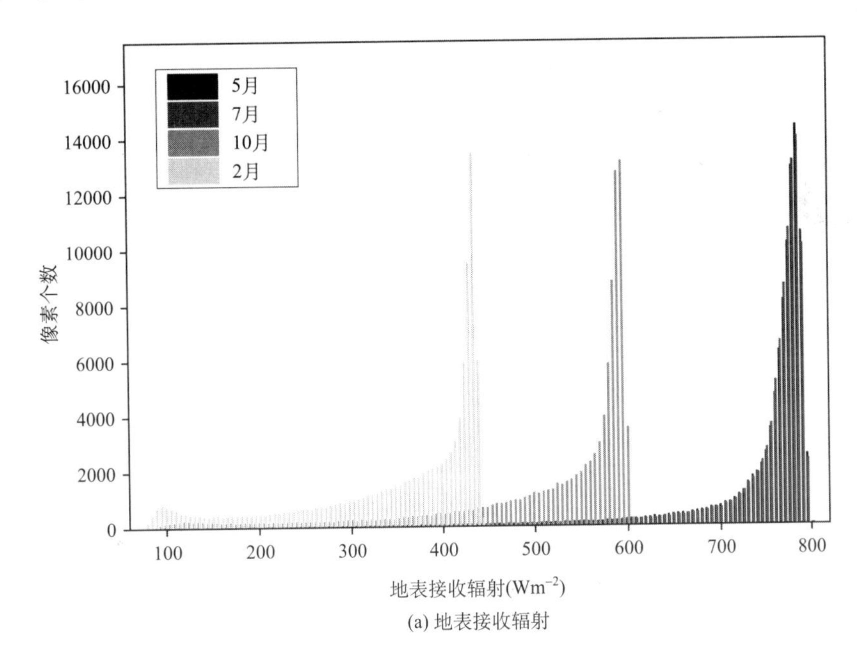

(a) 地表接收辐射

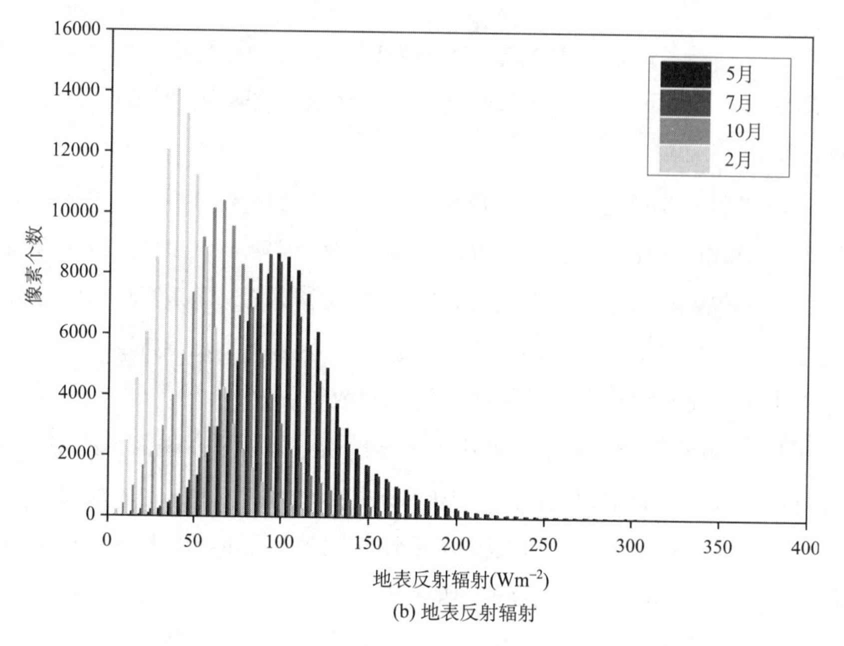

(b) 地表反射辐射

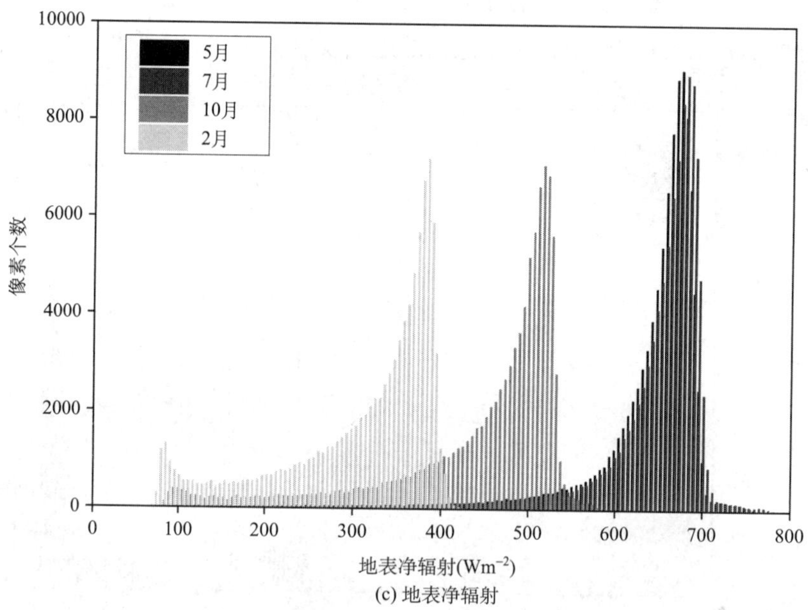

(c) 地表净辐射

图 8-16　不同季节城市地表辐射收支直方图

（3）地表净辐射整体上是 5 月与 7 月较高，整体峰值约为 680Wm^{-2} 左右，7 月略微高于 5 月。这是由于 5 月的地表反照率较高（植被覆盖度较低）。

10 月约为 510Wm^{-2} 左右。2 月地表净辐射波峰约为 380Wm^{-2}，同时夏季的储能特征更加明显，波峰较高，波宽较窄。

8.6 模 型 分 析

8.6.1 城市地表三维特征对地表反射率反演及短波辐射收支的影响

本章利用前述章节构建的城市局地尺度太阳短波辐射传输模型，结合 Landsat 陆地卫星遥感影像，将其应用于城市地表反射率的反演以及地表辐射收支模拟。在像素接收辐射层面，考虑到了阴影对太阳直接辐射的影响、SVF 对天空漫辐射的影响以及周围墙面反射对地表接收辐射的影响。在此基础上，构建了一套全新的墙地多路反射机制，完成了墙地多路反射解耦。整体上在城市地表反射率反演以及城市辐射收支中达到较为理想的结果。在该模型的应用中，与一般的场景建模（如：街区峡谷场景模型）不同，USSR 模型则是将复杂场景的构建问题转化成为城市复杂下垫面参数的提取，如 SVF 以及 DSM，从而能够避免复杂场景的构建。

此外，在 USSR 模型中，影响地表反射率反演的参量主要是地表像素的阴影占比，而 SVF 对地表反射率的反演结果影响较小。在地表辐射收支反演中，地表反射辐射的影响参量主要是 SVF。而地表净辐射主要受到地表像素阴影占比以及天空视域因子的双重影响。地表像素的阴影占比增大导致地表净辐射的大幅降低，而随着天空视域因子的减少，地表的储能特性越来越明显。

8.6.2 模型发展

本章的研究不足主要体现在以下两点：（1）在地表反射率反演过程中，一个像素内，将地表反射率与墙面反射率（包括光照与阴影）均假设成处处相等。这可能会存在误差。一方面建筑物的墙面、屋顶材质与地表不同，另一方面光照区与阴影区的相同材质反射率也存在差异，那么就需要构建更为精细的模型来计算城市地表的反射率。（2）本章仅仅考虑了 Landsat 陆地卫星正视的情形，如果针对城市卫星侧视的情形则更加复杂。卫星如果是侧视观测城市，则有可能接收到地表墙面的反射辐射，描述卫星侧视的城市辐射传输过程则更为复杂。

针对上述的研究不足，未来的研究方向可参照植被几何光学四分量模型，构建城市的建筑物几何光学模型（Li and Strahler, 1985; Li and Strahler, 1992；图 8-17）。这是未来城市像素方向反射率反演的进一步研究方向。在图 8-17 中构建的城市建筑物几何光学四分量示意图中，卫星观测的像素可以分为阳面墙面与屋顶、阴面墙面、光照地表以及阴影地表。那么卫星观测的像素反射率可以用下式表示：

$$a = \mathrm{K1} \times \mathrm{S1} + \mathrm{K2} \times \mathrm{S2} + \mathrm{K3} \times \mathrm{S3} + \mathrm{K4} \times \mathrm{S4} \qquad \text{（式 6-21）}$$

式中，a 为卫星观测的像素反射率；而 K1 为阳面墙面与屋顶反射率；K2 为光照地表反射率；K3 为阴面墙面反射率；K4 为阴影地表反射率。S1、S2、S3、S4 为上述四个分量卫星观测到的面积占比。

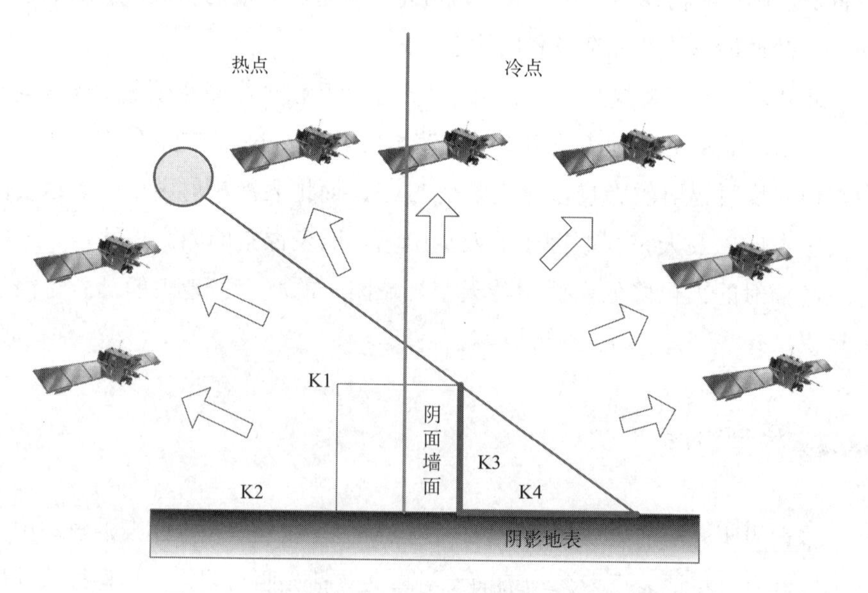

图 8-17　城市稀疏建筑物几何光学模型四分量示意图

8.7 本 章 小 结

本章利用前述章节构建的城市太阳短波辐射传输模型，结合 Landsat 陆地卫星遥感影像，将其应用于城市地表反射率的反演以及地表辐射收支模拟。在像素接收辐射层面，考虑到了阴影对太阳直接辐射的影响、SVF 对天空漫辐射的影响以及周围墙面反射对地表接收辐射的影响。在此基础上，构建了一套全新的墙地多次反射机制，完成了墙地多次反射解耦。整体上在城市地表反射率反演以及城市辐射收支中达到较为理想的结果。得到的主要结论如下：

（1）基于 USSR 模型反演的反射率合成影像能够更加清晰地反映地表高大建筑物的轮廓和形态，而平坦地表处理方式的反演结果由于地表阴影混合像素导致高大建筑物的轮廓和形态并不明显。同时，USSR 模型能够很好地恢复阴影像素反射率。

（2）基于 USSR 模型反演的地表辐射收支分布能够很好地反映地表形态特征对地表辐射收支过程的影响。其中城市峡谷街道等储能特征以及阴影区的“三低”状态（低接收辐射、低反射辐射、低净辐射）均能够很好地刻画出来。

（3）不同季节的辐射收支差异主要是太阳高度角不同导致的到达近地表的直接辐射和漫辐射不同。同时，不同季节太阳高度角不同产生的像素阴影占比变化也显著地影响了地表接收辐射。此外影响城市不同季节地表辐射收支过程的参量还包括植被覆盖度。

（4）在 USSR 模型中，影响地表反射率反演的参量主要是地表像素的阴影占比。而 SVF 对地表反射率的反演结果影响较小。在地表辐射收支反演中，地表反射辐射的影响参量主要是 SVF。而地表净辐射主要受到地表像素阴影占比以及天空视域因子的双重影响。地表像素的阴影占比增大则导致地表净辐射的大幅降低。随着天空视域因子的减少，地表的储能特性越来越明显。

参考文献

Coquillart, S., M. Gangnet, 1984. Shaded display of digital maps. *IEEE Computer Graphics and Applications*, 4(7).

Liang, S., 2001. Narrowband to broadband conversions of land surface albedo i: algorithms. *Remote Sensing of Environment*, 76(2).

Li, H., L. Xu, H. Shen *et al.*, 2016. A general variational framework considering cast shadows for the topographic correction of remote sensing imagery. *ISPRS Journal of Photogrammetry and Remote Sensing*, 117.

Li, X., A. H. Strahler, 1985. Geometric-optical modeling of a conifer forest canopy. *IEEE Transactions on Geoscience and Remote Sensing*, 23(5).

Li, X., A. H. Strahler, 1992. Geometric-optical bidirectional reflectance modeling of the discrete crown vegetation canopy: effect of crown shape and mutual shadowing. *IEEE Transactions on Geoscience and Remote Sensing*, 30(2).

Proy, C., 1989. Evaluation of topographic effects in remotely sensed data. *Remote Sensing of Environment*, 30(1).

后　　记

写于前：

昨夜西风凋碧树，独上高楼，望尽天涯路。

衣带渐宽终不悔，为伊消得人憔悴。

众里寻他千百度，蓦然回首，那人却在灯火阑珊处。

——再读《人间词话》三重境

城市局地微气候以及形成机理的相关研究越来越受到学者们的关注和重视。许多不同领域的科研人员都从各自学科出发，对城市气候与环境进行了持续的、深入的探究。而随着遥感技术的推广和进步，其高效且精确地进行对地观测的优势进一步凸显。

笔者于2015年开始接触城市遥感相关内容，并进行城市太阳短波辐射传输影响机理的研究。那个时候不熟悉遥感技术，自己找相关书籍和论文学习，一点一滴地开始积累。在不断学习和吸收前人研究成果的基础上，结合最新的学术成果逐步对城市遥感及城市太阳短波辐射传输影响机理领域有了自己的探索和一定的理解。《城市太阳辐射传输：模型构建与遥感应用》即是对过去学习和实践的总结。

回望过去一段时间的学习和研究，无数中外学者都在科研这条道路上指引着我前进。前辈们的研究成果和学术思想不断激发着我的研究灵感，同时也启迪着我对研究内容更加深入的思考。我很荣幸能够站在前人的肩膀上，在该领域内做出了自己的一点探索，为领域内的同行者提供一些参考。

在此，我要感谢相关领域的同行以及前辈。他们不仅是我学习过程中的领路人，也是生活中一丝不苟、严谨治学的榜样。还要感谢团队的硕士研究生蔡一乐、彭自强以及何雯。他们在本书汇稿时候付出了大量精力。同时还要感谢商务印书馆地理编辑室的魏铼博士。他在本书成稿过程中提出很多有益的建议和帮助，是你们的辛苦付出才有了本书的成形和出版。

最后，由于笔者水平有限，本书若有不足之处，还请读者及同行批评指正。

作者

2020 年 7 月 29 日